陕西师范大学优秀学术著作出版资助

进城老年人文化适应心理研究

张宝山 著

中国社会科学出版社

图书在版编目（CIP）数据

进城老年人文化适应心理研究 / 张宝山著. -- 北京 ：中国社会科学出版社， 2025. 5. -- ISBN 978-7-5227-4872-6

Ⅰ. B844. 4

中国国家版本馆 CIP 数据核字第 20252AT838 号

出 版 人　赵剑英
责任编辑　程春雨
责任校对　夏慧萍
责任印制　张雪娇

出　　版　中国社会科学出版社
社　　址　北京鼓楼西大街甲 158 号
邮　　编　100720
网　　址　http：//www. csspw. cn
发 行 部　010-84083685
门 市 部　010-84029450
经　　销　新华书店及其他书店

印　　刷　北京明恒达印务有限公司
装　　订　廊坊市广阳区广增装订厂
版　　次　2025 年 5 月第 1 版
印　　次　2025 年 5 月第 1 次印刷

开　　本　710×1000　1/16
印　　张　19
插　　页　2
字　　数　298 千字
定　　价　118.00 元

序　言

随着我国城镇化进程的快速发展，越来越多的农村人口向城市流动。随着人口迁移流动家庭化特点的逐渐突显，大量农村老年人由于各种原因（如照顾晚辈、养老、就业等）也随子女迁入城市生活，形成了“进城老年人”这一特殊的流动群体。虽然没有最新的官方数据明确报告进城老年人的比例，但可以肯定的是加入随迁行列的农村老年人已经成为流动老年人群中最重要的组成部分。

到城市生活，安享天伦之乐，本是一件好事，但是由于生活环境、生活方式以及文化价值观的巨大反差，农村老年人的城市生活往往并不理想。割舍不了的思乡之情，断裂的社会支持网络，有限的社会保障，缺失的控制感、安全感和归属感，以及频繁闪现的孤独寂寞、失落感和无价值感，几乎是每个进城老年人或多或少的必有经历。除此之外，在新的城市环境中，语言、饮食、风俗习惯、价值观念等文化特征的新要求是每个进城老年人都要面对的严峻挑战。有效应对城市中文化适应危机可以提高进城老年人的生活质量和情绪幸福感，而城市文化适应不良很可能成为进城老年人身心健康水平的重要风险因素。因此，妥善解决进城老年人文化适应问题，切实改善进城老年人生活质量也就成为摆在改善城市家庭生活质量、提高城市行政管理效率、促进社会和谐等课题面前的一个无可回避的问题。

目前，学术界已经有大量文献对进城老年人进行了较为广泛的探讨，从不同视角揭示了进城老年人在生活适应、情绪情感、健康状况、人际关系、行为倾向等方面的特征，为研究进城老年人提供了丰富的理论基础和文献储备。然而，通过对相关领域研究文献的梳理，不难发现，当前关于进城老年人的研究还存在以下明显不足：

第一，专门研究进城老年人的文献还相对较少。现有文献大多将进城老年人作为流动老年人和随迁老年人的一种，主要关注了进城老年人作为流动老年人所具有的共性的心理行为规律，忽视了进城老年人的特殊性。很显然，与城市间流动的老年人相比，由于城乡文化的巨大反差，进城老年人将会面对更加强烈的文化冲击，城市生活适应和心理适应的难度将更大，适应不良所产生的问题也更加严重。因此，对流动老年人的研究成果并不能完全适用于进城老年人。

第二，缺少对进城老年人文化适应的系统探究。尽管研究者关注了进城老年人的心理适应问题（如孤独、焦虑、抑郁、幸福感等），但对于进城老年人文化适应的研究远未得到足够的重视。具体而言，无论是关于进城老年人文化适应的心理结构，还是进城老年人文化适应现状、特征、发展阶段、影响因素、心理行为效应等问题，都存在着广泛的研究空间。

第三，研究问题的创新性不足。由于受限于传统研究设计和研究方法设定框架，研究者对进城老年人文化适应领域的研究问题也缺乏突破和创新。以往相关领域的研究多是以质性的访谈法或者大规模问卷调查为主，所关注的问题无非是变量关系的理论建构和变量关系模式的描述。很显然，这些研究结果对理解和解决进城老年人的文化适应心理问题是完全不够的。近年来，随着心理学学科的飞速发展，新的研究方法和统计技术层出不穷。伴随着新的研究方法和统计手段的出现，进城老年人文化适应心理研究问题的创新也便有了可能。如潜变量增长模型、网络分析技术和响应面分析等高级统计方法可以帮助研究者从更深入更系统的视角思考进城老年人文化适应与相关变量之间可能的关系模式，从而在进城老年人文化适应领域中产生更多的创新性研究问题和研究成果。

第四，缺少针对进城老年人文化适应的系统干预研究。尽管许多研究者针对如何提高进城老年人生活适应提出了一些想法或者建议，但还没有研究人员尝试开展促进进城老年人文化适应水平的干预研究。

基于上述局限，本书围绕进城老年人的文化适应心理，采用访谈、心理测量和准实验等研究方法，结合横断比较和纵向追踪等研究设计，应用描述统计、平均数差异检验、中介效应检验、调节效应检验、网络结构分析、响应面分析、潜类别增长和潜剖面分析等统计技术，系统地考察了进城老年人文化适应的心理结构、测量方法与工具、现状与特征、动态发展轨迹、影响因素，以及心理行为效应，并在此基础上设计了促进进城老年人文化适应的心理干预策略和方法。

全书一共分成了五大部分。具体来说，第一部分为基础理论和研究，对相关领域的研究文献进行了系统梳理，包括第一章（进城老年人及其相关研究）、第二章（文化适应理论及研究）和第三章（进城老年人的文化适应），分别针对进城老年人的理论与研究、文化适应的理论、进城老年人文化适应等领域的研究文献进行了系统梳理，为后面的实证研究奠定坚实的理论基础。

第二部分为进城老年人文化适应现状研究，包括第四章（进城老年人文化适应的心理结构及量表编制）、第五章（进城老年人文化适应的现状与特征）和第六章（进城老年人文化适应的影响因素），这三章内容主要针对进城老年人文化适应的心理结构及其测量方式、进城老年人文化适应的现状和影响进城老年人文化适应的因素进行了较为系统的研究。

第三部分关注了进城老年人文化适应的发展及其心理效应，包括第七章（进城老年人文化适应的发展轨迹与动态特征）、第八章（进城老年人文化适应的心理效应）和第九章（进城老年人文化适应效应的响应面分析）。这部分首先从纵向发展角度探究了进城老年人原文化保留和城市文化适应等维度独立发展的轨迹和联合发展的轨迹，其次揭示了原文化保留和城市文化适应对老年人生活质量和情绪健康的预测效应，并进一步应用响应面分析技术深入地分析了原文化保留和城市文化适应相互作用（或相对关系）与进城老年人生活质量等后果变量之间的关系模式。

第四部分是城市生活时间与进城老年人的文化适应心理。这部分只包括一章内容，即第十章（不同城市生活时间进城老年人文化适应心理分析），主要检验了在当前城市生活时间不同的进城老年人在文化适应的特征、文化适应与相关联变量关系的模式、文化适应发展趋势等方面的差异，为进一步揭示不同城市生活时间对进城老年人文化适应的影响提供实证依据。

第五部分是进城老年人文化适应的促进研究，是前面研究结果与实践需求相对接的“落地”内容，该部分包括第十一章（文化适应指标的网络结构分析）、第十二章（进城老年人文化适应干预）和结语。这部分首先使用网络分析技术探究了老年人文化适应最典型或最具代表性的观测指标，为开展进城老年人文化适应的精准干预寻求依据。随后，针对最具代表性的文化适应指标，结合前期访谈及研究文献建议，开发了进城老年人文化适应的干预方案并实施干预研究。基于上述内容，针对主要研究结果可能的应用领域，本书在最后一部分（结语）提出了具体的应用本书研究成果的政策建议。

总之，本书围绕“进城老年人文化适应”这一主题，从理论基础、关键概念心理结构的构建和测量、目标群体心理现状、核心变量的影响因素和研究结果“落地”应用这一逻辑循序展开，既完整地构建了进城老年人文化适应研究的理论体系，也深入地讨论了进城老年人文化适应研究的实践价值，是相关领域研究者了解进城老年人文化适应心理的一部探微之作。

由于作者水平有限，书稿中难免会存在一些不足之处，还请批评指正。

张宝山

2024 年 7 月

目　　录

第一章

进城老年人及其相关研究

第一节　进城老年人及其挑战

一　进城老年人

在城市化进程的发展中，不同地域和文化背景的人在城市相遇，大中型城市逐渐成了多种文化的汇集地。在此背景下，越来越多的农村老年人随子女迁入城市生活，在城市中形成了一个庞大的特殊群体——进城老年人。进城老年人是指原来生活在农村，后来由于各种原因（如照顾晚辈、养老、就业等）进入城市生活定居的老年人。与“流动老年人”“随迁老人”不同，进城老年人只包括由农村迁入城市定居生活的老年人。中华人民共和国国家卫生健康委员会发布的《中国流动人口发展报告 2018》显示，我国流动老年人口数量接近 1800 万，占流动人口总量的 7.2%，且在流动老年人口中，农村老年人口占比高达 43%。

在城市生活中，进城老年人集中了老年群体几乎所有的脆弱易感性心理特质。具体而言，进城老年人既有和城市老年人一样的认知衰退、疾病、健康水平下降、社交圈子缩小、子女婚后的家庭矛盾、经济来源不足、地位丧失、年龄歧视等一般老化问题，也有着城市间流动老年人适应新城市文化需求的特殊问题。除此之外，进城老年人由于文化水平较低，在应对城乡文化巨大差异的过程中会面对更加严峻的挑战。基于以往关于国际移民文化适应研究领域的文献，文化差异带来的适应不良会给进城老年人的城市生活带来极大的不便，显著降低进城老年人的生活质量，也会使进城老年人的身心健康水平在风险因素面前显得尤其脆弱。因此，在以促进社会和谐和提高城市居民幸福感为目的的社会服务与治理实践中，改善进城老年人文化适应水平应该成为相关领域工作的一个重点。

在相关领域文献中，进城老年人和城市间流动的老年人往往被称为“随迁老年人”和“流动老年人”。为了迎合社会热点和网络流行语，更有研究者在前些年将流动老年人戏称为“老漂族”和“候鸟老人”。[①] 在这些研究者看来，“漂”一族原本指离开家乡奔赴大城市闯荡的年轻人。但随着社会竞争日渐激烈，老年人为了支持子女发展或照顾孙辈、减轻子女负担，不得不卷入流动队伍，正所谓“放不下的儿女，回不了的家”。对于进城老年人来说，生活里除了全家团圆的幸福与欢乐外，更多的是背井离乡的孤独和苦闷。同时，适应陌生城市环境的过程给进城老年人带来了日常生活、养老、就医、人际关系等多方面难题。[②③]

生命历程理论（Life Course Theory）可以很好地阐释上述流动老年人或进城老年人适应性问题出现的原因。具体来说，个体的生命历程总是受文化和社会结构历史性变迁的影响（徐静、徐永德，2009）。社会结构、社会制度、社会文化以及社会变革对个体生命轨迹具有重要作用；个体作为形形色色社会关系网络中的一分子，既受社会关系中文化和制度的制约，也能够依据社会情境采取积极主动的应对策略，能动地调适自身行为。[④] 然而，对于进城老年人来说，年龄的增长导致各方面能力的下降，加之文化水平较低，他们在适应过程中无法运用合适的应对策略，因此很容易陷入社会网络断裂、社会保障缺乏等困境。正如以往研究者所指出的那样，“老漂族”面临难题的背后是地域流动和老龄化交织的结果，也是社会服务功能的缺失和不同时代、区域文化之间的迭代

---

① 许加明、华学成：《乡村“老漂族”的流动机理与生存图景》，《西北农林科技大学学报》（社会科学版）2018 年第 4 期。

② 陈诚：《中国随迁老人的健康状况及其影响因素》，《中国社会科学院大学学报》2023 年第 4 期。

③ 翟振武、冯阳：《当今随迁老人家庭融入中的矛盾冲突及应对》，《中州学刊》2023 年第 2 期。

④ 切排、余吉玲：《生命历程视域下进城陪读老人的社会适应研究》，《贵州师范大学学报》（社会科学版）2022 年第 2 期。

与碰撞。[①] 因此，文化适应状况是提高流动老年人或进城老年人身心健康和幸福感不可回避的问题。妥善解决进城老年人文化适应问题，切实提高进城老年人生活质量对提高城市家庭生活幸福感、促进社会和谐稳定具有重要意义。

二　进城老年人的挑战

（一）生活状况

进城老年人群体具有明显的特殊性。具体而言，与迁往其他城市的城市老年人相比，进城老年人由于农村与城市文化上的巨大差异在迁入城市生活后会感受到更为强烈的“文化震撼”。此外，农村老年人由于文化水平普遍较低，学习和接受新事物的能力较差，因而在进入城市后对城市生活的适应将面临更多挑战。

第一，进城老年人的农村生活方式和行为习惯不易改变，难以适应城市的生活方式。农村老年人一般习惯了省吃俭用，不浪费粮食，这与城市生活提倡注重健康、不吃剩菜剩饭的观念产生了一定的冲突。[②] 另外，在农村很多农副产品都是自己种植，基本生活需要可以自给自足，城市生活的高消费水平对于很多“老漂族”来说是难以接受的。[③] 再者，农村的生活方式往往伴随较差的卫生习惯，这与精致、干净的城市生活形成鲜明对比。进城老年人可能一时无法改变原有的卫生习惯。同时，对于不熟悉普通话和迁入地方言的进城老年人来说，语言的转变给他们的日常交流造成了阻碍。最后，多样的交通方式、繁杂的交通线路和交通规则，使得进城老年人在城市出行时手足无措。[④] 除了上述对城市生活方式、行为习惯等方面的不适应之外，进城老年人还面临对互联网和电子产品的学习和接受能力较差而导致的对城市信息化、电子化生活方式

---

① 王建平、叶锦涛：《大都市老漂族生存和社会适应现状初探——一项来自上海的实证研究》，《华中科技大学学报》（社会科学版）2018 年第 2 期。

② 江婉婷、王诗逸：《50 岁到 60 中老年人健康需求的城乡差异分析——以河西新区与栖霞街道农村为例》，《现代经济信息》2018 年第 9 期。

③ 陈芳、马云飞：《老漂族社区融入及政策应对——以南京市 S 社区为例》，《老龄科学研究》2023 年第 3 期。

④ 唐小茜、董晓欣、庞文：《“老有颐养”下浙江省农村“老漂族”养老问题研究》，《农村经济与科技》2022 年第 19 期。

的适应困难。[①]

第二，进城老年人在城市的生活较为单调，不够充实有趣。大部分进城老年人进城的目的是照顾子女和孙辈，因此他们的生活常常是围着家人转，忙于为家人做饭做家务、接送孙辈上学等，闲暇时间较少。[②] 同时，由于在城市朋友较少，社交范围较小，进城老年人的日常活动类型较为单一，时间和地点较为固定，娱乐和放松的方式不够丰富。[③] 简而言之，进城老年人在进城前和进城后面对的是两套生活逻辑和休闲模式。对于城市陌生的休闲模式，进城老年人较少能够参与其中，而旧有的休闲模式又难以为继。因此，生活的单调性往往会导致进城老年人的各类心理问题愈发凸显（史凯旋、张敏，2021）。

第三，社区融入水平低。由于生活习惯的差异、语言交流障碍以及对农村人的偏见，进城老年人可能会认为自己和迁入地的老年人不属于同一类人，并难以融入迁入地的老年人群体。交朋友时，进城老年人也倾向于与自己同类型的老年人交流，因此很少参与社区活动。也正是因为如此，进城老年人对社区事务不关心，缺乏社区参与的主动性和积极性，在所住社区中容易处于“边缘化”的状态。[④⑤] 同时，很多进城老年人往往保留着农村的行为习惯与生活方式，由于与城市本地居民格格不入而不被理解甚至遭到嫌弃。这些不理解和嫌弃又会加深进城老年人和城市本地居民之间的隔阂，不利于进城老年人融入城市本地群体。[⑥] 再者，社区管理中的任务分配和安排、社区活动的组织和开展在很多时候会忽视进城老年人这一群体。这导致进城老年人几乎没有机会参与社区

---

① 周相君：《关于中国随迁老人相关问题的文献分析》，《社会与公益》2020 年第 10 期。

② 李广锋：《城镇化进程中农村进城老人城市融入问题研究》，《郑州航空工业管理学院学报》（社会科学版）2022 年第 4 期。

③ 孙丽、包先康：《随迁老人城市适应状况及社会工作介入研究——以“城市性”兴起为背景》，《广西社会科学》2019 年第 7 期。

④ 刘庆、冯兰：《深圳市移居老年人的社会交往实证分析》，《中国老年学杂志》2015 年第 18 期。

⑤ 周相君：《关于中国随迁老人相关问题的文献分析》，《社会与公益》2020 年第 10 期。

⑥ 陈芳、马云飞：《老漂族社区融入及政策应对——以南京市 S 社区为例》，《老龄科学研究》2023 年第 3 期。

活动，妨碍了进城老年人交际圈的拓展。[①] 更为重要的是，农村老年人进城之后，原有的建立在农村生活系统之上的社会支持网络失去了作用。由于城乡生活方式和交往方式的差异，新的系统化的社会支持网络较难建立，进城老年人感知到的社会支持水平通常较低，缺乏足够的安全感和归属感。研究表明，进城老年人对城市的安全感和归属感是顺利适应城市社会生活的前提条件，较低的安全感和归属感会引发进城老年人强烈的漂泊感。[②]

第四，进城老年人社会公共服务的综合保障体系有待进一步提升。[③] 城市的社会福利待遇（如免费公交、养老服务补贴、医疗报销等）基本与户籍制度挂钩，进城老年人由于没有当地户口往往无法享受当地的优惠政策。由于不能享受城市的医疗保障，就医会存在报销难的问题。这一问题直接导致很多进城老年人在生病时出现了就医意愿和就医率偏低、拖延、被动等待自愈、自己买药等非正规途径应对疾病。[④⑤] 社会保障不够充分，家乡和迁入地公共福利的双方面断裂等问题使得进城老年人在经济方面陷入一定的困境。因此，城乡和城际之间社会保障的有效衔接是满足进城老年人基本心理需求、解决进城老年人生活挑战的一个基本前提。

（二）身体健康

面对生活环境的巨大变化，进城老年人的习惯和日常作息节律一般需要做出实质性调整，身心健康状况也会因此而经受考验。我国幅员辽阔，各地的气候、饮食、居住习惯等均有着很大的差别，对进城老年人的身心适应造成了巨大挑战。研究显示，新环境适应不良会导致高血压、风湿、骨质增生、焦虑、胸闷头晕等慢性疾病病症的反复或加重。一旦

---

① 谭皓、田璐琳：《社区公共文化服务视角下满足“老漂族”精神需求的对策》，《玉林师范学院学报》2015 年第 1 期。

② 李珊：《影响移居老年人社会适应因素的研究》，《中国老年学杂志》2011 年第 12 期。

③ 芦恒、郑超月：《“流动的公共性”视角下老年流动群体的类型与精准治理——以城市“老漂族”为中心》，《江海学刊》2016 年第 2 期。

④ 孙金明：《农村随迁老人城市适应问题的社会工作介入——基于“积极老龄化”视角》，《人民论坛》2015 年第 36 期。

⑤ 周素红、宋江宇、文萍：《城市流动老年人日常活动与健康行为》，《科技导报》2021 年第 8 期。

出现上述症状，进城老年人由于年龄较大，在随后的调养中得到改善的难度往往较大。如果缺少有效的外部干预，进城老年人的适应不良的应激反应会越来越强。[①②] 此外，与农村不同，城市环境较喧闹，生活节奏较忙碌，这些城市的特征对老年人的睡眠质量也造成了显著的消极影响。[③] 综上所述，对于习惯了农村生活的进城老年人而言，应对截然不同的新环境需要调动绝大部分的心理和生理资源，这就导致他们可用于应对其他应激情境的资源出现不足，自身适应能力下降，相关的身心问题更为凸显。

（三）情绪问题

到城市生活，安享天伦之乐，本是一件好事。然而，由于城市和农村文化的内涵和特征相差甚远，进城老年人本应“幸福”的晚年生活出现了诸多的尴尬与无奈。一般而言，进城老年人在城市生活中需要更长的时间适应新环境，更容易出现人际关系障碍，拥有更小的社会支持网络，以及缺少足够的控制感、安全感和归属感等众多问题。[④⑤] 此外，由于在生活方式、环境等方面的不适应，进城老年人也会表现出明显的情绪情感和心理健康问题。研究显示，到城市生活以后，进城老人由于在经济上过于依赖子女，往往容易觉得自己无用，产生失落感和自卑心理。[⑥⑦] 同时，进城老年人由于离开了熟悉的亲友，又难以融入城市老年人的社交圈子，孤独感水平普遍较高。[⑧] 在生活质量方面，进城老年人与子女在生活习惯、思想观念上存在的差异造成沟通困难，其情感需求难

---

① 池上新：《中国随迁老人的医疗服务利用及其影响因素——基于 Andersen 理论框架的分析》，《中国社会科学院大学学报》2023 年第 4 期。

② 许加明：《“老漂族”的城市适应问题及社会工作介入探析》，《社会工作》2017 年第 4 期。

③ 穆光宗：《“老漂族”的“水土不服”》，《人民论坛》2017 年第 16 期。

④ 付敏红：《增权视角下的进城老人社会适应问题探析》，《社会工作》2013 年第 2 期。

⑤ 李敏芳：《随迁老人社会适应研究述评》，《老龄科学研究》2014 年第 6 期。

⑥ 欧阳雪莲、陈勃、罗照盛：《老年人社会适应性与主观幸福感的结构关系》，《心理学探新》2009 年第 5 期。

⑦ 孙金明：《农村随迁老人城市适应问题的社会工作介入——基于“积极老龄化”视角》，《人民论坛》2015 年第 36 期。

⑧ 刘庆：《“老漂族”的城市社会适应问题研究——社会工作介入的策略》，《西北人口》2012 年第 4 期。

以从家人那里得到满足。此外，进城老年人无法享受到居住地的社会保障福利，城市归属感较弱，主观生活满意度和幸福感也较低。[①] 这些生活、社交、经济等各方面的问题和压力，使进城老年人更容易体验到抑郁、焦虑、无助、沮丧等消极情绪。[⑤⑥]与城市间流动老年人相比，大部分进城老年人都会感到遭遇了其他个体的排斥和歧视[②]。总之，城乡文化背景、生活方式、价值观念的差异，户籍制度的限制，以及我国城市中多元价值、多种思潮、多方文化碰撞产生的种种冲突，给进城老年人的城市融入带来了大量的情绪困惑和挑战。进城老年人如果长时间不能摆脱消极情绪的困扰，可能会出现明显的身心健康问题和其他情绪情感障碍[③]。

（四）认知功能

进城老年人的认知功能也会受到迁移的影响。随着年龄的增长，认知功能的退化是正常的生理现象，但迁移带来的压力增加了进城老年人罹患认知障碍的风险。根据压力假说，认知受损与心理压力及负性情绪有关。由于适应不良而导致的负性情绪和压力，进城老年人成为认知功能受损的高风险人群，更容易出现认知障碍。在社会认知方面，由于语言和交往方式的差异，进城老年人难以融入城市群体，容易被"边缘化"。在缺乏社会归属感和认同感的情况下，进城老年人的社会交往状况较差，社会交往功能也会随之退化。[④] 相关研究进一步显示，在缺少充分的社会支持时，进城老年人的认知功能更容易损伤，与进城老年人认知功能损伤相关联的风险因素也会变得更多。[⑤⑥] 除此之外，进城老年人也容易出现自我认知方面的问题。具体而言，进城老年人往往更容易

---

① 刘晓雪：《"老漂族"的养老问题初探》，《改革与开放》2012 年第 13 期。

② 姚兆余、王鑫：《城市随迁老人的精神生活与社区融入》，《社会工作》2010 年第 18 期。

③ 陈志光：《漂泊与孤独：流动老年人口社会交往状况研究》，《社科纵横》2021 年第 3 期。

④ 周相君：《关于中国随迁老人相关问题的文献分析》，《社会与公益》2020 年第 10 期。

⑤ 焦璨、尹菲、沈小芳等：《"老漂族"领悟社会支持对孤独感的影响——基于心理弹性、认知功能的中介作用》，《云南师范大学学报》（哲学社会科学版）2020 年第 1 期。

⑥ Evans，I. E. M.，Llewellyn，D. J.，Matthews，F. E.，et al.，"Social Isolation，Cognitive Reserve，and Cognition in Older People with Depression and Anxiety"，*Aging & Mental Health*，Vol. 23，No. 12，2019，pp. 1691 – 1700.

怀疑自己的能力，自我效能感和自我价值感通常较低。①

第二节　进城老年人相关研究

一　研究对象

随着进城老年人规模不断扩大，研究者针对进城老年人城市适应的调查与研究也逐渐多起来。目前相关领域的研究往往将进城老年人作为流动老年人和随迁老年人中的一部分，主要关注进城老年人与其他流动老年人所具有的共性的心理行为规律。例如，在国外关于移民老年人的研究中，Wilmoth 和 Chen 发现，相比于其他年龄群体，移民老年人在适应新文化方面格外困难，尤其在语言能力有限、传统文化价值观受到冲击的情况下，移民老年人的心理健康状况更容易恶化，报告出更高水平的孤独和抑郁（Wilmoth and Chen，2003）。Koehn 等人也指出，老年流动人口处于老年与迁移的交叉路口，面临尤其严峻的风险与挑战——流动或迁移的老年人更可能经历着健康功能的快速下降以及配偶死亡概率的增加（Koehn et al.，2022）。

在国内，研究者揭示了同质性更强的、规模更小群体的流动老年人的心理行为特征。相关领域的研究普遍认为由于来源地以及迁移时间各不相同，流动老年人内部存在着高度异质性。根据流动人数、是否出省、流动时间、距离和动机等的不同，研究者将流动老年人分成了不同的亚类型。如研究者进一步将“老漂族”分为“单人老漂族”“双人老漂族”“省内漂”“跨省漂”“短期老漂族”“长期老漂族”“支援照顾型老漂族”“投靠养老型老漂族”②。芦恒等人根据“子女是否获得居住地城市户口”和“是否照看孙辈”两个维度，将“老漂族”群体划分为“双漂型”“保姆型”“民工型”“受养型”③。然而，现实中的“老漂族”群体

① 方建移：《积极老龄化离我们有多远——基于老年人精神需求的思考与探索》，《浙江工商大学学报》2022 年第 1 期。

② 许加明、华学成：《乡村“老漂族”的流动机理与生存图景》，《西北农林科技大学学报（社会科学版）》2018 年第 4 期。

③ 芦恒、郑超月：《“流动的公共性”视角下老年流动群体的类型与精准治理——以城市“老漂族”为中心》，《江海学刊》2016 年第 2 期。

的情况更为复杂，不同类别之间往往可以相互转化。同样，对于情况相对简单的进城老年人而言，由于进城时间以及对新的城市环境中语言、饮食、风俗习惯、价值观念的接受度不同，需要应对的挑战、所接触的资源、具备的同龄的非亲属社会关系中的支持与认同均存在差异，因此，在研究进城老年人文化适应的过程中，需要考虑不同背景特征的可能效应。

二　研究内容

目前围绕流动老年人以及进城老年人的研究主要集中在以下几个方面：

第一，进城老年人的社会融入现状。由于社会环境、生活方式等发生较大的变化，流动老人很容易出现社会融入问题。例如，研究表明“老漂族”在新的社区生活面临制度融入、经济融入、文化融入、社会关系融入以及心理融入等多方面的困境。[①] 其他研究也发现，“老漂族”社会融入问题较为严重，他们的社会关系融入和心理融入状况较差，其中又以社区参与、人际交往和心理归属感水平最低。[②]

第二，进城老年人的心理健康和心理功能的变化。进城老年人在心理压力方面同移民老年人相似，具有脆弱性与易感性，有着更高的罹患孤独、焦虑、抑郁症状以及认知障碍风险。从积极老龄化视角来看，群际接触、家庭关系、老年人自身的心理弹性、认知功能、情绪调节能力、情绪状态等都是影响其幸福感的保护性因素，[③④] 而进城老年人在这些方面往往存在不同程度的下降和缺失，因此他们的幸福感水平较低。

第三，进城老年人在文化适应过程中表现出的行为问题。以往研究表明文化适应对个体的自我效能感、行为表现水平、人际关系等都有显

① 陈芳、马云飞：《老漂族社区融入及政策应对——以南京市 S 社区为例》，《老龄科学研究》2023 年第 3 期。

② 杨雪、钱云：《“老漂族”的社会融入及影响要素探究——以北京市回龙观为例》，《现代城市研究》2019 年第 2 期。

③ 吴兰花、薛将、许倩：《城市社区 3 类老人心理弹性与社会支持，气质性乐观，自我效能的关系》，《中国健康心理学杂志》2021 年第 12 期。

④ 宋晓星、辛自强：《随迁老人和本地老人的群际接触与其幸福感的关系》，《心理发展与教育》2019 年第 5 期。

著的效应。[①] 相关研究进一步验证了进城老年人所面临的多种适应不良风险及行为表现的缺陷。例如，流动老年人对原文化的强烈认同不利于其在饮食、运动、预防慢性病等方面的健康管理行为。[②]

第四，进城老年人社会适应的社会心理因素，包括性别、年龄、进城时间、迁移压力、社会资本、社会网络等。具体而言，相关调查发现女性进城老人对城市居留意愿更高，社会融入也更好。[③] 而较高的文化水平与社会经济地位预示着老年人在当前城市拥有更多的发展机遇，而这又直接决定了进城老年人的城市适应水平。[④] 运动参与作为一种丰富生活、建立人际联结的途径，有助于进城老年人积极地融入社会和幸福生活（高振峰等，2019）。此外，还有研究表明，老化态度可能是流动老年人社会适应的重要影响因素，[⑤] 积极的老化态度有助于老年人以更积极的方式接纳与包容社会关系的变化，促进进城老年人身份转换与融合。

第五，进城老年人或“老漂族”的城市留居意愿及其影响因素。“叶落归根”还是“客居他乡”一直是“老漂族”养老面临的困扰与选择，尤其是对于那些完成了进城的任务（如抚育第三代）的“老漂族”，[⑥] 回归故里还是留在城市继续和子女生活在一起更是摆在他们面前的两难困境。当进城老年人面临留城还是返乡的抉择时，其需要综合考虑进城成本与收益等经济因素、子女及自身需求等个人因素，进而做出理性决定。[⑦] 景

---

① 孙丽、包先康：《随迁老人城市适应状况及社会工作介入研究——以“城市性”兴起为背景》，《广西社会科学》2019 年第 7 期。

② Mao, W., Li, J., Xu, L., et al., “Acculturation and Health Behaviors Among Older Chinese Immigrants in the United States: A Qualitative Descriptive Study”, *Nursing & Health Sciences*, Vol. 22, No. 3, 2020, pp. 714 - 722.

③ 陈盛淦：《人口迁移视角下的随迁老人城市居留意愿研究》，《长春大学学报》2016 年第 2 期。

④ 陈芳、马云飞：《老漂族社区融入及政策应对——以南京市 S 社区为例》，《老龄科学研究》2023 年第 3 期。

⑤ Sarah Long, Attitudes to Ageing: A Systematic Review of Attitudes to Ageing and Mental Health, and a Cross-sectional Analysis of Attitudes to Ageing and Quality of Life in Older Adults, Clin. Psy. D. dissertation, University of Edinburgh, 2014.

⑥ 许加明、陈瑞：《感性抑或理性：乡城“老漂族”的留城与返乡》，《老龄科学研究》2021 年第 1 期。

⑦ 李芬：《我国老年人异地养老动力机制分析》，《安徽师范大学学报》（人文社会科学版）2016 年第 2 期。

晓芬（2019）调查发现，有超过2/3的流动老人打算在迁入地长期留居。该研究还发现流动老人的留居意愿受到个体特征、家庭特征、流入地的地域特点及制度因素等多方面因素的影响。刘成斌和巩娜鑫（2020）也发现，整体上“老漂族”与子女共同留居城市的意愿仍保持在较高水平，且年龄、流动原因和家庭照料影响了“老漂族”的留居意愿。此外，结合影响流动老年人城市留居意愿的各方面影响因素，研究者也从家庭、政府、社会等角度提出了促进流动老年人留居城市的意愿和提高其城市养老质量的建议或策略。①②

三　研究方法

以往有关进城老年人的研究多以质性访谈为主，研究内容从进城老年人的现状、所面临的问题入手，涵盖进城老年人环境适应、身心健康、养老保障等多个方面，刻画出进城老年人的艰难处境，并提出建设性意见。例如，刘素素和张浩通过对随迁老人展开半结构式访谈来分析随迁老人的社会融入状况，发现随迁老人在社会融入过程中存在着文化接纳能力较弱、社会支持网络匮乏和自我效能感较低等问题，并针对这些问题提出了对策建议。③ 朱萍通过深入访谈的方法对“老漂族”的养老困境进行个案研究，揭示了“老漂族”在语言交流、生活习惯、代际关系、社会交往、社区参与等方面存在的问题。④ 有研究通过访谈法了解随迁老人的城市社会融入现状和体育参与情况，发现随迁老人可从体育交往、运动趣缘、运动习惯、运动身体4个维度融入城市文化、拓宽社会关系网络、减少孤独的心理感受、构建积极的身份认同，进而从社会适应、心理融入、身份认同3个层面推动其社会融入进程。⑤ 也有研究针对随迁

---

① 李喜梅：《东莞市流动老人留居现状分析》，《南方论刊》2019年第3期。

② 古恒宇：《异地养老、家属随迁与中国流动老人居留意愿》，《热带地理》2023年第6期。

③ 刘素素、张浩：《随迁老人社会融入的社会工作介入路径》，《社会工作与管理》2018年第6期。

④ 朱萍：《社会融入视角下“老漂族”精神养老的困境研究——基于福州Y社区的访谈》，《开封文化艺术职业学院学报》2021年第3期。

⑤ 谭世君、刘文武、明磊等：《体育促进随迁老人城市社会融入的质性研究》，《中国体育科技》2023年第4期。

老人心理需求使用小组工作方法进行社会工作介入，发现小组工作介入在随迁老人心理需求实现过程中发挥了积极的作用。[①] 还有研究将访谈法与实地观察法、非参与式观察法等其他质性研究方法相结合，更加全面地搜集资料，深入了解随迁老人各方面的真实状况。[②]

除了依赖质性研究方法，近年来，研究者也采用横断研究设计检验了进城老年人的社会融入、心理健康状况和适应水平的特征、影响因素及其作用机制。例如，何佳琪等采用问卷调查法探讨了社区随迁老人社会融入的特点及其影响因素，发现随迁老人社会融入处于较低水平，户籍性质、有无配偶、随迁时长、与子女沟通频率等是随迁老人社会融入的影响因素。[③] 焦璨等人以进城老年人为研究对象，发现心理弹性、认知功能在领悟社会支持与进城老年人的孤独感的关系中起到了中介作用。[④] 池上新和吕师佳从心理融入、家庭融入、社区融入、区域融入和制度融入 5 个维度系统地考察了随迁老年人的社会融入水平以及社会融入对其身心健康的影响，发现随迁老年人的社会融入水平整体比较一般，且对身心健康具有重要影响。[⑤] 此外，基于人力资本和社会资本归因理论，靳小怡和刘妍珺关注了文化程度、以往职业、熟人网络等人力、社会资本因素对进城老年人社会适应、心理接纳与身份认同的影响。[⑥] 结果表明，人力资本和流入地的社会资本的提升均有利于促进农村随迁老人的社会融入。

尽管有大量研究关注了流动老年人或进城老年人的心理行为特征，但关于进城老年人的量化研究方法比较单一，无论是在研究设计，还是

---

① 陈源：《社会工作视角下随迁老人主观幸福感研究》，《现代商贸工业》2022 年第 S1 期。

② 杨克、焦芸菲：《责任的围城：随迁老人城市融入的系统性困境——以中等城市 S 市 L 社区为例》，《山东青年政治学院学报》2023 年第 1 期。

③ 何佳琪、郝习君、陈长香：《854 名随迁老人社会融入困境及其影响因素分析》，《护理学报》2023 年第 9 期。

④ 焦璨、尹菲、沈小芳等：《“老漂族”领悟社会支持对孤独感的影响——基于心理弹性、认知功能的中介作用》，《云南师范大学学报》（哲学社会科学版）2020 年第 1 期。

⑤ 池上新、吕师佳：《社会融入与随迁老人的身心健康——基于深圳市调查数据的分析》，《深圳社会科学》2021 年第 5 期。

⑥ 靳小怡、刘妍珺：《农村随迁老人的社会融入研究》，《西安交通大学学报》（社会科学版）2019 年第 2 期。

在研究方法或数据统计技术上都存在明显的局限。一方面，已有的研究多以横断研究为主，缺乏采用纵向追踪设计的研究，不能有效地揭示进城老年人文化适应特征与相关影响因素之间的因果关系及其作用机制，也不能检验文化适应与相关变量之间的时间序列关系。另一方面，已有的研究多采用以变量为中心的视角，较少采用以个体为中心的方法，忽略了进城老年人文化适应水平和其发展轨迹的异质性。同时，更鲜有研究采用高级统计方法从潜变量分类、潜变量增长、网络分析、响应面分析以及纵向中介等方面探讨进城老年人文化适应及其相关变量之间的关系模式，极大地限制了我们对进城老年人心理适应机制的探讨。

四　进城老年人心理适应的干预研究

基于已有实证研究，国内研究者针对进城老年人生活适应或者提高其生活质量已经开发了一系列干预思路或策略。例如，付敏红建议通过引导调整心态、增强对生活的掌控、激发自我效能感、构建和睦的代际关系、邻里关系等来提升进城老年人的生活质量。[①] 孙金明则认为组织社区内有共同兴趣爱好或面临共同问题的老年人，开展多种形式、多种主题的小组活动有助于提高进城老年人的生活质量。[②] 也有研究者通过体育活动干预来提高进城老年人的幸福感。如有研究者认为，体育锻炼由于具备提高随迁老人的身体素质、增强随迁老人的社会交往与文化互动的双重优势，可以作为提升随迁老年人文化适应水平和生活质量的重要手段（高振峰等，2019）。

此外，借助外部群体力量引导进城老年人积极应对各种困扰，也是一种有效的干预路径。唐远军等人针对进城老年人的特征，用实际可行的志愿服务“4＋”模式（“项目＋团队＋基地＋管理”的创新服务模式）探索大学生志愿服务与“老漂族”城市融入问题的关系，改善了“老漂族”群体的社会融入水平，增强了该群体的城市生活幸福感。[③] 国

① 付敏红：《增权视角下的进城老人社会适应问题探析》，《社会工作》2013 年第 2 期。

② 孙金明：《农村随迁老人城市适应问题的社会工作介入——基于“积极老龄化”视角》，《人民论坛》2015 年第 36 期。

③ 唐远军、汤思洁、毛兴欣等：《大学生志愿服务模式下的“老漂族”社会适应问题》，《文教资料》2018 年第 2 期。

外相关领域研究者在促进移民个体文化适应方面也提出了一些干预策略。如有研究者通过给予充分的情感慰藉和支持、提升跨文化交往能力、鼓励参与社区活动等方式来提高移民个体的生活质量。Organista 等人则建议通过提高文化适应水平的方式来增强个体的日常社会互动能力，进而促进和提升个体在迁入地的生存发展水平。①

第三节 本章小结

本章主要概述了研究的背景，即进城老年人的特殊性和该群体所面临的挑战，以及进城老年人相关研究的现状。

进城老年人是城市化进程中产生的一个特殊的流动人口群体，并且在流动人口中所占比例越来越高。他们常常出于各种原因不得不跟随子女迁往城市生活。与一般流动人口相比，进城老年人由于年龄增长导致各方面能力下降，加之文化水平有限，在适应城市生活的过程中会面临更加严峻的挑战。在生活状况方面，进城老年人的农村生活方式和行为习惯不易改变，难以适应城市的生活方式。他们在城市的生活也较为单调，常常围着家人转，缺乏娱乐和放松的方式。此外，他们难以融入本地群体，社区融入水平低。在迁入地，他们缺乏社会公共服务的保障，往往无法享受城市的社会福利待遇（如免费公交、养老服务补贴、医疗报销等）。在身体健康方面，生活环境和生活方式的不适应容易造成进城老年人慢性疾病的反复或加重，身体健康水平下降。他们也更容易出现抑郁、焦虑等情绪障碍，以及高水平的孤独感、缺乏安全感、归属感等心理健康问题。并且，文化适应的压力提高了他们罹患认知障碍的风险。

在进城老年人的相关研究中，目前相关领域的研究往往将进城老年人作为流动老年人和随迁老年人中的一部分，主要关注进城老年人与其他流动老年人所具有的共性的心理行为规律。研究者针对流动老年人以

① Pamela Balls Organista, Kurt C. Organista and Karen Kurasaki, "The Relationship Between Acculturation and Ethnic Minority Health", in Kevin M. Chun, Pamela Balls Organista and Gerardo Marín, eds. *Acculturation: Advances in Theory, Measurement, and Applied Research*, American Psychological Association, 2003, pp. 139 – 161.

及进城老年人的研究主要集中在社会融入现状、心理健康和心理功能的变化、文化适应过程中表现出来的多种行为问题、城市留居意愿及其影响因素这几个方面。在研究方法上，除了通过质性研究的方法了解流动老年人各方面的适应情况，研究者也采用横断研究设计检验了进城老年人的社会融入、心理健康状况和适应水平的特征、影响因素及其作用机制。然而，目前量化的研究方法还比较单一，多以横断研究为主，较少采用纵向追踪设计。并且在数据分析方面多采用以变量为中心的视角，较少采用以个体为中心的方法和其他的高级统计方法。此外，基于已有实证研究，研究者针对进城老年人的生活适应开发了一系列干预思路或策略，如心态干预、小组活动、体育锻炼等。

第二章

文化适应理论及研究

第一节　文化及文化适应

一　文化适应的概念

文化是指一群共同生活在相同自然环境及经济生产方式的人所形成的一种约定俗成潜意识的外在表现，广义的文化包括文字、语言、建筑、饮食、工具、技能、技术、知识、习俗、艺术等。[①] 有研究者将文化分为物态、制度、行为、观念四个主要构成部分。[②] 物态文化是指那些以物态方式表现出来的文化因素，是文化系统中最浅显的形式，有实体、可感知、可触摸，能够作为一个时代发展的衡量标准。制度文化指的是各类有规范的制度，既可以是约定俗成的，又可以是政府部门制定的。行为文化是指那些以民风民俗形式出现的，受地域和民族影响的文化。观念文化则是指人们的价值观念和思维方式，是更深层次的、不易被发觉的文化因子。

文化适应的相关研究最早出现在 19 世纪末 20 世纪初。1880 年，美国人类学家引入“文化适应”（acculturation）来描述不同文化群体之间的文化交际过程。与此同时，与文化适应相似的其他术语相继出现，包括“文化变迁”“跨文化”和“文化渗透”等。经过相关领域研究者多年的沉淀和反复论证，最终“文化适应”一词因受到了大多数研究学者的认可而被广泛使用。

梳理跨文化研究领域术语体系的发展简史，不难发现“文化适应”

---

① Williams, R. , *A Vocabulary of Culture and Society*, Oxford University Press, 2014.

② 陈序经：《文化学概观》，岳麓书社 2010 年版。

多次被不同领域的研究者定义或重新定义，其概念内涵的界定经历了不断丰富和完善的发展过程。19世纪末，Powell首次明确提出“文化适应”这一术语并将其定义为“来自外文化者在模仿新文化中行为的过程中所导致的心理变化”。[①] 与该定义相类似，Kim在《跨文化适应整合理论》一书中对文化适应也进行了定义。他认为文化适应是个体为了成为其他文化群体中的一员而有目的地学习异文化中各种各样东西的过程（Kim，1995）。很明显，上述两个定义将对文化适应的讨论停留在了一个单向影响的层面，即只强调了新文化对文化适应者原文化的冲击，忽略了文化适应者原文化的强大力量。与单向影响取向不同，Redfield等人明确了文化适应是一个双向的过程，认为文化适应是“由于具有不同文化背景的两个群体之间发生持续而直接的文化接触而导致一方或双方成员或个体原文化模式发生变化的现象”（Redfield et al.，1936）。这一定义得到了绝大多数文化适应领域研究者的认可，被广泛应用于文化适应领域的研究之中。

在Redfield等人定义的基础上，之后的研究者对双向取向文化适应的定义做出一定的完善和修正。但无论怎样界定相关概念的内涵和外延，基本上认可了文化适应是两个或多个文化群体通过接触而导致一方或双方变化的过程这一文化适应的核心特征。[②③] 如Sam和Berry（2006）强调了接触和变化两个环节在文化适应过程中的重要性。他们认为，接触是指两种文化在某种特定的情境中直接发生的具有一定延续性的碰撞；变化是指两种文化在接触过程中其中一方或者双方在某个或某些方面发生的改变，即改变原有的文化模式而接受另一种文化模式。很明显，尽管Sam和Berry（2006）跳出了传统文化适应的界定框架，但还是肯定了文化适应是一个双向影响的过程。此外，Heiss也指出，仅仅保持与自己群体相一致生活方式的移民不可能完成适应，因为他们缺乏同化他们群

---

① Powell, J. W., “From Savagery to Barbarism. Annual Address of the President, JW Powell, Delivered February 3, 1885”, *Transactions of the Anthropological Society of Washington*, Vol. 3, 1883, pp. 173–196.

② Weinstock, B. M., “Continuous Boundary Values of Analytic Functions of Several Complex Variables”, *Proceedings of the American Mathematical Society*, Vol. 21, No. 2, 1969, pp. 463–466.

③ Berry, J. W., Kim, U., Minde, T., et al., “Comparative Studies of Acculturative Stress”, *International Migration Review*, Vol. 21, 1987, pp. 491–511.

体之外生活方式的社会动机。也就是说，文化适应是个体在保持原文化身份认同的基础上，尝试同化群体主导文化的过程。① 在认可双向影响的基础上，Berry 进一步提出了文化适应是一个有偏的双向影响过程。Berry 认为尽管文化适应在原则上是一个中立的术语，即在文化适应的双向过程中，似乎变化可能发生在任何一方或两方，但在实践中，文化适应往往导致其中一个群体比另一个群体产生更多的变化（Berry，1990）。具体而言，文化适应的过程需要一个群体控制另一个群体，而发挥控制作用的成为主导群体。主导群体在文化交流过程中相较弱群体贡献得更多。根据 Berry（1990）的观点，在文化融合的过程中，移民个体是在试图保持自己原文化身份的基础上与更强势的主导文化产生互动的。

综上，结合不同学者提出的文化适应的概念，我们认为文化适应是个体从一种文化移入另一种文化时，为了减少或抑制由于生活环境、行为习惯发生改变以及价值观念产生冲突而出现的焦虑等负面情绪，而作出的认知、态度和行为等方面的改变和调适。文化适应是一个跨越不同行为规范、价值观、风俗习惯等文化元素的现象和过程。

二 文化适应的分类

研究者从不同视角对文化适应进行了分类。如针对文化适应的研究对象，Graves 将文化适应分为群体文化适应和个人文化适应（Graves，1967）。前者强调群体文化的变化，而后者关注个体心理层面的变化。Berry 将文化适应分为群体层面的文化适应和个人层面的文化适应。群体层面的文化适应包括社会、经济、政治和文化习俗等方面的变化，个人层面的文化适应则包括价值系统、思维模式、认知等方面的改变（Berry，1990）。与 Graves 不同，Black 等人根据适应内容的不同，将文化适应分为一般性适应（general adaptation）、工作性适应（work adaptation）和交往性适应（interact adaptation）。② 一般性适应是指对与日常生活有关的食

---

① Heiss，J.，"Factors Related to Immigrant Assimilation：The Early Post-migration Situation"，*Human Organization*，Vol. 26，No. 4，1967，pp. 265 – 272.

② Black，J. S.，Mendenhall，M. and Oddou，G.，"Toward a Comprehensive Model of International Adjustment：An Integration of Multiple Theoretical Perspectives"，*Academy of Management Review*，Vol. 16，No. 2，1991，pp. 291 – 317.

物、住房、生活费用和医疗健康等方面的适应；工作性适应是指对新的工作环境、工作任务、工作角色和工作责任的适应；交往性适应则反映在个体在与当地人交往中所感受到的舒适程度和熟练程度上。

在相关领域的文献中，与前两种分类相比，Ward 和 Searle 对于文化适应的分类得到了更多研究者的认可。他们根据跨文化适应的结果将文化适应分为心理适应（psychological adaptation）和社会文化适应（socio-cultural adaptation）（Ward and Searle，1991）。心理适应是指在文化适应过程中以情感反应为基础的心理健康水平和生活满意度的变化情况。在不同文化接触的过程中，如果没有产生或较少产生抑郁、孤独、焦虑等负面情绪时，就实现了心理适应。而社会文化适应是指是否能够很好地适应当下的社会文化环境，是否有能力与当地人进行有效接触和交流等。Ward 和 Searle 认为，心理适应和社会文化适应是两个独立但相互关联的结构（Ward and Searle，1991）。依据 Ward 和 Searle 对跨文化适应的定义和分类，大多数现有文献中所提到的文化适应是指社会文化方面的适应，即迁移者适应迁入地行为规范、价值观、风俗习惯等社会文化元素的过程。对于心理适应，以往研究者则更加注重迁移者社会文化适应状况对各种心理过程的影响。因此，在近年的研究中，心理适应更多被看作受文化适应影响的结果变量。本书中所关注的进城老年人文化适应也是指文化层面的适应。

三　文化适应的维度

在以往文献中，关于文化适应维度大致可以分为单维度模型、双维度模型、多维度模型和融合模型几种观点，具体如下：

单维度模型。Park 和 Miller 最早使用单维度模型来描述跨文化适应的过程，Gordon 继承并发展了这一模型。单维度模型理论认为，文化适应中的个体总是位于完全的原文化到完全的主流文化这样一个连续体的某一点上（Gordon，1964；Park and Miller，1921）。也就是说，对于新环境中的个体而言，文化适应的结果是被主流文化完全同化。这一模型忽略了文化适应者和主流社会之间的互动，将文化适应的结果指向文化趋同和心理的同质化，没有考虑文化适应者自身的文化及该文化对个体适应新环境的影响。因此，这一观点受到了后来研究者的质疑和批评，也引发了人们对文化适应维度的进一步讨论。

双维度模型。鉴于单维度模型的局限，部分研究者提出了双维度模型。Rogler 等人指出，有些文化适应个体可以适当地理解或者参与到两种不同的文化中（自身文化和主体文化），而且他们在这一过程中没有冲突感，也没有丧失文化认同感（Rogle，1991）。考虑到文化适应的这种特性，跨文化心理学家 Berry 认为文化适应的过程会对相互接触的主流文化和非主流文化产生影响（Berry，1990）。基于此，Berry 提出了双维度模型，即个体同时保持着原文化和身份的倾向性与参与主流文化的倾向性的两个相互独立的维度。同时，Berry 认为对某种文化认同高并不意味着对其他文化认同低（Berry，1990）。根据个体在这两个维度上的表现情况，非主流文化群体在主流文化的适应过程中可能会采取四种策略，包括整合（integration）（个体有兴趣保持自己原文化的同时与新群体积极互动）、同化（assimilation）（个体不认同自己原文化，寻求与其他文化的互动）、分离（separation）（个体重视保持自己原文化，同时避免与新群体的互动）和边缘化（marginalization）（个体没有兴趣维持自身的原文化，也没有兴趣与他人建立关系）（Berry，1990）。其中，整合是最成功的文化适应策略。在文化适应的过程中，个体会探索各种策略，最后形成一个比其他策略更有用和更令人满意的适应策略。这个理论允许独立评估个体对主流文化的适应程度以及对自身原文化的保留程度。在这一理论基础上开发出来的测量工具也可以更加准确地反映出个体适应新环境的程度。因此，Berry 的双维度模型得到了研究者的广泛认可，成为相关领域中最常使用的模型。

多维度模型和融合模型。除了上述两种文化适应模型外，还有研究者提出了多维度模型和融合模型。Landry 和 Bourhis 提出的多维度模型也叫“交互性文化适应模式”。该模式认为文化适应者在文化适应过程中不仅会对主流文化和非主流文化产生影响，同时主流群体对文化适应者的不同态度会对文化适应过程产生不同的影响（Landry and Bourhis，1997）。多维度模型是在双维模型的基础上发展起来的。多维度模型特别强调了主流群体对文化适应者的态度也是影响文化适应过程的一个重要因素。此外，在总结前三种模型的基础上，Arends-Tóth 和 Van de Vijver 提出了融合模型。该模型认为文化适应中的个体所面对的是一种全新的经过整合的文化，并不是纯粹的主流文化或者个体固有的母文化。[①] 这种经过整合的文化包含着两种文化中的精华部分，但并不等同于主流文化和母文化其中的任意一种。

第二节　文化适应过程理论

一　Lysgaard“U”形曲线假说

1955 年，Lysgaard 对赴美访学的挪威学生适应情况进行了考察。结果发现，在美国停留时间为6—18 个月的学生适应情况不如停留时间小于6 个月和超过 18 个月的学生。基于此，他认为文化适应过程可以用“U”形曲线进行描述，分为接触阶段、冲突阶段和适应阶段。具体地说，身处异乡的个体在最开始接触到新鲜的环境时，大多保持着一种兴奋的状态，对所有事物充满好奇，总是有一些“适应良好”的表现；随着时间的延长，他们开始经历一个危机期，即会遇到来自生活、学习等方面的诸多问题，焦虑、迷茫等负面情绪随之而来，失去原本的快乐而变得孤独；最后，随着时间的推移，在经过不断学习之后，个体获得了解决问题的方法，负面情绪得到缓解，再次感到适应良好，能够更好地融入城市文化中。

“U”形曲线假说的提出，激发了研究者对于文化适应过程的研究兴趣。之后，越来越多的研究者开始关注文化适应的发展阶段，并对相关领域中的已有理论进行丰富和改善，形成了大量的关于文化适应发展阶段的理论假说。

二　文化适应的阶段理论

（一）文化适应四阶段理论

1. Oberg 情感文化适应四阶段理论

为了描述个体在文化适应中的情感适应进程，Oberg 提出了情感文化

---

① Arends-Tóth, J., Van de Vijver, F. J., “Domains and Dimensions in Acculturation: Implicit Theories of Turkish-Dutch”, *International Journal of Intercultural Relations*, Vol. 28, No. 1, 2004, pp. 19 – 35.

适应四阶段理论，也称为“U 形模式”（U-curve model）或“文化冲击理论”。该理论认为当一个人处于异文化环境中时，会经历一定时间的困难期才能达到原有的舒适感。同时，该理论强调文化适应中的情感进程可以分为四个阶段（Oberg，1960），具体内容如下：

第一个阶段为蜜月期（honeymoon），大约持续一到两个月时间。即当个体来到新的文化中时，对一切新事物都感到好奇和愉悦，内心兴奋。这一阶段就好像情侣的蜜月阶段，心情放松，感到很甜蜜。

第二个阶段为危机期（crisis），又称挫败期，大约持续三到四个月。在这一时期，个体对新环境的好奇感逐渐消失，开始面临各种问题和挑战。同时，大多数移民个体在该阶段都会经历“文化休克”。“文化休克”是指当人们身处异质的文化环境时，由于其所熟悉的环境和交往信号发生改变而导致个体体验到焦虑等负性的过程。因为要经历两种文化之间的差异，个体产生疏离感以及不适应感，开始体验到了由文化休克带来的负性情绪。如果个体不能处理好这些问题，就无法在新环境中正常生活。

第三个阶段为恢复期（recovery），又称逐渐适应期。这一阶段文化适应开始显现效果。很多人通过学习，逐渐了解主流文化及其社会生活习惯，能够接受并尊重母文化和主流文化的差异，并努力克服困难，适应新的环境。适应水平到一定程度后，个体开始重拾信心，心情开朗。

第四个阶段为适应期（adjustment）。在该阶段，个体通过不断地学习开始接受并习惯两种文化之间的差异，对主流文化逐渐理解和信任，并构建起新的思维方式和行为模式。同时，个体在这一阶段仍可能会遇到不适应的状况。然而，由于已经具备妥善处理问题的能力，个体能够尽快调节偶尔出现的焦虑感和挫败感，从而达到心理舒适的状态。

2. Brown 文化适应四阶段理论

与 Oberg 理论类似，Brown 把文化适应也分为四个阶段，各个阶段及其相对应的特征如下：

第一个阶段是兴奋阶段（exciting），也称新奇阶段，即在刚进入某一新文化环境时，个体对异文化有一种新奇感，此时个体还没有感受到来自异文化的冲击和压力。

第二个阶段为文化休克阶段（culture shock），也称文化冲突阶段。在这一阶段，随着接触时间的增加、接触范围的扩大与接触深度不断拓展，个体开始觉察到某种差异，在不同文化的压力之下产生强烈的不适应感，开始进入危机期。

第三个阶段为文化初步适应阶段（adjustment），也称复苏阶段。经过一段时间的适应之后，个体先前形成的异文化心理防御系统开始解除，此时个体已经拥有正确评价文化差异的能力，能比较自然地应对新异的环境。

第四个阶段为文化基本适应阶段（recovery），也称文化融入阶段。在这一阶段，个体开始融入新异文化，对文化差异的看法更加全面与客观，至此他们能够体验两种文化带来的丰富、充裕的感觉，随着在异文化中学习生活时间的增长和对周围文化环境的逐渐熟悉，个人对异文化有了更深刻的认识。①

另外，沿袭这一分类取向的理论还有 Nesdale 和 Brown 的模型。他们也将文化适应分为四个阶段，包括兴奋阶段（euphoria stage）、休克阶段（culture shock stage）、反常阶段（anomiea stage）和同化或适应阶段（assimilation/adaptation stag）（Nesdale and Brown，2004）。每个阶段中，文化适应个体的心理特征和行为表现与上述的四个阶段非常相似，这里不再赘述。

3. Goetz 文化适应四阶段假说

跨文化研究学家 Goetz 在“U”形模式的基础上，根据不同个体在异文化中的适应情况，归纳出三条“文化变化曲线”（图 2－1）。② 也就是说，不同人格类型的个体，文化适应的模式是不同的。例如，对于对异文化持有更积极态度的归化型个体而言（图中 C 代表的曲线），文化适应可以分为四个阶段，包括幸运阶段（lucky）（个体和异文化初步接触，感到新奇与兴奋）、文化冲击阶段（culture shock）（体验到不同的文化环境对自身生活的冲击）、文化变化阶段（culture change）（个体开始对异文化产生认知，逐渐接受新的价值观念，能够融入异文化环境当中）和精神安定阶段（mental stability）（个体能够像之前一样正常生活）。其他人格类型个体的文化适应与上述类型的人完全不同，具体模式如图 2－1 所示。

---

① Brown，H. D.，“Learning a Second Culture”，in J. M. Valdes，ed. *Culture Bound. Bridging the Cultural Gap in Language Teaching*，Cambridge University Press，1986，pp. 33－48.

② 徐光兴：《跨文化适应的留学生活——中国留学生的心理健康与援助》，上海辞书出版社 2000 年版，第 10 页。

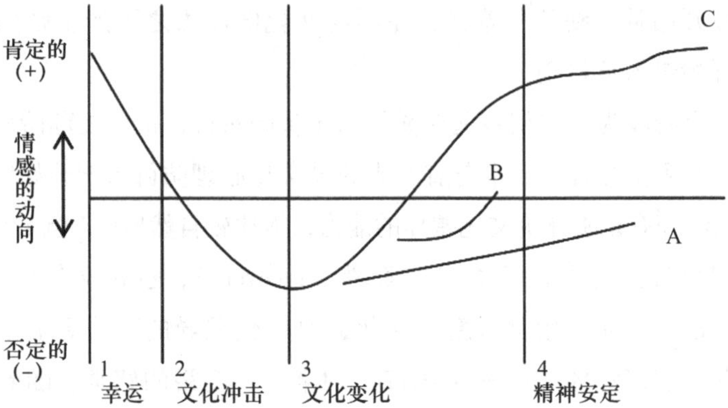

图 2-1 Goetz 的文化变化曲线

注：图中以时间跨度为横轴，以情感动向变化为纵轴，以静态的方式显示了动态的文化适应过程，不仅可以反映文化适应的阶段，还可以反映文化适应过程中处于文化适应曲线不同位置的个人的文化适应情况。三条曲线分别代表适应类型的个体，其中 A 代表固执型个体，自始至终都对异文化持否定态度；B 代表统合型个体，对母文化和异文化都持中性态度，能够吸收两种文化中优秀的部分；C 代表归化型个体，对异文化持更积极的态度，因此可以融入异文化生活环境。

4. Hanvey 文化适应四阶段模式假说

Hanvey 从个体沉浸到异文化深度的角度，提出了文化适应要经历的四个阶段，依次是表面观光阶段（superficial tourism）（个体刚开始接触异文化，只是对异文化有肤浅的了解，并没有进入异文化内部）、文化冲突阶段（cultural clash）（个体体验到母文化和异文化之间差异所带来的冲突）、头脑分析阶段（intellectual analysis）（个体开始尝试用头脑认识两种文化之间的差异以及差异背后的原因，此时对异文化的认识达到理性阶段）和文化浸润阶段（cultural immersion）（个体能够对异文化乐于其中，充分享受到不同文化所带给自己的全新体验）。①

（二）Adler 文化适应五阶段模式假说

Adler 根据个体对异文化适应的心理过程，提出了文化适应五阶段模型假说。他认为，在异质文化中，个体的心理发展会经历以下五个阶段。

① Hanvey, R. G., *An Attainable Global Perspective*, American Forum for Global Education, 1976.

接触阶段（contact）。个体对刚刚接触的异文化感兴趣，对新文化的特征感到好奇和兴奋，尚未体会到来自该文化的冲击和压力。

崩溃阶段（disintegration）。个体在该阶段不断丧失对异文化的新鲜感和好奇感，感受到异文化和母文化之间的差异，体验到异文化给自身带来的挑战和压力，出现隔阂、迷惑、茫然、混乱和乏力等负面情绪。

摸索阶段（reintegration）。也称否定阶段，个体对异质文化开始有否定性的认知，并且容易产生攻击性的念头和行为。在这一阶段，个体的自尊心和攻击性都较强，并尝试建立新的文化价值观。

自律阶段（autonomy）。即个体开始承认异文化和母文化之间的差异，能够客观地评价两种不同的文化，并且认为该差异在可承受范围之内，逐渐减少了心理上的抵触、攻击或防备状态。此外，个体也能够从容地接受和应对异文化，开始走出迷茫。

独立阶段（independence）。也称确立阶段。在该阶段个体对两种文化的差异产生了更加理性的认识，并对两种文化赋予了全新的意义。在这一基础上，个体产生了更多的情感认同，从而构建出了适合自己的文化体系，在日常生活中顺利实现自我价值，开启丰富的感情生活。①

（三）Lewis 和 Jungman 六阶段论

Lewis 和 Jungman（1986）提出的六阶段论被认为是目前为止最完整的跨文化适应模式，这个理论包含了旅居者在接触新的文化环境之前、适应新文化后，以及回到母文化后的完整文化适应过程情况（Lewis and Jungman，1986）。具体而言，该理论认为文化适应可以分为预备期、旁观期、参与期、震荡期、适应期、返乡期。总体而言，该理论与“U”形模式非常相似，如他们对适应新文化阶段的描述与“U”形模式中的蜜月期和危机期描述的状态变化相对应，而返乡期与文化再适应阶段相契合。六阶段论综合了蜜月期和危机期的不同阶段表现，同时考虑了旅居者进入新的文化环境之前的心理准备和回到母文化中的再适应过程，显得更加完整和全面。

（四）文化适应七阶段理论

大量研究显示，多数旅居者在回归后都会经历母文化休克。文化适

---

① Adler，P. S.，“The Transitional Experience：An Alternative View of Culture Shock”，*Journal of Humanistic Psychology*，Vol. 15，No. 4，1975，pp. 13 – 23.

应七阶段理论可以解释移民回归后再次经历“母文化休克”的现象。为了解决旅居个体在回归母文化后经历的文化适应过程，Gullahorn 夫妇根据留学生文化适应过程中的表现，提出了跨文化适应曲线，简称“W”曲线（Gullahorn and Gullahorn，1963）。“W”曲线反映了多数人在接触异文化及回归母文化后，所表现出来的一种基本模式。该理论在“Oberg U 形模式”的基础上，又增加了一个“U”或“V”，代表着个体从异文化返回母文化所经历的文化适应过程：从最开始的满怀期待，再到适应不良后所遭遇的情绪低落，以及最后再适应后情绪达到最初的基线水平。

具体来说，该曲线共分为七个阶段，包括蜜月期（honeymoon）（个体对所见所闻感到十分新鲜，觉得周围的人也很亲切）、斗争期（crisis）（在面对日常生活及工作上的种种困难时，个体产生了无力感，常常在斗争与逃脱间徘徊）、纠葛期（recovery）（困难和问题无法顺利解决而使情况更加恶化）、适应期（adjustment）（个体开始适应当地社会和日常生活），再纠葛期（refusal of the return）（个体自以为对异文化已经了解，但对复杂的问题仍不能清楚把握）、返回前期（return home）（在快回归母文化时，个体喜悦地期待着回归，精神振奋，有恋恋不舍之情）和返回后的冲击（crisis at home）（在回归后，与所期待相反，在生活中及与人接触当中，个体有疏远之感，此时须进行文化的再适应）。

根据上述描述，“W”形曲线分为两部分，其中第一个“V”可以理解为异文化中的“U”形曲线，即异文化冲击、适应、返回前期（喜悦地期待着回归，精神振奋，有恋恋不舍之情）；第二个“V”则是个体从异文化返回后的冲击（与所期待相反，在生活中及与人接触中的疏远之感），即对母文化的再适应，直到最后达到平衡。

三 小结

尽管文化适应的“六阶段理论”和“七阶段理论”在解释个体从开始接触新文化到一段时间后回归原文化整个过程中的心理行为表现具有明显的优势，但是不得不说，上述两个理论并不是跨文化研究领域中的主要理论，绝大多数研究者还是更喜欢关注旅居者或移民进入新文化之后的适应表现。

综合前人对文化适应阶段的讨论，在不考虑个体重新回到母文化环境中的前提下（如 Gullahorn 夫妇的跨文化适应七阶段和 Lewis 和 Jungman 六阶段论），个体的文化适应过程大致可以总结为以下四个阶段。

第一个阶段为初适应阶段。这个阶段是以好奇心为特征的新文化探索阶段。好奇心是个体遇到新奇事物或处在新的外界条件下所产生的注意、操作和提问的心理倾向。在这一阶段，个体刚刚进入一个新的文化环境，对新事物、新文化、新的交往对象感到好奇。在一切新鲜事物的笼罩下，个体感到兴奋、激动、舒适和安逸，还未感受到文化间的差异以及新文化带来的挑战。这一阶段大约持续一到两个月的时间。

第二个阶段为冲突阶段。在该阶段，个体保留的原文化会与新文化不断冲突碰撞，使个体在新文化环境中遭遇一定的挫折。挫折是指人们在有目的的活动中，遇到无法克服或自以为无法克服的阻碍，使其需要或动机不能得到满足的情况。个体在有目的的行为受到阻碍时必然会产生相应的情绪反应，包括挫折情境、挫折认知和挫折反应。在这一阶段，个体对新文化的好奇心逐渐消失，开始感受到母文化和新文化之间的差异，包括生活习惯和交往方式的明显不同。但是，个体并未形成正确对待这些差异的能力，从而体验到烦恼、困惑、焦虑、愤怒等负性情绪交织的心理感受，也就是挫折感。新文化与母文化的差异越大，个体的挫折感就越强。该阶段大约持续三到四个月的时间。

第三个阶段为基本适应阶段。在这一阶段，通过对新文化的学习和与当地居民的交流，个体开始理解原居住地文化和新居住地文化的区别并逐渐接受两者的差异，能够根据自己学到的新知识和新技能来处理文化适应过程中的矛盾和挑战。在有效处理这些问题之后，个体会不断克服在挫折阶段产生的困惑、焦虑等负面情绪，全身心地投入对当地文化和生活习惯的适应当中。这一阶段花费时间较长，大约持续半年。

第四个阶段为整合阶段。就个体而言，文化整合是不同文化相互吸收、融合和调和而趋于一体化的过程。当不同文化背景的群体聚居在一起时，他们各自的文化必然相互吸收、融合和调和而趋于一体化，发生内容和形式上的变化，整合为一种新的文化体系。在这一阶段，个体已经能够完全融入当地生活，达到适应的最高水平。个体能够在学习新文化的同时，不丢弃母文化，并汲取新文化和母文化中的精华，发展出一套自己独有的文化体系和文化适应模式。在这一阶段，尽管个体偶尔也会出现消极情绪，但就总体趋势来看，其已经完全具备了有效应对由于文化适应不良所诱发的消极情绪的能力。

值得注意的是，文化适应的这四个阶段并非对所有人都适用。对于完全放弃母文化的个体来说，他们会更加积极主动地学习新文化并试图尽快融入其中，所以，他们经历的挫折阶段可能较短。相反，排斥新文化的个体则一般很难适应一种新的文化环境。当处于挫折阶段时，排斥新文化的个体会感到更多的消极情绪，并且不会为了消除这些矛盾而努力。此外，适应能力较弱的个体经历挫折阶段和初步适应阶段的时间可能更长。

第三节　文化适应的影响因素

一　个体因素

（一）年龄

个体的年龄与文化适应之间有着一定的关系。一般来讲，年龄越大，文化适应越困难。Berry（2006）发现如果个体年龄越小，其文化适应过程越顺利。这可能是因为，年龄小的个体对旧文化融入得并不深入，在面对新文化时不需要舍弃太多的旧文化，也不需要产生任何严重的文化冲突，从而能够保证新文化的顺利适应。另外，年龄小的个体文化适应能力强还可能是因为人类的灵活性和适应性在生命的早期阶段都是最强的。

与年轻个体不同，老年人适应新环境更加困难。社会脱离理论认为，随着年龄的增加，老年人的能力、活力、社会角色等都会不可避免地下降或丧失，逐步从社会主流生活中脱离。这种自然衰老的生理过程会使老年人在适应新环境并与新文化融合的过程中，面临的风险逐渐增大。因此，当文化适应开始于老年期时，老年人会由于灵活性和适应性较低更容易表现出文化适应不良（Berry，2006）。

（二）性别

性别对文化适应有着显著的影响。研究表明，女性可能比男性更容易表现出适应不良。[①] 然而，这种差异本身可能取决于两种文化中女性的

① Carballo，M.，*Scientific Consultation on the Social and Health Impact of Migration*，International Organization for Migration，1994.

相对地位和差别对待性别角色的程度。如果两种文化存在很大的差异，那么女性在试图扮演新文化中的新角色时，很有可能会使她们与自己原文化发生更强烈的冲突，① 从而处于适应不良的风险之中。

（三）社会经济地位

教育也是一个与文化适应密切相关的因素。一般来讲，较高的受教育程度预示着较低的文化适应压力。② 对于二者之间的关系，研究者进行了大量的解释。首先，教育本身就是一种个人资源，关于问题的分析能力与解决能力一般都是通过正规教育培养而来的，而这些能力将会有助于个体更好地适应文化。其次，教育也是其他资源的相关因素，如收入、地位、支持网络等等。所有的这些因素本身也是文化适应的保护性因素。最后，教育是对新文化中语言、历史、价值观和规范的一种前文化适应。因此，对于许多流动人口来讲，较高的受教育水平可以使个体更好地适应他们所定居的地方社会特征。

与教育相关的另一个重要因素是社会经济地位。虽然较高的社会地位本身就是一种重要资源，但是流动或移民的共同属性使原有的社会地位丧失和地位流动受限。③ 一个人在原来生活环境中的地位往往要比新环境中的地位高。同时，个体原有的经验经常在新环境中被贬低。④ 因此，降低的社会经济地位很可能成为个体在新环境中文化适应水平的一个显著的风险因素。

（四）动机

长期以来，研究者经常使用“推—拉动机”和期望的概念来研究迁移的原因。Richmond提出了一个关于移民动机的被动—主动连续体。⑤ 其

---

① Naidoo, J., “The Mental Health of Visible Ethnic Minorities in Canada”, *Psychology and Developing Societies*, Vol. 4, 1992, pp. 165 – 186.

② Jayasuriya, L., Sang, D. and Fielding, A., *Ethnicity, Immigration and Mental Illness: A Critical Review of Australian Research*, Bureau of Immigration Research, 1992.

③ Aycan, Z. and Berry, J. W., “Impact of Employment-related Experiences on Immigrants' psychological Well-being and Adaptation to Canada”, *Canadian Journal of Behavioural Science*, Vol. 28, 1996, pp. 240 – 251.

④ Cumming, P., Lee, E. and Oreopoulos, D., *Access to Trades and Professions*, Ontario Ministry of Citizenship, 1989.

⑤ Richmond, A., “Reactive Migration: Sociological Perspectives on Refugee Movements”, *Journal of Refugee Studies*, No. 6, 1993, pp. 7 – 24.

中，推动动机包括非自愿或被迫移民，以及消极的期望，处于该连续体的被动端。而拉动动机包括自愿移民和积极的期望。这一动机集中在连续体的主动端。基于该理论，动机与文化适应之间也存在密切的联系。比如 Udahemuka 和 Pernice 发现，当个体具有高推力动机时，其心理适应和文化适应往往处于较高水平。① 但是，具有高拉力动机的个体存在着较多的适应问题。其中的原因可能是具有高拉力的移民对新社会的生活有着极其强烈甚至不切实际的期望，一旦这些期望没有得到满足，便会导致更大的压力而不利于个体的文化适应（Berry，2006）。

（五）价值观念

不同价值观的个体在文化适应策略上往往存在差异，即个体在对待旧文化和新文化的取向上有所不同。②③ 为了深入解释价值观与个体文化适应之间的关系，Bochner 和 Triandis 提出了影响个体文化适应水平的核心价值观（Core-Value）——差异假说。④ 他们认为，产生文化距离的主要原因在于价值观差异。而文化价值观的差异也是造成文化冲击和文化不适应的主要原因。核心价值观完全相反的社会成员之间的交往会很快造成仇恨和敌意。⑤ 一些研究发现，造成文化适应者文化休克的重要原因是“价值冲突”。另外，价值观念还与不同的文化适应取向相关联。就移民群体而言，持有自我超越观的移民倾向于选择融合策略，而持自我保持观的移民倾向于选择同化策略。因此，价值观念作为认知和信念的结合，对个

---

① Udahemuka, M. and Pernice, R., "Does Motivation to Migrate Matter? Voluntary and Forced African Migrants and Their Acculturation Preferences in New Zealand", *Journal of Pacific Rim Psychology*, Vol. 4, No. 01, 2010, pp. 44 – 52.

② Phalet, K. and Swyngedouw, M., "A Cross-cultural Analysis of Immigrant and Host Values and Acculturation Orientations", in H. Vinken, J. Soeters and P. Ester, eds. *Comparing cultures: Dimensions of culture in a comparative perspective*, Leiden, The Netherlands: Brill, 2004, pp. 181 – 208.

③ Ryder, A. G., Alden, L. E. and Paulhus, D. L., "Is Acculturation Unidimensional or Bidimensional? A Head-to-head Comparison in the Prediction of Personality, Self-identity, and Adjustment", *Journal of personality and social psychology*, Vol. 79, No. 1, 1996, pp. 49 – 65.

④ Bochner, S. and Triandis, H. C., *The Social Psychology of Culture*, New York: Norton, 1981.

⑤ Babiker, I. E., Cox, J. L. and Miller, P. M., "The Measurement of Cultural Distance and Its Relationship to Medical Consultations, Symptomatology and Examination Performance of Overseas Students at Edinburgh University", *Social Psychiatry*, Vol. 15, No. 3, 1980, pp. 109 – 116.

体的行为起着组织引导的作用，也能够对个体的文化适应产生深刻的影响。

（六）语言能力

此外，沟通作为移民进行文化适应的前提，许多文化适应研究领域的研究者都认可了语言能力在文化适应中所扮演的重要角色（Jia et al.，2016）。如果个体间要进行交流，共同的语言是必不可少的。因此，熟悉语言对于大多数新近迁移的个体来讲都是最希望能够获得的技能。Bickley 认为当需要调解来自相同或不同地区人之间的关系时，语言在其中扮演着桥梁的角色。[①] Nwadiora 和 McAdoo 发现，难民的异文化压力水平与他们熟悉迁入地语言的程度密切相关（Nwadiora and McAdoo，1996）。移民使用迁入地语言交流的次数越多，他们感受到的压力越小，从而能够更好地进行文化适应。

（七）人格

人格也是与文化适应密切相关的因素。在人格领域的研究中，控制点、内向/外向、自我效能感等人格特征是个体文化适应的显著预测指标。[②③] 如 Kuo 等人关于中国移民的研究发现外控点是心理健康水平的有效预测指标。[④] Ward 和 Chang 提出了文化—人格匹配模型。他们认为人与环境存在着交互作用。在很多情况下并不是人格预测跨文化适应，而是迁移者的人格特征与当地文化特征是否"匹配"，两者的匹配程度决定了迁移者的文化适应水平（Ward and Chang，1997）。Ward 等人的研究发现，在新加坡居住的美国人中，具有与新加坡文化中外向性特征相匹配的人格特征的美国人体验到的文化适应水平更高。

---

① Bickley，C.，Rossiter，M. J. and Abbott，M. L.，"Intercultural Communicative Competence：Beliefs and Practices of Adult English as a Second Language Instructors"，*Alberta Journal of Educational Research*，Vol. 60，No. 1，2014，pp. 135 – 160.

② Ward，C. and Kennedy，A.，"Locus of Control，Mood Disturbance，and Social Difficulty During Cross-cultural Transitions"，*International Journal of Intercultural Relations*，Vol. 16，No. 2，1992，pp. 175 – 194.

③ Schwarzer，R. and Fuchs，R.，"Self-efficacy and Health Behaviours"，in M. Conner，& P. Norman，eds. *Predicting Health Behaviour：Research and Practice with Social Cognition Models*，Buckingham：Open University Press，1995，pp. 163 – 196.

④ Kuo，W. H.，Gray，R. and Lin，N.，"Locus of Control and Symptoms of Distress Among Chinese-Americans"，*International Journal of Social Psychiatry*，Vol. 22，No. 3，1976，pp. 176 – 187.

二 情境特征

（一）迁移时间

迁移时间对个体文化适应也有着不可忽略的作用。早在1955年，Lysgard就对迁移时间进行了研究。他发现迁移时间和文化适应水平呈“U”形曲线关系。具体地说，居住在美国6—18个月的留学生要比那些居住在美国低于6个月或高于18个月的留学生表现出更多的不适应。徐光兴对在日本留学的中国学生的研究也得到了类似的结果。[①] 然而，Ward等人对在新西兰学习的马来西亚和新加坡学生的研究则发现，这些留学生在第一个月和第十二个月时的心理文化适应水平最差，抑郁水平最高，但在第六个月的时候抑郁水平较低。[②] 尽管以往研究对于迁移时间与文化适应的关系的观点略有不同，但迁移时间对个体的文化适应水平存在着显著的影响是毋庸置疑的。

（二）文化距离

文化距离是指文化适应者感知到的母文化与迁入地文化之间相似性和差异性的程度。[③] 根据文化的“地缘接近性”原则，文化距离越大，文化适应越难，文化适应过程所带来的压力和冲击也就越明显。一般来说，文化适应个体在流入地既会受到被异文化强制同化的影响，也会体验到丧失原有社会角色所带来的潜在紧张。在这些潜在压力的影响下，迁移个体会产生心理困惑，压力增大。更大的文化距离意味着更多的文化脱落和文化冲突，也会导致文化适应个体更差的文化适应状况。

（三）社会支持

社会支持作为一种重要的资源，往往被认为是文化适应的关键预测变量。有研究发现能够感知到有效社会支持的个体在跨文化适应过程中

---

① 徐光兴：《跨文化适应的留学生活——中国留学生的心理健康与援助》，上海辞书出版社2000年版。

② Ward, C. and Kennedy, A., “Where is the “Culture” in Cross-cultural Transition? Comparative Studies of Sojourner Adjustment”, *Journal of Cross-Cultural Psychology*, Vol. 24, 1993, pp. 221–249.

③ Masgoret, A. M. and Ward, C., “Culture Learning Approach to Acculturation”, in David L. Sam, John W. Berry, eds. *The Cambridge Handbook of Acculturation Psychology*, Cambridge University Press, 2006.

体验到的压力较少，文化适应水平更高。①②③ 大量研究也表明，个体的社会支持网络越强大，跨文化适应的状况越良好。在新环境中，迁移者通过社会网络的帮助既能够获得充分的心理安全感、自我尊重和归属感，也可以有效减少压力、焦虑、无助感和疏远感等消极情绪。此外，有研究者认为较强旧文化中的支持性关系（如老乡关系）可以预测迁移个体在新文化中体验到的较低的压力水平。④⑤ 同时，有研究强调在新文化中的支持性关系（与居住地社会成员的联系）对迁移者的文化适应更有帮助。⑥ 然而，更多的研究者认为无论是新文化中获得的支持性关系，还是旧文化中保留的社会关系，对于迁移者的文化适应都是非常重要的，⑦ 也是迁移者成功文化适应的重要预测变量（Berry et al.，1987）。

（四）偏见与歧视

偏见与歧视对文化适应也产生了很大的影响。研究发现歧视对迁移者的幸福感水平有着显著的负面影响。⑧⑨ 也就是说，对于经历文化适应的群体而言，偏见和歧视可能是其新环境中对异文化进行良好适应的额

① Furnham, A. and Alighai, N., "The Friendship Networks of Foreign Students", *International Journal of Psychology*, Vol. 20, 1985, pp. 709 – 722.

② Jayasuriya, L., Sang, D., & Fielding, A., *Ethnicity, Immigration and Mental Illness: A Critical Review of Australian Research*, Bureau of Immigration Research, 1992.

③ Vega, W. and Rumbaut, R., "Ethnic Minorities and Mental Health", *Annual Review of Sociology*, Vol. 17, 1991, pp. 56 – 89.

④ Vega, W., Kolody, B., Valle, R., et al., "Social Networks, Social Support, and Depression Among Immigrant Mexican Women", *Human Organization*, Vol. 50, 1991, pp. 154 – 162.

⑤ Ward, C. and Kennedy, A., "Psychological and Sociocultural Adjustment During Cross-cultural Transitions: A Comparison of Secondary Students at Home and Abroad", *International Journal of Psychology*, Vol. 28, 1993, pp. 129 – 147.

⑥ Berry, J. W. and Kostovcik, N., "Psychological Adaptation of Malaysian Students in Canada", in A. Othman, ed. *Psychology and Socioeconomic Development*, Penerbit Universiti Kebangsaan Malaysia, 1990, pp. 155 – 162.

⑦ Kealey, D., "A Study of Cross-cultural Effectiveness: Theoretical Issues, Practical Applications", *International Journal of Intercultural Relations*, Vol. 13, 1989, pp. 387 – 428.

⑧ Halpern, D., "Minorities and Mental Health", *Social Science and Medicine*, Vol. 36, 1993, pp. 597 – 607.

⑨ Noh, S., Beiser, M., Kaspar, V., et al., "Perceived Racial Discrimination, Depression and Coping: A Study of Southeast Asian Refugees in Canada", *Journal of Health and Social Behaviour*, Vol. 40, 1999, pp. 193 – 207.

外的风险因素。[①] Murphy 认为，偏见或歧视在存在着多元文化的社会中可能不是那么普遍，但也绝对是存在的。[②] 在迁移定居地遭遇的偏见与歧视往往对迁移者成功适应迁入地文化有着不良的影响。

第四节 文化适应的心理行为效应

一 情感

（一）压力

文化适应被视为平衡个体原文化与移居国家或地区文化的过程，通常被解释为一种压力应对框架（Sam and Berry，2010）。此外，文化适应的过程是应对一系列重大挑战性生活事件的过程。这些生活事件可能会成为压力源，在缺乏适当的应对策略和社会支持的情况下，能够引发强烈的压力反应。从本质上说，文化适应压力是根植于文化适应的经验对生活事件的一种应激反应。在以往研究中，文化适应往往被视为风险因素，能够增加个体在新的环境中面对压力负荷的脆弱性（Hwang et al.，2005；Hwang and Myers，2007）。Berry（1987）分析了文化适应的四个模式与压力的关系。结果发现，边缘化和分离与高水平的文化适应压力相关，同化与中等水平压力相关，融合则对应了低水平压力。另一项针对在美国学校学习的中国学生的研究也表明，对所移居地文化的适应程度越高，心理压力也越小。[③]

然而，根据 Lazarus 和 Folkman 提出的压力模型，并非所有的文化适应变化都会导致文化适应压力。[④] 相关领域的研究者也应注意到许多调节和中介因素（在文化适应发生之前和过程中）在文化适应与压力体验的关系中发挥了关键作用，如年龄、性别、社会支持、社会联系等心理结构。这些因素可能会影响个体对文化适应经验的感知和解释（Berry，1997）。

---

① Beiser，M.，"Influences of Time，Ethnicity，and Attachment on Depression in Southeast Asian Refugees"，*The American Journal of Psychiatry*，Vol. 145，No. 1，1988，pp. 46 – 51.

② Murphy，H. B. M.，"Migration and the Major Mental Disorders"，in M. Kantor，*Mobility and Mental Health*，Thomas，1956，pp. 221 – 249.

③ Wang，C. C. D. and Mallinckrodt，B.，"Acculturation，Attachment，and Psychosocial Adjustment of Chinese/Taiwanese International Students"，*Journal of Counseling Psychology*，Vol. 53，No. 4，2006，pp. 422 – 433.

④ Lazarus，R. S. and Folkman，S.，*Stress，Appraisal，and Coping*，Springer，1984.

（二）抑郁

文化适应是迁移人口抑郁情绪的重要预测因素。一些研究者认为文化适应意味着需要适应一系列新的规范体系。这一过程本身即意味着巨大的压力与焦虑，也可能会导致新成员自我效能感的降低和社交技能信心的丧失，并最终导致抑郁情绪的产生。大量研究也证实了这一观点。如有研究者发现，即使是文化适应程度较高的移民仍然报告了较低的心理健康水平（包括抑郁情绪、低自我效能、更高的自杀风险）（Harker，2001）。此外，迁移所经历的离乡和重新安置很可能使个人遭遇新居住地当地居民的消极态度和社会排斥。当经历不利的社会环境时，迁移者往往体验到无助、自卑、抑郁等情绪，这些负性体验进而对迁移人口的自尊和身份认同感产生更消极的影响（Searle and Ward，1990）。Hwang 和 Ting 的研究也发现，对移居地主流文化的低认同与较高的心理困扰和临床抑郁症存在着显著相关。① 相反，成功的文化适应会减少移民者抑郁情绪发生的可能性。一些研究者认为，成功适应新环境主流文化并保留原文化身份的融合型文化适应可以减少由于不熟悉迁入地文化而产生的压力体验。同时，这一模式有利于扩展同龄人社会网络和增加社会支持，进而提高迁移人口在新文化中的影响力，有效减少抑郁情绪（Berry，1987）。

（三）其他心理健康变量

以往研究除了关注文化适应与各类迁移人口压力、抑郁的关联外，也有研究者关注了文化适应对个体自尊、生活满意度以及幸福感等变量的影响。Berry（2006）的研究发现，文化适应可以通过压力影响个体幸福感和生活满意度。在文化适应过程中，个体感知到的歧视以及对迁入地主导语言的不熟练等相关压力可以显著预测迁移者的低生活满意感与低自尊水平。②③ 与此同时，也有研究者关注了文化适应的积极效应。Schwartz 等

---

① Hwang, W. C. and Ting, J. Y., "Disaggregating the Effects of Acculturation and Acculturative Stress on the Mental Health of Asian Americans", *Cultural Diversity and Ethnic Minority Psychology*, Vol. 14, No. 2, 2008, pp. 147 – 154.

② Gil, A. G., Vega, W. A. and Dimas, J. M., "Acculturative Stress and Personal Adjustment Among Hispanic Adolescent Boys", *Journal of Community Psychology*, Vol. 22, No. 1, 1994, pp. 43 – 54.

③ Phinney, J. S. and Chavira, V., "Parental Ethnic Socialization and Adolescent Coping with Problems Related to Ethnicity", *Journal of Research on Adolescence*, Vol. 5, No. 1, 1995, pp. 31 – 53.

人发现，同时持有个人主义和集体主义价值体系的美国移民大学生能够成功地驾驭多个文化领域，幸福感水平较高（Schwartz et al.，2013）。Zheng 等人针对中国留学生的研究也表明，对原文化的保留以及对移居国家文化的接受均能显著预测个体的主观幸福感。① 此外，相比于同化型、分离型以及边缘型学生，融合型文化适应学生所拥有的双重文化资源也是其获得更高水平幸福感的原因（Sam and Berry，2006）。

二 认知

（一）自我概念

文化适应的认知效应主要关注人们在跨文化情境中如何感知和评价自己或他人。具体而言，文化适应对认知过程的效应主要包括在文化适应的过程中人们如何处理关于内群体和外群体相关的信息，人们如何对他人进行分类，人们如何识别不同的人群类别。Tajfel 和 Turner 的社会认同理论认为，人们都有维持一个源于群体认同的积极自我概念的动机。② 一般来说，人们会将自己所属的群体与其他群体进行比较，加深对其所属群体的积极品质的理解，在此基础上维持自己与特定群体的关联，建立积极的社会认同与自我形象。类似的研究也表明，一个人的自我概念与身份认同在很大程度上来自个体对某一社会群体的归属感，以及对这个群体价值和情感意义的认知。③ 在文化适应的过程中，移居者在其原来环境中获得的态度、信念与期望会受到新环境的重塑。在原文化与新文化的双重作用下，文化适应的过程也将促使个体的社会身份或自我概念与移居地新文化的特征需求趋近一致。

（二）认知能力

Vygotsky 和 Cole 指出，认知成长先发生在社会层面，然后才可能发

---

① Zheng，X.，Sang，D. and Wang，L.，“Acculturation and Subjective Well-being of Chinese Students in Australia”，*Journal of Happiness Studies*，Vol. 5，No. 1，2004，pp. 57 – 72.

② Tajfel，H. and Turner，J. C.，“The Social Identity Theory of Inter Group Behavior”，in S. Worchel and W. Austin，eds. *The Social Psychology of Intergroup Behavior*，Nelson-Hall，1986，pp. 7 – 24.

③ Phinney，J. S.，“Ethnic Identity in Adolescents and Adults：Review of Research”，*Psychological Bulletin*，Vol. 108，No. 3，1990，pp. 499 – 514.

生在个体内部。[1] 换句话说，知识最初是在个体与周围环境或其他人的互动中发展出来的。对于文化适应者来说，尽管他们往往会面临诸多挑战，但新环境中人与人的互动促进他们学习新知识，发展认知能力。在新的环境中，个体通过调和不同文化之间的差异来实现文化适应，进而增加思维的复杂性与灵活性（Chen et al.，2013）。Brannen 等人的研究也发现，在两种文化中都有生活经历的个体的认知能力显著高于只有一种文化生活经历的个体。[2] 此外，来自神经心理测量的证据也表明，文化适应水平与记忆能力、视觉空间能力、注意力、语义知识、口头表达能力、观点采择能力等均呈现显著正相关。[3][4]

三 行为

（一）社会技能与人际互动

Masgoret 和 Ward 认为，处于文化转型中的人们可能缺乏参与新文化所需的必要技能，导致在日常社交中遇到困难。[5] 为了克服这些困难，个人需要学习或获得文化特征需求的特定的行为技能（如语言），这是适应新文化环境所必需的，也是个体文化适应的重要结果变量。[6]

语言能力和交际能力是文化学习的核心，与文化适应密切相关。

首先，文化适应促进个体的语言技能发展。Vygtosky 指出，语言是一

---

① Vygotsky, L. S. and Cole, M., *Mind in Society: Development of Higher Psychological Processes*, Harvard university press, 1978.

② Brannen, M. Y., Garcia, D. and Thomas, D. C., "Biculturals as Natural Bridges for Intercultural Communication and Collaboration", *Proceedings of the* 2009 *International Workshop on Intercultural Collaboration*, 2009, pp. 207–210.

③ Arentoft, A., Byrd, D., Robbins, R. N., et al., "Multidimensional Effects of Acculturation on English-language Neuropsychological Test Performance Among HIV + Caribbean Latinas/os", *Journal of Clinical and Experimental Neuropsychology*, Vol. 34, No. 8, 2012, pp. 814–825.

④ Kennepohl, S., Shore, D., Nabors, N., et al., "African American Acculturation and Neuropsychological Test Performance Following Traumatic Brain Injury", *Journal of the International Neuropsychological Society*, Vol. 10, No. 4, 2004, pp. 566–577.

⑤ Masgoret, A. M. and Ward, C., "Culture Learning Approach to Acculturation", in David L. Sam and John W. Berry, eds. *The Cambridge Handbook of Acculturation Psychology*, Cambridge University Press, 2006.

⑥ Bochner, S., "Problems in Culture Learning", in *Overseas students in Australia*, Sydney: University of New South Wales Press, 1972, pp. 65–81.

种心理工具，它可以帮助人们实现从低级心理机能到高级心理机能的转化。[①] 语言作为人类构筑现实的基础，在很大程度上决定了文化适应的水平（Collins，2016）。从某种意义上说，文化适应就是习得新的语言。尽快理解新异文化环境中人们的交流方式是个体快速适应新异文化的重要途径。

其次，语言技能既决定了个体在新文化中日常任务的执行水平，也关系到新文化中人际关系的质量。根据 Lazarus 和 Folkman 的压力模型，个体对文化适应经验的感知和解释受到社会关联等心理结构的中介或调节。[②] 因此，文化适应的过程也是个体发展良好人际互动与社会网络的过程。低水平文化适应的个体将自己视为新文化环境的局外人，可能承受更多生理与心理上的压力。这些压力会降低个体与其他社会成员进行社会互动的动机，并限制他们学习新社会行为的机会。[③] 综上，良好的文化适应既有助于促进迁移者语言能力的发展，也有利于增加迁移者与新文化环境中的成员之间的人际互动（Ward and Kennedy，1999）。

（二）决策

有关文化适应对决策行为影响的研究主要集中在消费决策领域和职业决策领域。消费决策领域的研究显示，高水平的文化适应有助于个体接触和接受移入地文化环境中的新想法，改变他们对于产品和服务的购买取向与行为。相反，文化适应程度较低的人则沉浸在原文化价值观中。他们倾向于保持僵化，不愿意接受新的事物和思想。[④] Chen 等人研究发现，对移居国文化适应水平低的加拿大华裔表现出更多的炫耀性消费行为。[⑤] 在职业发展领域，研究也发现文化适应与职业决策自我效能、职业

---

① Vygotsky，L. S. ed.，*Thought and language*，Cambridge：MIT Press，1986.

② Lazarus，R. S. and Folkman，S.，*Stress*，*Appraisal*，*and Coping*，Springer，1984.

③ Dow，H. D.，"The Acculturation Processes：The Strategies and Factors Affecting the Degree of Acculturation"，*Home Health Care Management & Practice*，Vol. 23，No. 3，2011，pp. 221 –227.

④ Moore，K. A.，Weinberg，B. D. and Berger，P. D.，"The Mitigating Effects of Acculturation on Consumer Behavior"，*International Journal of Business and Social Science*，Vol. 3，No. 9，2012，pp. 9 –13.

⑤ Chen，J.，Aung，M.，Zhou，L.，et al.，"Chinese Ethnic Identification and Conspicuous Consumption：Are there Moderators or Mediators Effect of Acculturation Dimensions?"，*Journal of International Consumer Marketing*，Vol. 17，No. 2 –3，2015，pp. 117 –136.

选择范围、职业价值观等有着显著相关。①

（三）问题行为

对各个年龄段迁移人口的研究均显示，文化适应对犯罪、酗酒和药物滥用等问题行为有着显著的影响。Berry 的研究表明，文化适应水平较低的个体更容易表现出明显的社会不良行为，如暴力和药物滥用（Berry，1991）。关于青少年移民的研究发现，文化适应过程中所引发的代际冲突可能会对移民青少年的家庭关系和沟通质量产生负面影响，破坏家庭支持网络。② 家庭支持网络的破坏又会成为移民青少年心理社会和行为的重要风险因素。③ 还有关于美国移民家庭的研究提出，移民家庭中出现的高于正常水平的酒精或物质滥用可能是由美国本土文化对这些行为的低规范标准所引发的。也就是说，文化适应削弱了移民家庭对物质滥用等风险行为的保守态度。④

第五节　本章小结

本章总结了文化适应的理论及相关研究，包括文化适应的概念、文化适应的过程理论、影响因素和心理行为效应。

首先，结合不同学者提出的文化适应的概念，本研究将文化适应定义为个体从一种文化移入另一种文化时，为了减少或抑制由于生活环境、行为习惯发生改变以及价值观念产生冲突而出现的焦虑等消极情绪，而作出的认知、态度和行为等方面的改变和调适。文化适应主要包括心理

---

① Nadermann, K. and Eissenstat, S. J., "Career Decision Making for Korean International College Students: Acculturation and Networking", *The Career Development Quarterly*, Vol. 66, No. 1, 2018, pp. 49 – 63.

② Gil, A. G. and Vega, W. A., "Two Different Worlds: Acculturation Stress and Adaptation Among Cuban and Nicaraguan Families", *Journal of Social and Personal Relationships*, Vol. 13, No. 3, 1996, pp. 435 – 456.

③ Vega, W. A., Gil, A. G., Warheit, G. J., et al., "Acculturation and Delinquent Behavior Among Cuban American Adolescents: Toward an Empirical Model", *American Journal of Community Psychology*, 1993, Vol. 21, No. 1, pp. 113 – 125.

④ McQueen, A., Greg Getz, J. and Bray, J. H., "Acculturation, Substance Use, and Deviant Behavior: Examining Separation and Family Conflict as Mediators", *Child Development*, Vol. 74, No. 6, 2013, pp. 1737 – 1750.

适应和社会文化适应两类。根据原文化与迁入地文化的关系，文化适应又可以分为单维度模型、双维度模型、多维度模型和融合模型。

其次，研究者针对文化适应的过程提出了丰富的理论，主要包括“U”形曲线假说、四阶段理论、六阶段理论和七阶段理论等。本研究对这些理论进行了比较和总结，认为个体的文化适应过程大致分为四个阶段：第一个是初适应阶段，是以好奇心为特征的新文化探索阶段。第二个为冲突阶段。在该阶段，个体的原文化会与新文化不断冲突碰撞，使个体在新文化环境中遭遇一定的挫折。第三个为基本适应阶段。通过对新文化的学习和与当地居民的交流，个体开始理解两种文化的区别并逐渐接受两者的差异。第四个是整合阶段，即个体经验的不同文化相互吸收、融合而趋于一体化的过程。

再次，文化适应受到多种因素的影响。在个体因素方面，年龄、性别、社会经济地位、动机、价值观、语言能力和人格特征等都会导致个体文化适应水平的差异。在情境方面，迁移时间、文化距离、社会支持以及偏见和歧视等因素也会影响文化适应的发展变化。

最后，研究表明文化适应也会对个体的心理和行为过程产生影响。在情绪情感方面，文化适应不良会引起心理压力和抑郁情绪，降低个体的自尊和生活幸福感。在认知方面，文化适应不仅会影响个体的自我概念，还会影响个体的记忆、注意和思维等认知能力。在行为方面，对新文化的不适应会对人际互动和人际关系质量产生消极影响，导致炫耀性消费等不合理的决策行为，并与犯罪、酗酒和药物滥用等问题行为显著相关。

第三章

进城老年人的文化适应

第一节　城乡文化的差异与冲突

一　二元社会结构

由于地理、历史、政治等原因，我国一直被认为是一个二元结构突出的国家。[①] 二元社会结构的概念最先由美国著名经济学家、诺贝尔奖获得者 Lewis 于 1954 年提出。他认为，发展中国家普遍存在二元社会经济结构，即国家经济含有两种性质不同的结构：以传统农业为代表的农业社会和以现代方式进行生产的城市社会。在我国，政府制定的“先城市、后农村”的发展战略造成了城乡发展差异，导致了两个不能整体均衡发展的二元社会的形成。[②]

二　城乡文化冲突

尽管我国最初提出的“城乡二元”主要是指城乡二元经济结构，但随着社会的不断发展，二元结构已经渗透到社会、制度、文化等多个方面。[③] 具体而言，经济的二元性必然会造成城乡社会发展的二元形态，而城乡不同的资源配置制度作为城乡二元结构的制度性根源，又会进一步

---

① 蔡雪雄：《我国城乡二元经济结构的演变历程及趋势分析》，《经济学动态》2009 年第 2 期。

② 马春文、张东辉主编：《发展经济学》，高等教育出版社 2005 年版。

③ 蒋英州：《我国城乡二元结构演进的历史与现实制度因素探讨》，《商业时代》2012 年第 34 期。

助长城乡的二元文化。[①] 在中国，城乡二元文化是指在现行的城乡二元体制下，城市与农村两种文化并存，同时相互对立和统一的一种文化现象。[②] 总的来说，城市文化往往被认为是人类文化的中心，代表了人类文化前进的方向；乡村文化则常被认为是文化沉积的结果，与城市文化相比，在物质、精神、制度三个层面上都较为落后。[③]

以往研究认为，中国自城乡差别形成之初就存在二元文化结构，数千年来变化很小，但随着户籍制度的颁布、改革开放和市场化经济体制的实行，中国城乡二元文化结构加速分离。[④⑤] 然而，城市文化迅速发展，乡村文化增长缓慢或停滞，给双方文化所处的社会带来巨大的压力，势必加深两者间的文化冲突。[⑥] 目前，已有少数学者对此进行了相应的探讨。例如，刘奇认为，在文化四种成分的基础上，城乡二元文化应该包括物态的二元性、制度的二元性、心态的二元性和行为的二元性。具体而言，在物态成分上，看得见、摸得着的物态二元性在现实生活中处处可见，无论是交通、住房、教育、收入，还是居民生存最根本的基础设施，城市都远远好于农村。在制度上，户籍制度的推行促进了城乡二元结构的固化，随之衍生出一系列附着在户籍制度上的包括住宅、教育、医疗、社会保障等在内的不平等的社会制度。在文化形态上，城市和农村居民的心态已经发生了转变，最突出的表现在于“农民”一词已经带上了负面色彩，从名词演变为暗含贬义的形容词。在行为上，二元性则集中表现在既得利益者对农民群体的轻视、漠视和歧视。[⑦]

一些研究也从思想观念、心理、行为习惯与模式三个方面对城乡

---

① 周险峰等著：《农村教师研究30年：回顾与反思》，华中科技大学出版社2011年版。

② 王世达、陶亚舒：《我国现阶段文化的二元格局及其发展趋势》，《探索》1989年第6期。

③ 潘文涛：《刍议城乡二元文化对学生信息取向的影响》，《中国信息技术教育》2014年第2期。

④ 白永秀：《城乡二元结构的中国视角：形成、拓展、路径》，《学术月刊》2012年第5期。

⑤ 李帆、窦淑庆：《城乡二元文化结构的破解路径研究》，《现代经济信息》2013年第19期。

⑥ 王中华、贾颖：《城乡文化冲突下乡村教师文化自信的危机及化解》，《基础教育课程》2019年第16期。

⑦ 刘奇：《二元文化：城乡一体化的“暗礁”》，《中国发展观察》2012年第11期。

文化差异与冲突的具体表现进行了相应阐述。思想观念方面，城乡文化在思想观念的多个方面都存在着对立。如城市文化的开放、时尚，农村文化的封闭、保守；城市文化的竞争、合作，农村文化的小农意识；城市文化的精神空虚，农村文化的勤劳务实；城市文化的冷漠、自私，农村文化的朴实、单纯。① 在心理层面上，城乡间的文化冲突主要表现为急功近利的心理趋附力与传统美德的深层影响力之间的冲突。② 在行为习惯与模式上，城乡居民也表现出了明显的差异。一方面，在生产方式上，农民靠天吃饭，因而生产方式较为单一、低效，而城市居民依靠的是工业和第三产业，因而生产方式不仅复杂多样，还对知识、制度规定等有着相应的要求；③ 另一方面，在生活方式上，农村居民的交际圈较小、娱乐方式单一、衣着饮食追求实用，而城市居民交往面广、业余生活更丰富、饮食上追求营养搭配、服饰上追求时尚个性。④ 除此之外，我国学者周芳琳也从城市化的视角对城乡文化冲突进行了相应的总结，认为这些冲突主要表现在两个方面，分别是农村单一文化与城市多元文化的冲突、城市追求利益的物本文化与农村强调和善的人本文化的冲突。⑤

综上所述，社会、制度、经济和文化的二元性已经相互影响、相辅相成。经济和政治上偏向城市的制度，促进了城乡居民间文化二元性的形成，造成了城市居民的傲慢与农村居民的卑微，使农村居民更容易产生相对剥夺感。同时，文化上的差异与冲突，会引发城乡居民间显性或隐性的行为冲突，这不仅会对进城农村人口的心理和行为产生负面影响，还会大大阻碍社会的和谐与稳定。

---

① 何昀、刘希琼：《城乡公共文化服务满意度影响因素差异——基于 CGSS2015 数据的实证分析》，《消费经济》2018 年第 4 期。

② 张谨：《我国区域间文化发展不平衡的四种表现及其对策》，《中华文化论坛》2013 年第 12 期。

③ 吕璀璀、宋英杰：《文化差异视角下居民消费的空间杜宾模型分析》，《统计与决策》2017 年第 18 期。

④ 陈珍珍：《城镇化与城乡居民文化消费差异实证研究——基于我国 31 个省级单位面板数据的实证分析》，《农村经济与科技》2016 年第 6 期。

⑤ 周芳琳：《城市化进程中的城乡文化冲突》，《中学政治教学参考》2016 年第 33 期。

第二节 进城老年人文化适应的分类体系

一 以新文化和原文化的关系为依据的分类

根据原文化与新文化的关系，文化适应分为两种模型：单维文化适应与二维文化适应。单维文化适应强调文化适应的过程是不断抛弃自己原本的文化而接受和认同新的文化的过程[①]。原文化与新文化是此消彼长的关系，接受新的文化越多就意味着保留原有的文化越少。二维文化适应认为在个体面对新文化冲击的情境下，并不是单方面适应新文化的结果，文化适应包含个体对新的主流文化的认同及保留传统文化的倾向（Berry and Kostovcik，1990）。这两种倾向并不是互相矛盾的关系，认同新的文化并不一定意味着摒弃原有的文化模式。目前二维模型是研究者普遍认可的文化适应分类模型。

二 以文化适应的领域多样性为依据的分类

研究者普遍认为，文化适应涉及多个领域，并且对文化适应的分类提出了不同的观点。如 Ward 和 Searle 将文化适应分为心理适应（文化接触中的心理健康和生活满意度）和社会适应（适应当地社会文化环境的能力，即与当地人有效接触和交流的能力）（Ward and Searle，1991）。Mendenhall 和 Oddou 指出文化适应分为情感、行为和认知上的适应（Mendenhall and Oddou，1985）。Kim 和 Abreu 确定了文化适应包括行为、价值观、知识和文化认同四个方面（Kim and Abreu，2001）。还有研究者提出跨文化适应包含当地交通、气候、购物、娱乐和一般生活适应。[②] 虽然研究者对具体的分类意见不一，但大多数研究者认为，文化适应主要体现在语言适应、文化认同和行为适应三个方面。

综合以上两种不同的分类体系，并结合进城老年人文化适应的实际

① Park, R. and Miller, H. , *Old World Traits Transplanted*, Arno Press, 1921.

② Torbiorn, I. , "Culture Barriers as a Social Psychological Construct: An Empirical Validation", in Kim, Y. Y. and Gudykunst, eds. *Cross-Cultural Adaptation: Current Approaches*, Newbury Park, CA: Sage, 1988, pp. 168 - 190.

情况，本研究认为进城老年人的文化适应是一种“二维、三领域”的适应系统：“二维”指进城老年人的文化适应既包括对城市文化的适应，也包括对农村文化的保留；“三领域”指进城老年人的农村文化保留和城市文化适应都可以体现在语言、行为和价值观或文化认同三个方面。

第三节　进城老年人文化适应的机制

自文化适应的概念提出以来，研究者从不同的角度对文化适应的发生和发展变化的可能机制进行了探讨，包括从文化适应的发展阶段、文化适应的态度、文化适应的能力、文化距离等方面。

一　进城老年人文化适应阶段

文化适应的不同阶段对进城老年人的适应水平存在着不同的影响。文化适应是一个过程，个体在这个过程中经历了不同的文化适应阶段。对于文化适应阶段的划分，学者提出了不同看法。诚如上文所述，Oberg提出了文化适应的进程分为蜜月期、危机期、恢复期和适应期四个阶段。① Gullahorn夫妇认为文化适应要经历七个阶段：蜜月期、斗争期、纠葛期、适应期、再纠葛期、返回前期、返回后的冲击（Gullahorn and Gullahorn，1963）。Adler的文化适应五阶段模式假说将文化适应分为接触阶段、崩溃阶段、摸索阶段、自律阶段、独立阶段。② 除了这些理论之外，还有很多学者在相关领域进行了系统研究。综合前人对文化适应阶段的讨论，进城老年人的文化适应大致也会出现四个阶段，具体内容如下。

第一个阶段是初适应阶段。老年人刚刚进入一个新的文化环境，对城市的新事物、新的交往对象都感到好奇。在一切新鲜事物的笼罩下，进城老年人会感到兴奋和激动，还未感受到文化间的差异以及新文化带来的挑战。

---

① Oberg，K.，“Culture Shock：Adjustment to New Cultural Environments”，*Practical Anthropology*，No.4，1960，pp.177－182.

② Adler，P.S.，“The Transitional Experience：An Alternative View of Culture Shock”，*Journal of Humanistic Psychology*，Vol.15，No.4，1975，pp.13－23.

第二个阶段是冲突阶段。进城老年人对城市文化的好奇心逐渐消失，开始感受到家乡文化和城市文化之间的差异，如生活习惯、交往方式的不同。但是，他们还要形成正确对待这些差异的能力，从而体验到挫折感。

第三个阶段是基本适应阶段。在这一阶段，进城老年人通过学习城市文化并与当地居民进行交流，开始理解两种文化的差异并逐渐接受，能够根据自己在城市学到的新知识、新技能来处理文化适应过程中的矛盾和挑战。

第四个阶段是整合阶段。在这一阶段，老年人已经能够融入当地的城市生活，但没有丢弃自己的母文化，并汲取新文化和母文化中的精华，发展出一套自己独有的文化体系和文化适应模式。

二　文化适应态度

Berry 的文化适应双维度理论提出了文化适应包含的两个维度：保持原文化和身份的倾向性与参与迁入地文化的倾向性（Berry，1980，1992）。根据个体在这两个维度上的表现特征，进城老年人在文化适应过程中可能会采取四种文化适应策略：整合、分离、同化、边缘化。这四种文化适应策略反映了四种文化适应态度。如果进城老年人认为进城之后既要入乡随俗，又要保持家乡文化的特色，家乡文化与城市文化同样重要，那么其文化适应态度就是文化整合；如果进城老年人认为家乡是其落叶归根的地方，定居于城市的生活是暂时的，那么可能会重视保持与家乡文化的联系，轻视城市文化，形成文化分离型的适应态度；如果进城老年人想要在城市扎根，认为自己与家乡的联系会逐渐减少，那么就会产生重视城市文化，轻视家乡文化的同化型适应态度；还有一部分老年人可能会认为家乡文化和城市文化都不重要，那么其文化态度就是文化抛弃，即边缘化型适应态度。这四种文化适应态度中，整合和同化的态度会促进文化适应的成功，而分离和边缘化的态度会导致文化适应的失败。

三　文化适应能力

我国学者张卫东和吴琪根据国外学者提出的文化适应结构创建了由文化适应意识、文化适应知识和文化适应行为三个维度构成的跨文化适应能力理论。[①②③] 该理论同样可以解释进城老年人的文化适应机制。其中，文化适应意识指进城老年人对文化适应过程的认识，是文化适应的基础。进城老年人只有认识到并且理解城市文化和家乡文化的差异，才能积极主动地适应城市文化。文化适应知识指具备迁入地的语言文化知识和交际技能，即进城老年人需要学习迁入地文化知识、语言和非语言交际能力以及沟通的策略和技巧。但很多进城老年人受教育水平低，学习城市文化存在困难，且在跟当地人的交流上可能会存在语言障碍，因此进城老年人学习文化适应知识的能力不足。跨文化适应行为是跨文化适应意识和跨文化适应知识的外在体现，进城老年人只有具备良好的跨文化适应意识和跨文化适应知识，才能适应当地的生活并能与当地人交往，做到入乡随俗。反之，就会产生文化适应困难。

四 文化距离

两个文化之间的文化距离越大，在跨文化交往中建立和保持和谐关系的难度就越大，迁移者所经历的文化适应困难越多；反之，两个文化之间的文化距离越小，越容易理解对方，迁移者所经历的文化适应困难越少。[④] 在我国的国情和文化背景下，文化层面的城乡差距较大，城市文化和农村文化可以说是相互对立的两种文化。城市文化代表着开放、包容、先进，而农村文化代表着保守、排斥、落后，城市文化和农村文化的文化距离较大，因此农民背景的老年人很难习惯城市的生活。进城老年人在与城市本地人交往时可能会遇到人际障碍，产生自卑心理，只有在与相同背景的人交往时，他们才会感到轻松自在。此外，老年人接受新事物的能力较弱、速度较慢，其自身的能力很难应对文化距离的消极影响。文化距离最终可能会导致进城老年人在流动的过程中产生一种

---

① 张卫东、吴琪：《跨文化适应能力理论之构建》，《河北学刊》2015 年第 1 期。

② Black, J. S., Mendenhall, M. and Oddou, G., "Toward a Comprehensive Model of International Adjustment: An Integration of Multiple Theoretical Perspectives", *Academy of Management Review*, Vol. 16, No. 2, 1991, pp. 291 - 317.

③ Ward, C. and Searle, W., "The Impact of Value Discrepancies and Cultural Identity on Psychological and Sociocultural Adjustment of Sojourners", *International Journal of Intercultural Relations*, Vol. 15, No. 2, 1991, pp. 209 - 224.

④ 王丽娟：《跨文化适应研究现状综述》，《山东社会科学》2011 年第 4 期。

“过客心理”，缺乏融入城市文化生活的积极性和主动性。

五 交际与文化适应整合

Kim 提出了交际与跨文化适应整合理论，将跨文化适应过程理解为交际过程，即个体与环境中的信息进行交换的过程（Kim，2001）。个体在与新文化环境的信息交换过程中实现自身的内在平衡，并与新文化环境建立稳定关系。该理论将文化适应过程描述为“压力—适应—成长”的动态发展轨迹，即进城老年人面对城市文化中的种种陌生事物会产生心理压力，但压力也会促使老年人根据环境的变化做出改变，调整自身从而逐渐适应城市的文化环境，实现自身的完善和成长。这一过程又受到老年人的个人交际特点、老年人原文化的社会交际取向和迁入地的社会交际取向等因素的影响，从而造成进城老年人对城市文化适应的差异。

六 跨文化适应的焦虑

跨文化适应的焦虑/不确定性管理理论认为，个体进入新文化环境时，会产生认知上的不确定性、行为上的不知所措和情感上的焦虑。① 有效地应对和管理这种焦虑/不确定性，才能良好地适应新文化，这是个体跨文化适应成功的充分且必要条件。② 对于进城老年人来说，进入陌生的城市环境中后，他们原先在农村文化环境中惯用的社会符号不再适用，因而他们会疑惑自己在城市环境中应该采取哪种行为或反应才是合适的，以及何时作出这些回应是恰当的。进城老年人在面对城市文化时认知上会产生较多的不确定性，这种不确定性会导致进城老年人体验到焦虑等负性情绪，阻碍文化适应的进程，这可能是进城老年人文化不适应的内在机制。学习和理解城市文化的社会符号和图式，可以帮助老年人应对不确定性、减少焦虑，对其文化适应产生积极的作用。

---

① Gudykunst, W. B., Lee, C. M., Nishida, T., et al., “Theorizing About Intercultural Communication”, in W. B. Gudykunst, ed. *Theorizing About Intercultural Communication*, Thousand Oaks, Sage, 2005, pp. 3 – 32.

② Black, J. S., Gregersen, H. B. and Mendenhall, M. E., “Toward a Theoretical Framework of Repatriation Adjustment”, *Journal of International Business Studies*, Vol. 23, No. 4, 1992, pp. 737 – 760.

七　老年人主体角色和权威感

积极老龄化理论强调老年人具有的“权力”或“权威感”是其身心健康的重要影响因素。他们的“权力”指老人所拥有的可以自己掌控的生活空间，并且从社会中获得社会资源的能力。[①] 权力感水平较高的老年人具有更积极的自我认知和更高的价值感和幸福感。权力理论认为，老人的权力感或权威感来源于个人层次、人际层次和社会环境层次。当老人无法通过个人、人际或社会环境获得能力或资源时就会产生“缺权”，形成一种无权力感。而无权力感会降低老年人的自我价值感，对其人际关系造成不良影响，从而出现适应和融入困难的问题。因此，无权力感是进城老年人适应不良的重要机制。进城老年人在原来熟悉的居住环境中具有稳定的社交网络，在经济和生活方面基本上是独立自主的，可以获得权力感。但在新城市的陌生环境中，他们在很多方面需要依赖子女，服从子女的安排，还要适应子女的生活习惯，并且脱离了原本的社交圈，缺乏相应的社交网络来获取社会支持，其权力感会随之下降。权力感的缺乏导致老年人发现自己很难适应陌生的环境，产生无助感、焦虑感，最终导致文化适应不良。

八　现实与期望匹配理论

Ashford 和 Taylor，以及 Louis 等研究者一致认为，文化适应可以反映个体对新文化生活的期望与现实之间的匹配程度。期望与现实体验相匹配有助于迁移者的跨文化适应，反之则容易产生心理适应困难。在预期与现实体验不匹配的情况下，过高预期往往导致心理适应困难，过低预期则会增加心理幸福感。[②][③] 如果进城老年人在来城市生活前对新生活抱

---

① 孙金明：《农村随迁老人城市适应问题的社会工作介入——基于“积极老龄化”视角》，《人民论坛》2015 年第 36 期。

② Ashford, S. J. and Taylor, M. S, “Adaptation to Work Transitions: An Integrative Approach”, in G. R. Ferris and K. M. Rowland, eds. *Research in Personnel and Human Resource Management*, JAI Press, 1990, pp. 1 - 39.

③ Rogers, J. and Ward, C., “Expectation-experiences and Psychological Adjustment During Cross-cultural Reentry”, *International Journal of Intercultural Relations*, Vol. 17, No. 2, 1993, pp. 185 - 196.

有过高的期待，到达城市后却发现城市生活与农村生活的差异非常大，在城市生活中的某些方面不如自己预想得顺利，则会造成在适应方面的困难。因此，正确建立对城市生活的期望有助于进城老年人的文化适应。

第四节　进城老年人文化适应的效应

以往研究表明，文化适应与迁移者的身心健康和生活质量有着密切的关系。文化适应的效应表现在两个方面：适应良好会带来积极的作用，提高迁移者的积极情绪水平和生活幸福感；① 适应不良则会影响迁移者的身体健康，且引起更多的消极情绪等心理问题。②③ 结合进城老年人文化适应的相关研究，可以推断文化适应也会对进城老年人的身体、心理和社会功能等方面产生积极或消极的影响。

一　文化适应良好的积极效应

良好的文化适应对进城老年人的积极影响主要体现在三个方面。首先，文化适应良好的老年人往往会表现出良好的情绪反应，心理健康状况较好（池上新，2021）。其次，文化适应水平较高的老年人往往对新的生活环境有正确的认识，并且能够与环境有效地互动，因而其生活方式更积极，生活满意度和幸福感水平较高。④ 最后，对新环境适应良好，有助于老年人在城市建立自己的社交网络，积累社会资本，提高其社会互

① Lara, M., Gamboa, C., Kahramanian, M. I., et al., "Acculturation and Latino Health in the United States: A Review of the Literature and Its Sociopolitical Context", *Annual Review of Public Health*, 26, 2005, pp. 367 – 397.

② Jang, Y., & Chiriboga, D. A., "Living in a Different World: Acculturative Stress Among Korean American Elders", *Journals of Gerontology Series B: Psychological Sciences and Social Sciences*, Vol. 62, No. 1, 2010, pp. 14 – 21.

③ Wang, C. C. D. and Mallinckrodt, B., "Acculturation, Attachment, and Psychosocial Adjustment of Chinese/Taiwanese International Students", *Journal of Counseling Psychology*, Vol. 53, No. 4, 2006, pp. 422 – 433.

④ Abraído-Lanza, A. F., Chao, M. T. and Flórez, K. R., "Do Healthy Behaviors Decline with Greater Acculturation? Implications for the Latino Mortality Paradox", *Social Science & Medicine*, Vol. 61, No. 6, 2005, pp. 1243 – 1255.

动能力。①

二　文化适应不良的消极效应

文化适应不良也会给老年人的心理健康、身体健康、认知功能和社会交往产生消极的效应。以往研究表明，不成功的文化适应与老年人的负面情绪有着密切的关系，会提高老年人的焦虑、抑郁情绪水平，降低其精神健康状况，② 也会导致老年人的身体健康状况较差，提高慢性病的患病率。③ 难以适应新文化还会影响老年人的自我认知，降低老年人的自尊、自我价值感和控制感。此外，进城老年人如果适应不了城市的人际交往方式，则很难重建亲密的人际关系，社交能力也会受到相应的消极影响。④

第五节　进城老年人文化适应研究的局限

一　缺乏对进城老年人特殊性的关注

目前，还没有研究系统、全面地探讨进城老年人的文化适应。当前学术界对文化适应的研究主要关注于农民工和农民工子女，对于流动老年人的研究较少，更没有研究系统关注进城老年人文化适应的现状、影响因素及其作用机制。然而，文化适应机制既呈现全人类的共性，又在各个不同群体之间具有其独特的个性（Ward and Searle，1991）。在对流动老年人的相关研究中，学者往往忽视了进城老年人与其他流动老年人的差异性，将进城老年人作为流动老年人的一种来进行研究，忽视了进城老年人的特殊性。社会学家帕克曾指出，城市与农村在当代文明中代

---

① Organista，P. B.，Organista，K. C. and Kurasaki，K.，"The Relationship Between Acculturation and Ethnic Minority Health"，in K. M. Chun，P. Balls Organista and G. Marín，eds. *Acculturation：Advances in theory，measurement，and applied research*，American Psychological Association，2003，pp. 139 – 161.

② 黄子炎：《社会认同视角下随迁老人社会融入问题研究》，《才智》2020 年第 2 期。

③ 池上新、吕师佳：《社会融入与随迁老人的身心健康——基于深圳市调查数据的分析》，《深圳社会科学》2021 年第 5 期。

④ 孙丽、包先康：《随迁老人城市适应状况及社会工作介入研究——以"城市性"兴起为背景》，《广西社会科学》2019 年第 7 期。

表着相互对立的两极。[①] 城市与农村有着特有的利益、兴趣以及特有的社会组织和特有的人性。在我国，农村在一定意义上代表着保守、贫穷、封闭、节俭、朴实，城市则代表着开放、富裕、融合、浪费和势利。[②] 在一个文化测量标准下，农村文化和城市文化的观测指标甚至会处于两个极端。那么，与城市（或农村）间流动的老年人相比，由于长期生活在农村并充分认可了农村文化，进城老年人将会面对更加强烈的文化冲击，文化适应的难度可能更大，适应不良所产生的问题也更加严重。因此，有必要探讨这一特殊群体文化适应的独特性。

二 进城老年人文化适应的研究内容不够系统

在内容上，目前针对进城老年人的研究主要集中在两个方面：一是关注了进城老年人心理健康状况（抑郁、焦虑、幸福感等）及其影响因素；二是对进城老年人具体生活状况的调查，包括日常活动、社交行为和家庭关系等。Searle 等人认为，跨文化适应主要涉及心理层面的改变和社会文化层面的变化（Searle et al.，1990）。依此观点，国内研究者更多地关注了进城老年人的心理变化，而对其适应当地社会文化环境状况的研究还比较零散。此外，文化适应可以表现在不同方面或维度上，[③④⑤] 也表现出不同的发展阶段，[⑥⑦] 还可能在具有不同心理特质的亚群体中拥有不同的影响因素和产生不同的效应。然而，在现有的文献中，无论是对于

---

① ［美］帕克·麦肯齐：《城市社会学：芝加哥学派城市研究文集》，宋俊岭、郑也夫译，华夏出版社 1987 年版。

② 焦连志：《农民城市化进程中的文化冲突及其解决——图式理论的视角》，《宁夏社会科学》2009 年第 5 期。

③ Arends-Tóth，J. and Van de Vijver，F. J.，"Domains and Dimensions in Acculturation：Implicit Theories of Turkish-Dutch"，*International Journal of Intercultural Relations*，Vol. 28，No. 1，2004，pp. 19 – 35.

④ Bourhis，R. Y.，Moise，L. C.，Perreault，S.，et al.，"Towards an Interactive Acculturation Model：A social Psychological Approach"，*International Journal of Psychology*，Vol. 32，No. 6，1997，pp. 369 – 386.

⑤ 余伟、郑钢：《跨文化心理学中的文化适应研究》，《心理科学进展》2005 年第 6 期。

⑥ Brown，H. D.，"Learning a Second Culture"，in J. M. Valdes，ed. *Culture bound Bridging the cultural gap in language teaching*，Cambridge University Press，1986，pp. 33 – 48.

⑦ Oberg，K.，"Culture Shock：Adjustment to New Cultural Environments"，*Practical Anthropology*，No. 4，1960，pp. 177 – 182.

进城老年人文化适应的维度，还是对于进城老年人文化适应的发展变化、影响因素和结果变量的探讨，相关领域的研究都还不够深入和系统。

三　缺少对进城老年人文化适应的发展变化规律的探讨

文化适应是一个动态的发展过程，但目前很少有研究从纵向发展的角度探讨进城老年人文化适应随着时间的变化趋势。同时，尽管已有研究笼统地探讨了影响文化适应的因素，如经济地位、迁移压力、社会资本等，[①]然而，个体在新环境中的文化适应随着时间发展可以区分出明显的阶段，并且不同阶段文化适应的影响因素也有着显著差异，并没有研究从动态角度探讨文化适应不同阶段的影响因素，这一情况极大地限制了促进文化适应干预实践的发展。因此，在相关领域研究实践中，采用纵向追踪的方法探讨进城老年人的文化适应具有重要的理论意义和实践价值。

四　研究问题新意不够

在研究问题上，受限于传统研究设计和研究方法设定框架，对于进城老年人文化适应领域的研究问题也缺乏突破和创新。以往相关领域的研究多是以质性的访谈法或者大规模问卷调查为主，所关注的问题无非是变量关系的理论建构和变量关系模式的描述。很显然，这些研究结果对于理解和解决进城老年人的文化适应问题还远远不够。近年来，随着心理学学科的飞速发展，新的研究方法或统计技术层出不穷，伴随着新的研究方法或统计手段的出现，进城老年人文化适应心理研究问题的创新也便成了可能。如网络分析技术可以用来探讨进城老年人文化适应的核心指标，为实施精准干预提供了前提；响应面分析技术则可以用来解决相关变量相对关系对第三方变量的相互关系，这为深入准确地描述进城老年人原文化保留与新城市文化适应相互作用对后果变量效应的模式创造了条件。此外，潜变量增长模型还可以实现从初始水平和变化速度的角度考察进城老年人文化适应与相关变量之间的关系，以及可能的因果效应。

---

① 刘庆、陈世海：《移居老年人社会适应的结构、现状与影响因素》，《南方人口》2015 年第 6 期。

五 缺少促进进城老年人文化适应的系统干预

在干预方法上，国内研究者针对进城老年人生活适应或者提高生活质量提出了一些想法或者建议，但没有系统地干预实践研究。国外相关领域研究者在促进个体文化适应方面提出了一些干预策略，如通过给予充分的情感慰藉和支持、提升跨文化交往能力、鼓励参与社区活动等，来提高个体的生活质量。然而，迄今为止，国内尚未有研究尝试干预进城老年人的文化适应水平和生活质量。

六 研究问题与框架体系

综上所述，目前对进城老年人社会适应的核心——文化适应的研究还远远不够，现有研究也存在诸多局限。我们认为，对于进城老年人的文化适应心理还存在一系列问题值得进一步探究。具体如下：

第一，进城老年人文化适应的心理结构是怎样的？如何测量进城老年人文化适应？第二，影响进城老年人文化适应的前因预测变量的种类及其作用机制是什么？第三，进城老年人文化适应水平对其他相关心理结构的效应有哪些？原文化保留和城市文化适应两者的相互作用是如何影响进城老年人在相关领域心理行为表现的？与其他流动老年人或其他流动人口相比，文化适应对进城老年人心理行为效应的模式是否会有所不同？第四，进城老年人文化适应的动态进程是怎样的？不同心理健康因素如何作用于处于不同阶段的进城老年人文化适应的过程，而不同文化适应阶段又是如何对进城老年人生活质量产生影响的？第五，相关领域研究者提出的诸多干预思路或建议对于进城老年人文化适应的促进干预实践是否同样有效？相关领域的干预理论如何真正应用于进城老年人文化适应的干预实践中？其效果又会如何？

基于上述研究问题，本书围绕进城老年人的文化适应，采用访谈、心理测量和准实验等研究方法，结合横断比较和纵向追踪等研究设计，系统地探讨进城老年人文化适应的心理结构、测量方法、现状与特征、动态发展规律、影响因素，以及文化适应对进城老年人生活质量等变量的影响等内容，并在此基础上进一步探讨促进进城老年人文化适应的干预策略和方法。本书的研究框架和各章节的逻辑如图 3 – 1 所示。

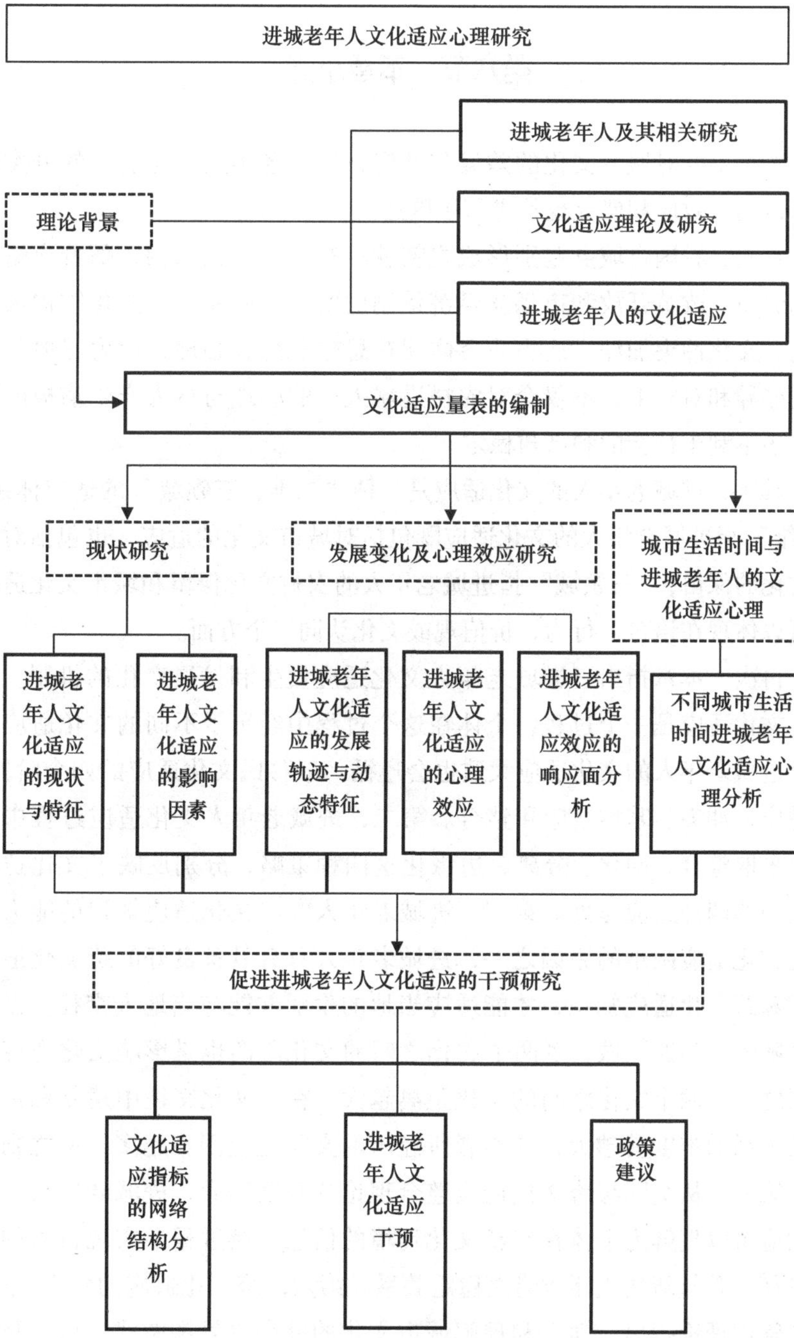
进城老年人文化适应心理研究
理论背景
进城老年人及其相关研究
文化适应理论及研究
进城老年人的文化适应
文化适应量表的编制
现状研究
发展变化及心理效应研究
城市生活时间与进城老年人的文化适应心理
进城老年人文化适应的现状与特征
进城老年人文化适应的影响因素
进城老年人文化适应的发展轨迹与动态特征
进城老年人文化适应的心理效应
进城老年人文化适应效应的响应面分析
不同城市生活时间进城老年人文化适应心理分析
促进进城老年人文化适应的干预研究
文化适应指标的网络结构分析
进城老年人文化适应干预
政策建议

图3-1　研究框架

第六节 本章小结

本章主要对城乡文化的差异与冲突，进城老年人文化适应的分类体系、机制、效应和研究现状进行了阐述。

首先，我国自城乡差别形成之初就存在二元文化结构，随着户籍制度的颁布、改革开放和市场化经济体制的实行，城乡二元文化结构加速分离，文化冲突加深。这些冲突体现在思想观念、心理、行为习惯与模式的差异和对立上，不仅会对农村进城人口的心理与行为产生消极的影响，还不利于社会的和谐与稳定。

其次，进城老年人的文化适应是一种“二维、三领域”的适应体系。“二维”指进城老年人的文化适应既包括对城市文化的适应，也包括对农村文化的保留；“三领域”指进城老年人的农村文化保留和城市文化适应都可以体现在语言、行为、价值观或文化认同三个方面。

再次，本章指出了进城老年人文化适应发生和发展变化的机制。第一，文化适应是一个过程，个体在这个过程中经历了不同的文化适应阶段。进城老年人的文化适应大致也会遵循一般移民文化适应的四个阶段：初适应、冲突、基本适应和整合。第二，进城老年人文化适应过程中可能会采取整合、同化、分离、边缘化这四种策略，分别反映了文化适应过程中的四种适应态度。第三，进城老年人学习文化适应知识的能力不足是文化适应困难的原因之一，进城老年人只有具备良好的跨文化适应意识和跨文化适应知识，才能适应当地的生活并能与当地人交往，做到入乡随俗。第四，城、乡两个文化之间的文化距离也是影响文化适应的因素之一。两个文化之间的文化距离越大，在跨文化交往中建立和保持和谐关系的难度就越大，迁移者所经历的文化适应困难越多，反之则越少。第五，从交际与跨文化适应整合理论的角度来看，进城老年人的文化适应可以理解为个体在与新文化环境的信息交换过程中实现自身的内在平衡，并与新文化环境建立稳定关系。第六，跨文化适应的焦虑/不确定性管理理论指出，学习和理解城市文化的社会符号和图式，可以帮助老年人应对不确定性、减少焦虑，对其文化适应产生积极的作用。第七，权力感的缺乏导致老年人发现自己很难适应陌生的环境，产生无助感、焦虑感，最终会导致文化适应不良。第八，期望与现实体验相匹配有助于进城老年人的跨文化适应，反之则容易产生心理适应困难。

本章还指出进城老年人文化适应有积极和消极两种效应，适应良好会带来积极的作用，提高进城老年人的积极情绪水平和生活幸福感；适应不良则会影响老年人的身体健康，且引起更多的消极情绪等心理问题。

最后，本章指出了进城老年人文化适应研究的局限性，包括缺乏对进城老年人特殊性的关注、研究内容不够系统、缺少对进城老年人文化适应的发展变化规律的探讨、研究问题新意不够、缺少促进进城老年人文化适应的系统干预。基于这些局限，本章引出了全书的研究框架和研究内容。

第四章

进城老年人文化适应的心理结构及量表编制

第一节　背景与研究问题

一　测量进城老年人文化适应的必要性

随着中国城市化进程的加快，有数千万农村人口进城务工，在大城市寻求更多就业机会。[①] 根据中国政府统计，截至 2018 年 12 月底，已有近 1.4 亿农民工在城市中生活。[②] 在这一背景下，为了帮助养育孙辈或寻求照顾，也有越来越多的农民工父母迁移到城市地区生活（吴要武，2013）。然而，城市文化和农村文化存在巨大差异，在适应城市文化的过程中，进城老年人的日常生活比其他年龄群体受到了更多挑战。一方面，农村老年人在搬到城市后需要学习或适应不同于以往的新的语言、行为习惯、信仰、风俗传统等。但老年人思维模式比较固定，学习能力较差，很难接受新的观念和新的行为习惯。这造成了进城老年人在新的环境中可能会表现出更多的适应不良。另一方面，由于更坚持自己的原始价值观和传统，老年移民者比年轻移民者更难以成功地适应新文化。[③] 基于

① Chan, A. T. and O'Brien, K. J., "Phantom Services: Deflecting Migrant Workers in China", *The China Journal*, Vol. 81, No. 1, 1997, pp. 103 - 122.

② 国家统计局：《2021 年农民工监测调查报告》，https://www.stats.gov.cn/sj/zxfb/202302/t20230203_1901452.html，2022 年 4 月 29 日。

③ McCallion, P., Janicki, M. and Grant-Griffin, L., "Exploring the Impact of Culture and Acculturation on Older Families Caregiving for Persons with Developmental Disabilities", *Family Relations*, Vol. 46, 1997, pp. 347 - 357.

此，进城老年人在城市生活中往往会表现出更明显的对城市文化的不适应，进而影响其总体的身心健康状况和对城市生活的满意度。然而，以往研究对于进城老年人城市文化适应的特征以及进城老年人如何适应新的城市文化还知之甚少。

为了理解进城老年人文化适应的特征，我们可以从国外关于移民研究领域的成果中获得一些启发。在针对移民和少数民族人群的研究中，文化适应一直是被广泛关注的热点话题。文化适应也为研究少数民族和少数文化群体的适应经历提供了一个框架（Berry et al.，2002）。在以往的文献中，文化适应被认为是由个体所组成的且具有不同文化特征的两个群体之间发生持续而直接的文化接触，从而导致一方或双方原有的文化模式发生变化的现象（Redfieldet al.，1936）。大量研究表明，文化适应对目标个体广泛的生理结构和心理过程都有着显著的影响，是移民或少数民族个体身心健康水平的显著预测指标。例如有研究发现，不成功的文化适应与少数民族个体和移民者的低水平的健康状况（包括明显的心理症状、患病风险，甚至自杀风险）之间存在很强的相关性。①② Mainous 及其同事调查结果显示，文化适应程度较低的西班牙裔美国人患糖尿病的可能性更大。③ 在老年人群中，Jang 和 Chiriboga 的研究也表明，低水平的文化适应与老年移民的高水平抑郁症状之间存在直接联系（Jang and Chiriboga，2010）。因此，对居住地文化特征适应的水平是个体身心健康水平的重要预测指标。

进城老年人作为一个特殊的群体，同时兼具老年人和移民人口的特征。对于在农村长期生活的老年人来说，搬到城市不仅仅是生活上的简单改变，他们还面临与移民相类似的一系列问题。在新的城市中，老年

---

① Oh，Y.，Koeske，G. F. and Sales，E.，"Acculturation，Stress，and Depressive Symptoms Among Korean Immigrants in the United States"，*The Journal of Social Psychology*，Vol. 142，No. 4，2002，pp. 11 – 526.

② Wang，C. C. D. and Mallinckrodt，B.，"Acculturation，Attachment，and Psychosocial Adjustment of Chinese/Taiwanese International Students"，*Journal of Counseling Psychology*，Vol. 53，No. 4，2006，pp. 422 – 433.

③ Mainous Ⅲ，A. G.，Majeed，A.，Koopman，R. J.，et al.，"Acculturation and Diabetes Among Hispanics：Evidence from the 1999 – 2002 National Health and Nutrition Examination Survey"，*Public Health Reports*，Vol. 121，No. 1，2006，pp. 60 – 66.

人过去习惯的农村生活方式、沟通方式、行为方式和价值观可能不再适用。是否能够很好地学习新的行为模式、新的城市文化规范决定了进城老年人城市生活的质量。以往研究表明，生活习惯的不同而导致的社会支持网络的弱化、角色认同的降低[①]和家庭冲突的增加[②]等问题一直存在于进城老年人群体中。此外，在健康和生活质量方面，由于对城市生活环境的适应能力较差，以及户口制度导致的城市护理和福利服务对非本地户籍群体的排斥，进城老年人已经成为一个弱势群体。[③] 因此，随着大量的农村老年人涌入城市，不良的文化适应对进城老年人的负面影响是不可避免的。

为应对不良文化适应带来的负面影响，测量和了解进城老年人的文化适应水平是第一步。然而，相关领域文献中并没有研究者探讨进城老年人文化适应的测量方法，更没有人开发用于测量进城老年人文化适应水平的工具。同时，由于不同文化和群体之间存在显著差异，国外其他群体的文化适应测量工具可能并不完全适合我国的进城老年人。此外，相关领域的研究大多集中在对国际移民文化适应的讨论上，而国内的城乡文化适应研究没有得到足够的重视。因此，开发一种有效的文化适应工具来衡量进城老年人的文化适应水平具有重要意义。

基于以上分析，为了更好地理解中国进城老年人的文化适应过程，我们拟在双线性模型的基础上，开发一套针对中国进城老年人的文化适应量表。随后，根据经典测量理论，系统地检验该量表的信度和效度。

二 文化适应的维度

以往大量研究对文化适应的结构提出了不同的理论模型。最早，文化适应过程被认为是一个线性模型，个体从一个代表原始文化保留的极

---

① 刘敏、崔彩贤：《社会工作介入进城农村老年人的文化适应》，《学理论》2014 年第 9 期。

② 翟振武、冯阳：《当今随迁老人家庭融入中的矛盾冲突及应对》，《中州学刊》2023 年第 2 期。

③ Fokkema, T. and Naderi, R., "Differences in Late-life Loneliness: A Comparison Between Turkish and Native-born Older Adults in Germany", *European Journal of Ageing*, Vol. 10, No. 4, 2013, pp. 289 – 300.

点，移动到代表被新文化同化的另一个极点。[①] 虽然这个模型得到了大量研究者的认可，但同时存在着一个非常明显的局限，即接受一种文化并不意味着抛弃另一种文化。鉴于此，Berry 提出了同时考虑原文化和新文化取向的文化适应双线性模型。也就是说，文化适应的评估需要同时测量原文化保留的程度以及新文化的适应水平。[②] 根据该模型，进城老年人文化适应工具需要同时测量原文化的保留和城市文化的适应（Berry，1990）。

除了结构外，文化适应也存在不同的维度。Szapocznik 等认为文化适应主要体现在行为和价值观两个方面（Szapocznik et al.，1978）。Kim 和 Abreu 则认为文化适应有四个维度，包括行为、价值观、知识和文化认同（Kim and Abreu，2001）。Zea 等人在整理了许多现有的文化适应量表后，发现文化适应可以包括五个维度，即行为、文化身份、知识、语言和价值观（Zea et al.，2003）。其他研究者就文化适应的维度也提出了许多不同的观点，列举出了一些更具体的维度。例如，有研究者认为文化适应应该包括种族互动和态度等。[③④] 虽然心理学家对文化适应具体维度的观点并未达成一致，但对于文化适应包括的较为广泛的维度上已基本达成共识。通过对相关理论和文化适应测量工具的梳理，Birman 和 Trickett 认为文化适应的测量至少要包括语言、身份认同和行为三个维度（Birman and Trickett，2001）。目前相关领域大量研究者均认可了这一观点并广泛使用到了对文化适应的研究之中。下面，我们将对这三个维度逐一进行介绍。

在文化适应的测量工具中，语言一直被认为是一种有效的、可靠的

---

① Graves，T. D.，"Psychological Acculturation in a Tri-ethnic Community"，*Southwestern Journal of Anthropology*，Vol. 23，No. 4，1967，pp. 337 - 350.

② Abe-Kim，J.，Okazaki，S. and Goto，S. G.，"Unidimensional Versus Multidimensional Approaches to the Assessment of Acculturation for Asian American Populations"，*Cultural Diversity and Ethnic Minority Psychology*，Vol. 17，No. 3，2001，pp. 232 - 246.

③ Cuellar，I.，Arnold，B. and Maldonado，R.，"Acculturation Rating Scale for Mexican Americans-II：A Revision of the Original ARSMA Scale"，*Hispanic Journal of Behavioral Sciences*，Vol. 17，No. 3，1995，pp. 275 - 304.

④ Padilla，A. M.，"The Role of Cultural Awareness and Ethnic Loyalty in Acculturation"，in A. Padilla，ed. *Acculturation：Theory，models and some new findings.* Boulder，CO：Westview，1980.

文化适应指标。[①] 例如，Marin 和其同事曾将一个文化适应量表从 107 个项目减少到 5 个与语言相关的项目（Marin et al.，1987）。他们发现这 5 个项目可以解释原量表总变异的 54.5%，并显示出良好的信度和效度。因此，许多研究者干脆直接使用语言适应的程度来衡量个体文化适应的水平（Bethel and Schenker，2005；Tamí-Maury et al.，2017）。然而，一些研究者认为，单独使用语言来衡量文化适应可能会导致文化适应测量工具缺乏敏感性，缩小了测量范围（Hunt et al.，2004）。但无论如何，语言是文化适应最重要的维度。任何文化适应的测量工具都不能忽视语言适应水平的测量。总之，语言代表了一定程度的文化适应，并且在许多文化适应量表中被广泛使用，是文化适应的重要组成部分。

第二个广义维度是文化认同，它是指一个人基于种族或文化而保持的意识形态、信仰、价值观和身份认同（Schwartz et al.，2013）。许多心理学家认为，文化认同是文化适应的一个重要方面，它关注的是特定群体的主观归属感。[②③] 由于其在文化适应中的重要角色，有些研究者甚至粗暴地将文化适应视为一种文化认同过程（Schwartz et al.，2010）。总而言之，文化认同在文化适应过程中起着重要作用。

最后，文化适应行为主要集中在食物消费偏好、媒体使用、民族互动等与文化相关的行为方面。[④⑤⑥] 个人在日常生活中几乎所有的文化活

---

① Heilemann, M. V., Lee, K. A., Stinson, J., Koshar, et al., "Acculturation and Perinatal Health Outcomes Among Rural Women of Mexican Descent", *Research in Nursing & Health*, Vol. 23, No. 2, 2000, pp. 118–125.

② Arends-Tóth, J. and Van de Vijver, F. J., "Domains and Dimensions in Acculturation: Implicit Theories of Turkish-Dutch", *International Journal of Intercultural Relations*, Vol. 28, No. 1, 2004, pp. 19–35.

③ LaFromboise, T., Coleman, H. L. and Gerton, J., "Psychological Impact of Biculturalism: Evidence and Theory", *Psychological Bulletin*, Vol. 114, No. 3, 1993, pp. 395–412.

④ Cano, M. Á. and Castillo, L. G., "The Role of Enculturation and Acculturation on Latina College Student Distress", *Journal of Hispanic Higher Education*, Vol. 9, No. 3, 2010, pp. 221–231.

⑤ Cuellar, I., Arnold, B. and Maldonado, R., "Acculturation Rating Scale for Mexican Americans-II: A Revision of the Original ARSMA Scale", *Hispanic Journal of Behavioral Sciences*, Vol. 17, No. 3, 1995, pp. 275–304.

⑥ Suinn, R. M., Rickard-Figueroa, K., Lew, S., et al., "The Suinn-Lew Asian Self-identity Acculturation Scale: An Initial Report", *Educational and Psychological Measurement*, Vol. 47, No. 2, 1987, pp. 401–407.

动都与此相关。现有的文化适应量表都包含了许多与行为相关的项目，如“我喜欢听本民族的音乐”和“你有多喜欢本地的食物”（Stephenson，2000；Gim Chung et al.，2004）。此外，尽管研究人员提出的文化适应维度的数量从2个到3个或5个不等，但它们都至少包含一个行为维度。因此，行为的改变是文化适应测量中一个不可或缺的维度。

虽然关于文化适应的具体维度还有很多其他的观点，但它们并不一定是相互矛盾的。这些观点之间的差异很可能是受到了分析水平的影响。也就是说，宽泛的维度也可以包含那些更具体的维度。因此，我们最终采用了Gordon以及Birman和Trickett提出的文化适应的三个广义维度的观点，即文化适应包括语言、行为、文化认同三个维度（Gordon，1964；Birman and Trickett，2001）。

此外，语言、行为和文化认同三个文化适应维度具有跨文化稳定性。语言、行为和文化认同几乎涵盖了跨文化接触过程中所涉及的所有方面，是了解文化适应的基础，不论研究哪个种族或群体的文化适应状况和发展变化，都离不开对这三个方面的评估。以往大量研究支持了这三个维度在不同文化背景样本中的跨群体稳定性。例如，Magafia等调查了移民美国的西班牙裔成人的文化适应模式，结果发现，其文化适应维度包括语言（家庭内语言、家庭外语言）、行为（社会关系活动、文化熟悉活动）和认同（文化认同和自豪感）三个方面。[①] Birman和Trickett考察了在美国的苏联犹太难民青少年群体文化适应的发展变化模式和文化适应的影响，也发现其文化适应由行为参与、语言和身份认同三个维度构成（Birman and Trickett，2001）。

除了西方文化背景的研究，文化适应的三个维度也得到了一些亚洲学者的认可。如Suinn等开发的《亚洲自我认同文化适应量表》（Suinn-Lew Asian Self-Identity Acculturation Scale，SL-ASIA）中，研究者将自我认同文化适应分成了语言、认同和行为三个维度（Suinn et al.，1987）。后面的研究也显示，该量表在中国、日本、韩国、菲律宾和越南等亚裔样

① Magafia，J. R.，de la Rocha，O.，Amsel，J.，Magafia，H. A.，et al.，“Revisiting the Dimensions of Acculturation：Cultural Theory and Psychometric Practice”，*Hispanic Journal of Behavioral Sciences*，Vol. 18，No. 4，1996，pp. 444 – 468.

本中都具有良好的信效度。这说明文化适应的三个维度在不同的亚裔移民群体中仍具有较好的稳定性。此外，Lima 等根据语言、行为和文化认同三个领域为柬埔寨裔美国人编制了《高棉文化适应量表》（Khmer Acculturation Scale，KAS），[①] 结果发现该量表可以稳定有效地反映该群体的文化适应特征，表明由三个维度构成的文化适应同样适用于该群体。类似地，Ho 采用 Birman 等人为苏联难民样本开发的语言、身份认同和行为文化适应量表（The Language，Identity and Behavioral Acculturation Scale，LIB）测量了美国越南裔移民文化适应的特征，结果显示该量表的三个维度在越南裔样本中同样具有良好的信度。[②③] 总之，大量的研究证明了文化适应的三个维度具有跨文化稳定性。因此，尽管不同文化背景的迁移者的原文化和迁入地文化的特征存在差异，但文化适应过程中涉及的内容结构在不同文化群体之间都是相似的，都可以划分至语言、行为和文化认同三个重要领域。

三　文化适应的四种策略

Berry 认为，文化适应过程必须面临两个核心问题，对原文化的保留和对新文化的适应（Berry，1974）。他认为，这两种文化身份的协调将导致四种不同的文化适应策略，包括同化（assimilation）（追求新文化而放弃原文化）、整合（integration）（原始文化和新文化的整合）、分离（separation）（保持原始文化而不接受新文化）和边缘化（marginalization）（远离新文化和原文化）（Berry et al.，1989）（图 4 –1）。[④]

文化适应策略与移居后的心理结果之间存在着密切的关系。具体来说，整合通常与最好的心理结果有关，而边缘化往往导致最坏的结果，

---

① Lim，K. V.，Heiby，E.，Brislin，R.，et al.，"The Development of the Khmer Acculturation Scale"，*International Journal of Intercultural Relations*，Vol. 21，No. 6，2022，pp. 653 –678.

② Ho，J.，"Acculturation Gaps in Vietnamese Immigrant Families：Impact on Family Relationships"，*International Journal of Intercultural Relations*，Vol. 34，No. 1，2010，pp. 22 –33.

③ Birman，D.，Trickett，E. J. and Vinokurov，A.，"Acculturation and Adaptation of Soviet Jewish Refugee Adolescents：Predictors of Adjustment Across Life Domains"，*American Journal of Community Psychology*. Vol. 30，No. 5，2002，pp. 585 –607.

④ Berry，M. and Meister，M.，"Refractoriness and Neural Precision"，*Advances in Neural Information Processing Systems*，Vol. 10，1997，pp. 110 –116.

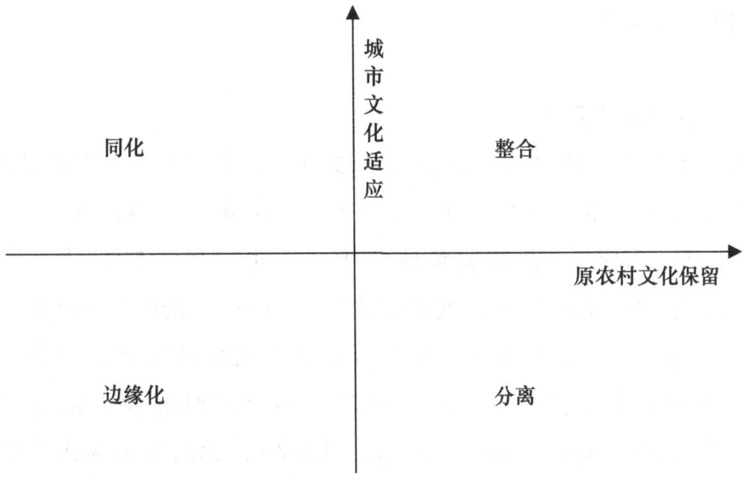

图4－1　双线性模型和四种文化适应策略（Nguyen and Von Eye，2002）

同化和分离通常处于最好和最差的适应结果之间（Berry，2005；Berry and Sabatier，2011）。例如，Ward 和 Rana-Deuba 的研究表明，采用整合风格的移居者在心理上比采用其他策略的移居者表现得更好（Ward and Rana-Deuba，1999）。Giang 和 Wittig 还发现，以边缘化策略为主导的移居者的个人自尊和集体自尊水平最低，而以整合策略为主导的移居者的个人自尊和集体自尊水平与以同化策略为主和以分离策略为主移居者相似。[①] 与此类似，其他研究也表明，整合策略是孤独的保护性因素，坚持使用边缘化策略的移民个体具有更强的孤独感，而以整合策略为主的移居者孤独感水平较低。[②③] 因此，基于双线性模型的主要观点，持有不同文化适应策略的个体在文化适应水平上会存在显著的差异，特别是以整合策略为主的个体和以边缘化策略为主的个体在文化适应水平上的差异尤为显著。总之，有效的文化适应的测量工具应该可以区分四种文化适

① Giang, M. T. and Wittig, M. A., "Implications of Adolescents' Acculturation Strategies for Personal and Collective Self-esteem", *Cultural Diversity and Ethnic Minority Psychology*, Vol. 12, No. 4, 2006, pp. 725－739.

② 刘敏、崔彩贤：《社会工作介入进城农村老年人的文化适应》，《学理论》2014 年第 9 期。

③ Ware, N. C., Wyatt, M. A. and Tugenberg, T., "Social Relationships, Stigma and Adherence to Antiretroviral Therapy for HIV/AIDS", *AIDS Care*, Vol. 18, No. 8, 2006, pp. 904－910.

应策略所对应的群体。

四　文化适应量表

近三十年来，随着文化适应逐渐成为社会心理学研究的热点之一，研究者开发了大量的文化适应量表（Suinn et al.，1987；Rogler et al.，1991；Kang，2006），在相关领域的研究中也得到了广泛的应用。然而，在实际的应用过程中，现有的文化适应量表也逐渐表现出了一些明显的不足。首先，许多量表只是粗略地将文化适应视为一个基于无维度模型的同化过程（Graves，1967），不能同时衡量文化适应者的双重文化身份（Nguyen and Von Eye，2002），无法全面描述受测者的文化适应的特征。Berry 提出的双线性模型很好地解决了上述局限。由于双线性模型同时综合了两种文化取向，它已成为许多文化适应研究人员在开发文化适应工具时经常使用的模型。其次，现有文化适应工具的维度过于单一，不够丰富。大多数文化适应工具只选择了文化适应的某些维度进行测量，而忽略了其他同等重要的维度（Szapocznik et al.，1980；Stephenson，2000）。更重要的是，一些量表甚至直接采用某个单独的维度作为文化适应的代表性指标，[①] 文化适应的维度不够丰富（Hunt，et al.，2004）。

基于上述文献，一个好的文化适应工具应该至少包括两个基本条件。首先，量表的结构必须是基于双线性模型的，可以同时测量个体对原文化的保留程度和对新文化的适应程度。其次，量表的项目应该同时衡量三个广泛维度（语言、行为和文化认同）所涉及的重要方面。

根据上述标准，Nguyen 及其同事开发的《越南青少年文化适应量表》（ASVA）是一个较好的文化适应量表。该量表是多维双线性量表，用于评估美国和越南文化的参与程度（Nguyen and Von Eye，2002）。ASVA 由 50 个项目组成，包含两个独立的子量表，即 25 个项目的越南文化保留（IVN）和另一个 25 个项目的美国文化适应（IUS）。尽管该量表存在一

---

① Marin，G. and Gamba，R. J.，"A New Measurement of Acculturation for Hispanics：The Bidimensional Acculturation Scale for Hispanics（BAS）"，*Hispanic Journal of Behavioral Sciences*，Vol. 18，No. 3，1996，pp. 297 – 316.

些缺点，但有着令人满意的信度和效度，同时满足了文化适应维度的丰富性和双线性模型的测量要求，因而被广泛参考和使用。①②

五　研究问题

在上述文献综述的基础上，我们在整合了文化适应的双线性模型、文化适应维度理论和文化适应策略理论的基础上，拟设计开发一套有效的、可靠的进城老年人文化适应量表。我们通过4项独立的研究（分布在以下四节中）编制并验证了《进城老年人文化适应量表》（Acculturation Scale for Rural-urban Elderly Migrants，ASREM）的有效性。量表的项目和内容设计参考了ASVA以及Szapocznik等开发的双文化卷入问卷（Bicultural Involvement Questionnaire，BIQ；Szapocznik et al.，1980）和Stephenson的多群体文化适应量表（Multigroup Acculturation Scale，SMAS；Stephenson，2000）。ASVA的双线性多维模式为本研究量表的题项设计提供了主要思路，而BIQ和SMAS的项目结构和项目表述也为我们确定题项、修改和完善题目表述提供了重要参考。在本章后面的内容中，第二、三节介绍了项目开发和内容效度检验。随后，在第四节中，我们招募了一批进城老年人为被试，使用验证性因子分析和信度分析的方法，检验量表的信度和效度。在第四、五节中，我们使用另一个进城老年人的样本来验证三因素模型的稳定性和信度。同时，我们使用了城市老年人作为对照组，比较了进城老年人和城市老年人在量表表现上的差异。最后，在第五节中，我们又使用另一批进城老年人的样本来测试量表的效标效度，并根据文化适应策略将被试分为四组，探讨不同的文化适应策略对这些效标效度的影响。

---

① Juang，L. P. and Cookston，J. T.，"Acculturation，Discrimination，and Depressive Symptoms Among Chinese American Adolescents：A Longitudinal Study"，*The Journal of Primary Prevention*，Vol. 30，No. 3，2009，pp. 475 – 496.

② Ward，C. and Kus，L.，"Back to and Beyond Berry's Basics：The Conceptualization，Operationalization and Classification of Acculturation"，*International Journal of Intercultural Relations*，Vol. 36，No. 4，2012，pp. 472 – 485.

第二节 量表项目的开发和内容效度检验

一 方法

（一）研究工具

我们在 Acculturation Scale for Vietnamese Adolescents（ASVA；Nguyen and Von Eye，2002）、Bicultural Involvement Questionnaire（BIQ；Szapocznik et al.，1980）和 Stephenson Multigroup Acculturation Scale（SMAS；Stephenson，2000）三种文化适应量表的基础上，对原有量表的一些项目进行了筛选和修改，并根据当前的实际情况，编制了一些新的项目。首先，我们从原来的 ASVA、SMAS、BIQ 中排除了 20 个使用配对格式的项目。接下来我们对剩下的条目中的相关内容和表述进行了修改，使其适合用于中国文化背景下的进城老年人（如将“我穿得像刚从越南来的学生”改成“我的着装和来自家乡的人很像”）。其次，我们对 20 位居住在社区的老年人进行了面对面的访谈，让他们提供一些农村老年人搬到城市后可能会遇到的适应问题。在此基础上，我们又设计了 12 个新项目（如“我会以居住在本地为骄傲”“我讲家乡话会很舒服”），并将其添加到项目库中。因此，为了能够同时测量进城老年人对原文化保留的倾向和对新城市文化适应的水平，我们将这些项目都设计成配对测量的形式（如“我更喜欢听家乡的音乐或戏曲”和“我喜欢听本地人听的音乐或戏曲”）。最终，形成了一个包含 68 个原始项目的题项库。

（二）内容效度

在进城老年人文化适应量表（ASREM）原始项目形成后，我们请了 6 位熟悉文化领域的心理学专家对 ASREM 的内容效度进行评估。为此，我们提供了文化的定义和三个广泛的文化适应维度（语言、文化认同和行为），然后请专家从由自尊量表、幸福感量表和文化适应项目组成的混合项目集合中选择适合各个维度的文化适应项目。一致性低于 80% 的项目将被从项目库中删除。专家还被要求对所选项目的质量进行评分，评分范围从 1（完全不适合）到 5（非常适合）。平均质量评分低于 3.0 的项目也从项目库中删除。

二　结果和讨论

内容效度分析结果显示，有 13 个条目需要删除。在删除条目中，4 个条目的专家一致性低于80%，9 个条目的平均适合度评分低于3 分。专家小组一致地将其余项目分为三个维度。

最后，《进城老年人文化适应量表》（ASREM）的最初始版本共包含了55 个项目。该量表包括两个分量表：由27 个项目组成的原文化保留量表（ASREM-R，后面简称为“原文化保留”）和由28 个项目组成的新城市文化适应分量表（ASREM-U，后面简称为“城市文化适应”）。每个分量表都包括语言、文化认同和行为三个维度。具体而言，在27 个 ASREM-R 项目中，4 个项目属于语言维度，14 个项目属于文化认同维度，其余9 个项目属于行为维度。在28 个 ASREM-U 项目中，有4 个项目属于语言维度，15 个项目属于文化认同维度，其余9 个项目属于行为维度。所有项目都采用自评的形式，要求进城老年人根据他们同意或不同意的程度对每个陈述进行评分（1 = “非常不同意”，5 = “非常同意”）。对老年人的访谈结果表明，绝大多数进城老年人都可以理解 ASREM 的所有项目。

第三节　项目分析和信效度检验

在本节，我们进一步探讨了量表的内部一致性信度和综合信度，并通过项目分析、验证性因素分析（CFA）和模型比较来获得 ASREM 量表的最优模型，确定 ASREM 的结构。

一　方法

（一）被试

研究对象为55 岁及以上的进城老年人（$n = 236$）。其中，男性 79 人（平均年龄 67.00 ± 8.05 岁），女性 157 人（平均年龄 63.99 ± 7.16 岁）。在教育年限上，16.9% 的老年人未接受过任何教育，在主试的帮助下完成问卷的填写；21.6% 的老年人受教育年限在6 年以下；29.2% 的老年人接受了 6 年以上 9 年以下的教育；32.2% 的老年人接受了 9 年以上的教育。

（二）研究工具

使用进城老年人文化适应量表（ASREM）初稿为研究工具。该量表是一个五点计分量表（1 = “非常不同意”，5 = “非常同意”）。它由两个子量表组成，包括原文化保留分量表（ASREM-R，27 个项目）和城市文化适应分量表（ASREM-U，28 个项目）。每个分量表都包括语言（如对朋友和陌生人的语言偏好）、行为（如日常行为习惯）和文化认同（如价值观）三个维度。ASREM-R 中所有项目的总和代表原文化保留的程度，ASREM-U 中所有项目的总和代表新城市文化适应的水平。

（三）研究程序

研究是在社区服务中心完成的。被试签署了研究知情同意书后，独立完成测量问卷。在问卷中，我们首先收集了人口统计信息，如性别、年龄、种族、教育程度等，然后要求被试完成每个量表的项目。对于文盲或有视力障碍的老年人，则由主试阅读测量项目被试做出回答的形式完成。在完成测量问卷所有项目后，主试会解释研究目的并感谢被试，赠送礼物。

（四）数据分析

首先，我们使用 SPSS 22.0 进行项目分析，确保所有项目都符合心理测量学的标准。第一步，我们先检查了项目的题总相关和题目的区分度（以总分在前 27% 的为高分组，后 27% 为低分组）。根据 Yusoff（2010）① 提出的标准，我们删除了题总相关小于 0.3 和组别差异不明显的项目。

其次，由于 Berry（1997）的双线性模型将原始文化的保留和新文化的接受视为独立因素，我们分别对 ASREM-R 和 ASREM-U 进行了分析。采用 Mplus 7 稳健加权最小二乘（WLSMV）法进行验证性因子分析来验证两个分量表的三因子结构。② 采用 WLSMV、χ^2、估计误差均方根（RMSEA）、比较拟合指数（CFI）和 Tucker-Lewis 增量拟合指数（TLI）等指

① Yusoff, M. S. B., “The Sensitivity, Specificity and Reliability of the Malay Version 30-item General Health Questionnaire (GHQ-30) in Detecting Distressed Medical Students”, *Education in Medicine Journal*, Vol. 2, No. 1, 2010, pp. 12–21.

② Muthén, L. K. and Muthén, B., *Multilevel Modeling with Latent Variables Using Mplus*, 2005.

标对模型拟合进行评估。对于这些指数，$\chi^2/df < 5$，RMSEA < 0.08，CFI > 0.90 和 TLI > 0.90 被视为良好。①②③ 此外，我们也根据 Mplus 给出的因子载荷和修改指数，对模型进行了修正。

再次，为了检验三因素模型（模型 3，包括语言、行为和认同三个维度）是不是最优结构，我们也将该模型和几个竞争模型进行了比较。具体而言，包括以下几种竞争模型。模型 1，单因素模型，所有项目只负载于单个潜在的更高因素的一维模型。模型 2，双因素结构，即包括行为和价值观两个维度。选择模型 1 和模型 2 作为竞争模型有三个原因。第一，考虑到模型的简约性，我们选择将其与更简单的模型结构进行比较。第二，选择模型 1 来检验文化适应是否为多维概念。如果模型 1 拟合不良，表明文化适应确实发生在几个维度而不是单个维度。第三，有研究者认为文化适应包括行为和文化认同两个维度就足够了，如 Szapocznik 等人（1980）曾指出文化适应包括两个维度，即行为维度和认同维度。综上，如果三维模型的拟合优于双因素模型，则证明文化适应由三个维度构成比由两个维度构成更合理。在模型比较和选择中，赤池信息准则（AIC）和贝叶斯信息准则（BIC）常被认为是选择标准，AIC 和 BIC 的值越小代表模型越好。④ 此外，为了再次验证文化适应的双线性，在获得最优模型后，我们还计算了 ASREM 总分与各维度之间的相关关系。两个分量表的得分如未呈现完全负相关则能证实双线性模型的正确性，即对文化适应的测量应同时兼顾进城老年人对原文化保留的倾向和对城市文化适应的程度。

最后，选取最优模型进行信度检验。在信度方面，除了 Cronbach's α 系数外，我们还计算了复合信度（composite reliability，CR）。CR 比

---

① Bentler, P. M., "Comparative Fit Indexes in Structural Models", *Psychological Bulletin*, Vol. 107, No. 2, 1990, pp. 238 - 246.

② Browne, M. W. and Cudeck, R., "Alternative Ways of Assessing Model Fit", *Sociological Methods & Research*, Vol. 21, No. 2, 1992, pp. 230 - 258.

③ Marsh, H. W. and Hocevar, D., "Application of Confirmatory Factor Analysis to the Study of Self-concept: First-and Higher Order Factor Models and their Invariance Across Groups", *Psychological Bulletin*, Vol. 97, No. 3, 1985, pp. 562 - 582.

④ Burnham, K. P. and Anderson, D. R., "Multimodel Inference: Understanding AIC and BIC in Model Selection", *Sociological Methods & Research*, Vol. 33, No. 2, 2004, pp. 261 - 304.

Cronbach's α 系数的偏差更小，被认为是内部一致性的更好指标，[①] 大于 0.60 的复合信度值通常被认为是可以接受的。[②]

二 结果

（一）项目分析

项目题总相关结果（表4-1、表4-2）显示，项目5、项目8、项目29、项目34、项目40、项目44和项目53的题总相关性不显著。同样，第53项组间差异不显著，$t\ (54.53) = -1.55$，$p = 0.13$。说明这10个项目的判别性和题总相关性较差，应删除这些项目。

表4-1 ASREM-R 各项目的平均值、标准差和项目分析结果

项目	均值	标准差	题总相关	组间差异	
				t 值	自由度
1. 我更喜欢听家乡的音乐或戏曲	3.65	1.09	0.48**	-5.75***	102.81
2. 我想继续保持家乡的生活方式	3.74	1.00	0.47**	-7.38***	101.91
6. 我的着装和来自家乡的人很像	3.58	0.94	0.56**	-7.49***	108.00
7. 我在家喜欢吃家乡的食物	4.01	0.85	0.52**	-8.30***	107.70
10. 对于我来说，了解与农村有关的最新信息很重要	3.82	1.03	0.49**	-7.87***	96.20
11. 我认为学习和了解农村的习惯、传统和价值观很重要	3.80	0.95	0.55**	-8.96***	107.69
12. 孩子在选择自己的事业时应该遵从父母的意愿	3.04	1.11	0.39**	-4.48***	108.00
16. 我想融入农村群体	3.77	0.96	0.57**	-7.82***	96.58
20. 我认为农村的人应该和农村的人约会结婚	2.84	1.24	0.40**	-5.62***	108.00
22. 我讲农村方言会很舒服	3.97	0.92	0.53**	-8.11***	103.32
24. 我更喜欢农村的居住环境	3.53	1.19	0.51**	-7.16***	85.41

① Raykov, T., "Coefficient Alpha and Composite Reliability with Interrelated Nonhomogeneous I-tems", *Applied Psychological Measurement*, Vol. 22, No. 4, 1998, pp. 375-385.

② Bagozzi, R. P. and Yi, Y., "On the Evaluation of Structural Equation Models", *Journal of the Academy of Marketing Science*, Vol. 16, No. 1, 1998, pp. 74-94.

续表

项目	均值	标准差	题总相关	组间差异	
				t 值	自由度
25. 照顾父母是孩子的责任	4.04	0.80	0.32**	−3.76***	108.00
26. 我的房间装扮是农村的风格	3.17	1.00	0.52**	−8.11***	108.00
27. 我很享受参加农村老年人的聚会和活动	3.37	1.13	0.32**	−3.23**	108.00
28. 我认为女孩在结婚前都应该和父母一起生活	3.59	1.03	0.36**	−4.80***	108.00
33. 孩子在约会/结婚等问题上应该遵从父母的意愿	3.15	1.10	0.39**	−3.77***	62.56
36. 就行为习惯和价值观而言，我是“农村人”	3.53	1.10	0.59**	−10.46***	107.05
39. 我的亲密朋友大多数是来自农村的人	3.58	1.04	0.53**	−7.21***	108.00
41. 我和农村的人相处感到很放心	4.01	0.71	0.48**	−5.59***	108.00
43. 我想在家说农村方言	3.86	0.97	0.59**	−10.80***	107.22
46. 父母总是知道什么是最好的	3.56	0.98	0.40**	−5.51***	108.00
49. 我和亲朋好友交流会用农村方言	3.78	0.99	0.50**	−6.53***	88.12
50. 我会以农村人的身份为骄傲	3.45	1.11	0.44**	−6.10***	108.00
51. 我经常去拜访或经常拜访我的大多是来自农村的朋友	3.49	1.00	0.59**	−9.49***	89.82
52. 我和陌生人交流会用农村方言	3.28	1.13	0.45**	−6.44***	108.00
53. 我现在很难接受农村人的习惯、态度、行为和价值观等	2.56	1.14	0.18**	−1.55	54.53
54. 我做事或考虑事情会遵循农村的方法	3.48	0.95	0.48**	−7.37***	108.00

注：** $p<0.01$，*** $p<0.001$。

表4－2　　ASREM-U 各项目的平均值、标准差和项目分析结果

项目	均值	标准差	题总相关	组间差异	
				t 值	自由度
3. 我想在家说本地话	3.19	1.36	0.51**	−8.83***	108.89
4. 我想融入本地群体	3.78	0.93	0.47**	−5.96***	98.90
5. 孩子可以选择自己的事业	4.29	0.71	0.24**	−3.00**	122.00
8. 孩子可以质疑父母的权威或决定	3.33	1.10	0.29**	−3.41**	122.00

续表

项目	均值	标准差	题总相关	组间差异	
				t 值	自由度
9. 我的穿着和本地大多老人一样	3.52	1.01	0.44**	-6.67***	117.31
13. 对于我来说，了解与本地有关的最新信息很重要	3.78	0.97	0.59**	-8.56***	84.16
14. 我认为女孩在上完学后就应该独立生活	3.83	0.90	0.38**	-5.32***	122.00
15. 我想继续保持本地的生活方式	3.84	0.84	0.53**	-6.37***	101.41
17. 我的亲密朋友大多数是本地人	3.22	1.21	0.55**	-10.54***	122.00
18. 我更喜欢本地的居住环境	3.53	1.09	0.56**	-8.80***	99.19
19. 就行为习惯和价值观而言，我是"本地人"	3.29	1.15	0.57**	-10.03***	113.78
21. 我和本地人相处感到很放心	3.81	0.88	0.44**	-5.48***	112.24
23. 我会以居住在本地为骄傲	3.72	0.95	0.52**	-6.19***	122.00
29. 我认为如果有必要，孩子可以把老人安置在养老院	3.18	1.25	0.26**	-4.27***	122.00
30. 我讲家乡话会很舒服	3.15	1.26	0.71**	-16.78***	122.00
31. 我认为农村的人可以和城市的人约会结婚	3.83	0.99	0.33**	-3.96***	122.00
32. 我很享受参加本地老年人的聚会和活动	3.76	0.95	0.48**	-5.40***	107.70
34. 女孩在18岁之后应该被允许离开家去求学或工作	3.94	0.71	0.14*	-2.21*	120.21
35. 我喜欢听本地人听的音乐或戏曲	3.59	1.08	0.51**	-7.16***	106.59
37. 我的房间装扮是本地的风格	3.46	0.88	0.52**	-7.77***	122.00
38. 我和陌生人交流用本地话	2.99	1.17	0.57**	-9.01***	121.93
40. 18岁以上的男孩/女孩可以决定在什么时间和谁约会/结婚	3.44	1.02	0.23**	-2.62*	122.00
42. 我做事或考虑事情会遵循本地的方法	3.50	0.99	0.55**	-7.93***	109.40
44. 我现在很难接受本地人的习惯、态度、行为和价值观等	2.71	1.10	0.23**	-4.18***	122.00
45. 我在家喜欢吃本地的食物	3.63	0.99	0.60**	-8.69***	98.73
47. 我经常去拜访或经常拜访我的大多是本地的朋友	3.25	1.07	0.59**	-11.48***	122.00

续表

项目	均值	标准差	题总相关	组间差异	
				t 值	自由度
48. 我认为学习和了解本地的习惯、传统和价值观很重要	3.87	0.85	0.54 **	-7.17 ***	86.58
55. 我和亲朋好友交流用本地话	2.99	1.27	0.59 **	-10.36 ***	122.00

注：* $p<0.05$，** $p<0.01$，*** $p<0.001$。

（二）验证性因素分析

我们对三因子模型进行了验证性因素分析，并结合 Mplus 显示的因子负荷和修正指标对模型进行了修正，删除了其中因子载荷过低或者拟合较差的6个项目。同时我们检验了两个竞争模型，三种模型的拟合指标见表4-3。我们可以看到，ASERM-*R* 和 ASREM-*U* 三因子模型的拟合指标均显示模型拟合可接受。此外，所有项目的因素负荷在 $p<0.001$ 水平均显著。

表4-3　　ASREM-R 和 ASREM-U 的模型拟合指标

模型	χ^2	*df*	RMSEA	CFI	TLI	AIC	BIC
ASREM-*R*							
模型1	523.237 ***	152	0.102	0.853	0.835	12066.504	12263.943
模型2	491.109 ***	151	0.098	0.865	0.848	12034.577	12235.479
模型3	369.152 ***	149	0.079	0.913	0.900	11941.579	12149.409
ASREM-*U*							
模型1	589.809 ***	170	0.102	0.842	0.824	12770.309	12978.139
模型2	526.695 ***	169	0.095	0.866	0.849	12713.313	12924.607
模型3	365.722 ***	167	0.071	0.925	0.915	12608.563	12826.784

注：*** $p<0.001$。

在原文化保留和城市文化适应分量表中，一维模型和双因子模型对数据的拟合都很差。此外，三因素模型的 AIC 和 BIC 均小于其他两种模型，这意味着三因素模型比一维和双因素模型具有更充分的适用性。

因此，ASREM 的结构符合三因素模型（表4-4）。总的来说，最终版本的 ASREM 包含 39 个，其中 19 个 ASREM-R 和 20 个 ASREM-U。在 19 个 ASREM-R 中，4 个属于语言维度，9 个属于认同维度，其余 6 个属于行为维度。在 20 个 ASREM-U 中，同样有 4 个属于语言维度，9 个属于认同维度，其余 7 个属于行为维度。

表 4－4　　验证性因素分析结果

维度	ASREM-R	因子载荷	ASREM-U	因子载荷
语言	项目 22	0.733***	项目 3	0.620***
	项目 43	0.855***	项目 30	0.924***
	项目 49	0.783***	项目 38	0.702***
	项目 52	0.682***	项目 55	0.765***
行为	项目 6	0.590***	项目 9	0.452***
	项目 7	0.634***	项目 17	0.609***
	项目 27	0.237***	项目 21	0.494***
	项目 39	0.633***	项目 35	0.530***
	项目 41	0.599***	项目 37	0.588***
	项目 51	0.647***	项目 45	0.685***
			项目 47	0.659***
文化认同	项目 2	0.562***	项目 4	0.473***
	项目 11	0.603***	项目 13	0.651***
	项目 16	0.707***	项目 14	0.433***
	项目 20	0.349***	项目 15	0.624***
	项目 24	0.545***	项目 18	0.666***
	项目 28	0.360***	项目 19	0.674***
	项目 36	0.665***	项目 23	0.639***
	项目 46	0.352***	项目 31	0.370***
	项目 50	0.480***	项目 48	0.652***

注：*** $p < 0.001$。

此外，ASREM 各分量表与维度之间的相关性见表 4－5。我们可以清楚地看到，各个维度之间的相关比与总分的相关小。说明三个维度之间存在一定的关系，三个维度构成了一个高阶因子。值得注意的是，虽然

ASREM-R 与 ASREM-U 之间存在显著相关（$r=0.21$，$p<0.01$），但相关系数较小。Nguyen 等（1999）认为原文化保留和城市文化适应存在相关性仍然支持双线性模型，因为它们并不像线性模型所暗示的那样是完全负相关。① 因此，上述结果仍然符合文化适应的双线性模型。

表 4－5　　ASREM 分量表与维度之间的相关性

维度	2	3	4	5	6	7	8
1. *R－L*	0.49***	0.41***	－0.08	0.01	0.02	0.71***	－0.02
2. *R－B*		0.67***	0.21**	0.19**	0.20**	0.86***	0.23***
3. *R－I*			0.26***	0.23***	0.17**	0.89***	0.26***
4. *U－L*				0.54***	0.43***	0.18**	0.76***
5. *U－B*					0.69***	0.19**	0.89***
6. *U－I*						0.17*	0.87***
7. ASREM-*R*							0.21**
8. ASREM-*U*							

注：*** $p<0.001$，R－L 表示 ASREM-R 中语言维度的得分；R－B 代表 ASREM-R 中行为维度得分；R－I 表示 ASREM-R 中文化认同维度的得分。U－L 表示 ASREM-U 的语言维度得分，U－B 表示 ASREM-U 的行为维度得分；U－I 表示 ASREM-U 中文化认同维度的得分。

（三）信度

1. 克隆巴赫 α 系数

为了评估每个维度是否同质，我们计算了删除每个条目后的 Cronbach's α 系数，当这个值几乎与整体 Cronbach's α 系数值相同或更低时，这一项对于量表的同质性的损害是显著的。结果表明，在这个分析过程中没有项目需要删除。

随后，我们对量表进行了信度分析。结果显示，ASREM-R 总分的 α 系数值为 0.84。在语言、行为、文化认同方面，Cronbach's α 系数值分别为 0.80、0.62 和 0.69。与此同时，ASREM-U 总分的 α 系数为 0.87。在

① Nguyen，H. H.，Messé，L. A. and Stollak，G. E.，"Toward a More Complex Understanding of Acculturation and Adjustment：Cultural Involvements and Psychosocial Functioning in Vietnamese Youth"，*Journal of Cross－Cultural Psychology*，Vol. 30，No. 1，1999，pp. 5－31.

语言、行为、文化认同方面，α 系数值分别为0.82、0.72 和0.76。

2. 复合信度

复合信度分析的结果表明，ASREM-R 的复合信度（语言：CR = 0.81；行为：CR = 0.64；认同：CR = 0.70）和 ASREM-U 的复合信度（语言：CR =0.82；行为：CR =0.73；认同：CR =0.77）都达到了良好水平。

三 讨论

本节形成了 ASREM 最终版本，验证性因子分析和信度分析的结果表明新编制的老年人文化适应量表具有较好的信度和结构效度。然而，上述的研究还有以下两个问题需要进一步解决。

首先，ASREM 的三因素模型在另一个新的进城老年人样本中是否能保持稳定尚不清楚。

其次，ASREM 能否区分进城老年人和城市老年居民，这是该量表是否有较好效度的一个最重要的指标。正如 Landrine 所言，如果文化适应量表确实有效地反映了老年移民群体的文化适应程度，那么依据文化适应量表的评分应该能够区别出移民群体和非移民群体。①

为了回答上面两个问题，我们又进行了下面的研究。

第四节 模型验证和城市居民对比

一 方法

（一）被试

研究对象为240 名进城老年人和485 名55 岁及以上的城市老年居民。在进城老年人样本中，有76 名男性（平均年龄64.20 ±6.58 岁）和163 名女性（平均年龄62.97 ±5.78 岁）；1 人未报性别，1 人未报年龄。在教育年限上，9.6% 的老年人未接受过任何教育，在主试的帮助下完成问

① Landrine, H., Klonoff, E. A. and Wilkins, P., "Cross Validation of the African-American Acculturation Scale", In 102nd Annual Convention of the American Psychological Association, Los Angeles, 1994.

卷的填写；29.6%的老年人受教育年限在6年以下；30.4%的老年人接受了6年以上9年以下的教育；32.4%的老年人接受了9年以上的教育。

在城市老年人样本中，有160名男性（68.89±8.72岁）和324名女性（平均年龄67.51±8.56岁）；1人没有报告性别，7人没有报告年龄；7.8%的老年人未接受过任何教育；29.5%的老年人受教育年限在6年以下；41%的老年人接受了6年以上9年以下的教育；21.6%的老年人接受了9年以上的教育。

（二）研究工具

研究材料是新开发的ASREM。其中，城市文化适应子量表对两类老年人有着相同的意义，可以反映两类老年人对城市文化适应的水平。原文化保留维度对于两类老年人则具有不同的意义：对于进城老年人来说，原文化保留测量的是个体对原文化保留倾向的程度，而对于城市老年人来说，由于缺少相关的经验，我们要求这类老年人凭借自己对相关项目描述内容的印象，对其符合自己态度或想法的程度作出判断。因此，原文化保留维度对于城市老年人来说反映的是其对原文化的态度。

（三）研究程序

研究程序同研究二。

（四）数据分析

首先，为了重复三维模型的CFA结果，进一步验证研究二中ASREM结构的稳定性，我们采用了Mplus7的验证性因子分析和稳健加权最小二乘法来测试三维模型。其次，我们使用信度分析的方法检验量表的信度。最后，我们通过独立样本t检验比较进城老年人和城市老年居民的ASREM-R和ASREM-U三个维度得分及总分。如果进城老年人与城市老年居民在文化适应得分上存在显著差异，则说明ASREM能够准确区分两组人群。这可以为ASREM的有效性提供另一个依据。

二　结果

（一）验证性因素分析

为了检验三维模型的稳定性，我们使用新的样本进行了验证性因素分析。模型拟合结果显示，ASREM-R和ASREM-U三因子模型的拟合指标均在可接受的范围（ASREM-R：$\chi^2/df=2.339$，RMSEA＝0.075，CFI

=0.913，TLI =0.900；ASREM-U：χ^2/df =2.456，RMSEA =0.078，CFI =0.918，TLI =0.907）。ASREM 的三因素模型在另一个进城老年人样本中也得到了验证，表明两个分量表三因素的因子结构是稳定的。

（二）信度

1. 克隆巴赫 α 系数

ASREM-R 总分的 Cronbach's α 系数值为 0.77。在语言、行为、文化认同方面，Cronbach's α 系数值分别为 0.67、0.60 和 0.65。

ASREM-U 总分的 Cronbach's α 系数值为 0.85。在语言、行为、文化认同方面，Cronbach's α 系数值分别为 0.80、0.68 和 0.71。

2. 复合信度

ASREM-R 的复合信度较好（语言：CR =0.68；行为：CR =0.62；认同：CR =0.65）。同样，ASREM-U 也表现出良好的复合信度（语言：CR =0.81；行为：CR =0.68；认同：CR =0.72）。

（三）效度

三因素模型拟合结果表明 ASREM 有良好的结构效度（详见“（一）验证性因素分析”）。

（四）不同群体的文化适应差异

表 4 -6 的数据显示，对于 ASREM-R，进城老年人各维度得分均显著高于城市居民；而在 ASREM-U 上，进城老年人各维度得分均显著低于城市居民。这些结果表明，ASREM 很好地区分了迁移群体和非迁移群体。这也有力地支持了 ASREM 的效度。

表 4 -6　　进城老年人和城市老年居民各维度文化适应差异检验

分量表	城乡移民	城市居民	*t*
ASREM-*R*			
语言	15.63（2.81）	10.44（2.98）	22.50***
行为	22.93（3.52）	18.15（4.39）	15.85***
认同	32.25（5.23）	27.90（5.70）	9.92***
总分	70.81（9.70）	56.48（11.21）	17.76***
ASREM-*U*			
语言	12.73（4.19）	14.58（3.20）	-6.04***
行为	24.60（4.58）	26.19（3.85）	-4.63***

续表

分量表	城乡移民	城市居民	t
认同	34.47 (4.80)	35.50 (4.36)	−2.90**
总分	71.80 (11.27)	76.27 (9.76)	−5.25***

注：$*p<0.05$，$***p<0.001$。

三 讨论

本研究验证了三因素模型的信度和 ASREM 的区分效度。除上述效度外，效标关联效度也是一个重要的效度指标。因此，有必要进一步检验新编制的进城老年人文化适应量表的效标关联效度。此外，由于采用不同文化适应策略老年人文化适应水平不同，新编制的文化适应量表是否在采用不同文化适应策略的进城老年人群中存在显著的差异，也是该量表有效性的一个重要指标。因此，在下个研究中，我们也将进一步探讨采用不同的文化适应策略的人在文化适应及相关心理结构上的差异，从而进一步检验量表效度。

第五节 效标关联效度和区分效度

一 本节概述

本节的主要目的是检验老年人文化适应量表的效标关联效度。我们将采用以下指标来检验该量表的效度。

首先，希望。以往的研究表明，希望对老年人来说很重要，由于文化适应挑战所带来的逆境，移民可能会体验到不同程度的希望感的丧失（Rogler et al.，1991,）。因此，我们认为，文化适应成功的进城老年人可能会有更高水平的希望，这将帮助他们更好地应对生活中的挫折和困难。基于此，我们预期 ASREM 与希望之间关系显著。

其次，自我完整性。根据自我完整性理论，人们寻求保持一种整体的自我完整性意识，即认为自己总体上是优秀的、适应力强的人。① 适应力强是指一个人的思想和行为符合其所处的社会和文化背景的要求。因

① Steele，C. M.，"The Psychology of Self-affirmation：Sustaining the Integrity of the Self"，*Advances in Experimental Social Psychology*，Vol. 21，No. 2，1998，pp. 261－302.

此，不难理解，农村老年人在进入一个全新的文化环境时，他们的人格会受到威胁。我们预期 ASREM 与自我完整性之间存在显著的关系。

最后，社会支持。社会支持是指人们在正式支持团体和非正式帮助关系中认为可用或非专业人士实际提供给他们的社会资源。① 社会支持可能是一种随着个人经历的外部事件而改变的心理结构。② 文化适应差的个体可能会经历一定程度的排挤，产生难以融入新文化环境的感觉。基于此，个体可能会改变人们对现有社会支持的看法，即使在他们的实际社会支持系统并未发生变化的情况下也可能会削弱他们对社会支持的评价水平。

除了以上效标变量外，我们也比较了采用不同文化适应策略个体之间在不同效标变量得分上的差异。根据之前的文献，在文化适应的四种策略中，整合策略与最佳心理适应结果相关。③ 因为采取这种策略的个体在文化适应挑战中具有双重应对能力和双重社会支持网络（Berry and Sabatier，2011）。同时，边缘化策略往往与适应不良的后果联系较为密切。因此，如果采用不同文化适应策略的个体在效标变量上的得分存在显著差异，特别是在采用整合策略的个体和边缘化策略的个体之间存在显著差异，则可以在一定程度上表明 ASREM 的分数可以敏感地反映不同文化适应策略，这也可以为 ASREM 效度提供一个有力的证据。

二 方法

（一）被试

被试为 229 名年龄在 55 岁及以上的进城老年人。其中，男性 88 人（平均年龄 65.18 ± 6.61 岁），女性 141 人（平均年龄 63.78 ± 6.77 岁）。在教育年限上，14% 的老年人未接受过任何教育，在主试的帮助下完成

---

① Gottlieb，B. H. and Bergen，A. E.，"Social Support Concepts and Measures"，*Journal of Psychosomatic Research*，Vol. 69，No. 5，2010，pp. 511 – 520.

② Hashemi，N.，Marzban，M.，Sebar，B.，et al.，"Acculturation and Psychological Well-being Among Middle Eastern Migrants in Australia：The Mediating Role of Social Support and Perceived Discrimination"，*International Journal of Intercultural Relations*，Vol. 72，2019，pp. 45 – 60.

③ Zheng，X.，Sang，D. and Wang，L.，"Acculturation and Subjective Well-being of Chinese Students in Australia"，*Journal of Happiness Studies*，Vol. 5，No. 1，2004，pp. 57 – 72.

问卷的填写；27.2%的老年人受教育年限在6年以下；30.7%的老年人接受了6年以上9年以下的教育；28.1%的老年人接受了9年以上的教育。

（二）研究工具

1. 进城老年人文化适应

研究材料是新开发的ASREM。

2. 希望

希望量表（ADHS）由Snyder[①]设计，用于测量希望感。ADHS包含8个项目，使用4点计分来表示被试对每个问题的同意程度（1="绝对错误"，4="绝对正确"），得分越高表示希望水平越高。在本研究中，该量表的Cronbach's α系数为0.84。

3. 自我完整性

使用Sherman等设计的自我完整性量表来评估对自我完整性的感知（Sherman et al.，2009）。量表包含8个项目（如我觉得我基本上是个有道德的人）。使用7点计分（1="非常不同意"，7="非常同意"）来表示被试对每个项目的同意的程度。得分越高，说明被试的自我完整性水平越高。在本研究中，该量表的Cronbach's α系数为0.84。

4. 社会支持

我们从12个项目的领悟社会支持多维量表[②]中选取因子载荷最高的5个项目（如"我可以在需要时从家人那里获得情感支持和帮助"）来测量被试的感知社会支持。量表采用7点计分（1="非常不同意"，7="非常同意"）。以往使用这五个条目测量社会支持的研究表明，这五个项目具有良好的信度，可以有效地反映被试知觉到的社会支持水平（张何雅婷等，2020）。在这项研究中，5个项目的Cronbach's α系数0.77。

（三）研究程序

研究程序同研究二。

① Snyder, C. R., "Conceptualizing, Measuring, and Nurturing Hope", *Journal of Counseling and Development*, Vol. 73, No. 3, 1995, pp. 355-340.

② Cheng, S. T. and Chan, A. C., "The Multidimensional Scale of Perceived Social Support: Dimensionality and Age and Gender Differences in Adolescents", *Personality and Individual Differences*, Vol. 37, No. 7, 2004, pp. 1359-1369.

（四）数据分析

首先，我们用相关分析来检验量表的效标关联效度。其次，根据 ASREM-R 和 ASREM-U 的评分规则，我们将进城老年人分为四组，分数从高到低进行排序。分数在 ASREM-U 前 33% 和 ASREM-R 后 33% 的被试被界定为同化策略组；分数在 ASREM-U 和 ASREM-R 前 33% 的被试者被界定为整合策略组；ASREM-U 的分数在后 33%，同时 ASREM-R 的分数在前 33% 的人则被划分到分离策略组；两个分量表的分数都在最低 33% 的被试划分到边缘化策略组。然后，我们对四组被试人员在其他变量的得分进行了单因素方差分析和 LSD（同质方差）或 Games-Howell（异质性方差）事后检验，比较四种策略对三个效标的不同影响，以为 ASREM 寻求判别效度。

三 结果

（一）效标关联效度

在效标效度方面，ASREM-U 与希望之间存在显著正相关（$r=0.33$，$p<0.001$），ASREM-R 与希望之间存在显著正相关（$r=0.23$，$p<0.01$）。同时，ASREM-U 与自我完整性呈正相关（$r=0.20$，$p<0.01$），ASREM-R 也与自我完整性呈正相关（$r=0.13$，$p<0.05$）。ASREM-U 与社会支持呈正相关（$r=0.19$，$p<0.01$），ASREM-R 也与社会支持呈正相关（$r=0.14$，$p<0.05$）。这些结果不仅说明 ASREM 具有良好的效标效度，也从侧面说明 ASREM-R 和 ASREM-U 之间的独立性，即它们与希望、自我完整性和感知社会支持的相关性并不完全相反。

（二）采用不同文化适应策略者文化适应水平的差异

根据上述关于文化适应策略分组的标准，有 35 名参与者被归类为整合策略组，16 名被归类为同化策略组，12 名被归类为分离策略组，49 名被归类为边缘化策略组。表 4－7 显示了四组在希望、自我完整性和社会支持方面的平均值和标准差。

在希望方面，文化适应策略对希望有显著影响，$F(3, 107)=12.90$，$p<0.001$。在 LSD 检验中，边缘化与同化（$p<0.001$）、边缘化与分离（$p<0.01$）、整合与边缘化（$p<0.001$）在希望上存在显著差异。

与此同时，在自我完整性方面，文化适应策略对自我完整性有显著影响，$F(3, 104) = 3.20$，$p < 0.05$。在 LSD 检验中，整合与边缘化对自我完整性的影响有显著性差异（$p < 0.01$）。

最后，我们还发现文化适应策略对社会支持的显著影响，$F(3, 106) = 3.06$，$p < 0.05$。在 LSD 检验中，边缘化与同化（$p < 0.05$）、边缘化与整合（$p < 0.05$）在社会支持上存在显著差异。

这些结果表明，不同的文化适应策略对希望、自我完整性和社会支持有不同的影响，表明 ASREM 能够准确地区分四种策略。

表 4-7　四种策略中的希望、自我完整性、社会支持的均值和标准差

四种策略	希望 *M*（*SD*）	自我完整性 *M*（*SD*）	社会支持 *M*（*SD*）
整合组	27.03（3.29）	45.97（7.35）	27.71（4.86）
同化组	26.39（3.21）	44.53（5.15）	28.06（4.06）
分离组	26.00（3.49）	43.91（5.15）	26.17（2.76）
边缘化组	22.69（3.48）	41.62（6.26）	24.92（5.27）

四　讨论

从相关分析结果来看，ASREM 具有良好的效标效度，高 ASREM-R 和高 ASREM-U 得分与良好结果密切相关，低 ASREM-R 和低 ASREM-U 得分与不良结果密切相关。因此，本节对 ASREM 的效标效度和判别效度进行了验证。

第六节　讨论

我们的研究检验了 ASREM 的因素结构和心理测量学特性。首先，我们初步建立了 ASREM 的初始项目库，并对项目的内容效度进行了测试。其次，我们形成了 ASREM 的最终版本，验证性因子分析支持了文化适应的三因素模型，并对量表的信度进行了检验。再次，我们的结果进一步支持了三因素模型的稳定性，并提供了 ASREM 的判别效度。最后，我们的研究进一步考察了老年人文化适应量表的效标效度，并探讨了不同的文化适应策略与效标变量之间的关系。四个研究的结果为 ASREM 的结构、良好的信度和效度提供了有力的证据支持，表明 ASREM 是一种有效且可靠的测量文化适应的工具。

一 文化适应的双线性和多维度

根据本研究结果，进城老年人的文化适应应该是双线性的多维结构。单维模型和双线性模型之间的主要区别在于每种模型如何处理原始文化保留和城市文化适应之间的关系。虽然单维模型可以用很少的概念来衡量同化过程，具有简洁性，但这是该模型经常受到批评的主要原因（Nguyen and Von Eye，2002）。另一个关于这个模型最多的批评是该模型认为对原文化的认同和对新文化的认同是相互排斥的。[①] 也就是说，尽管在现实生活中大量的移民经常将自己描述为墨西哥裔美国人或华裔美国人，而不是单一的文化身份，但单维模型不允许移民个体拥有双重文化身份。

双线性模型很好地解决了这一问题，它承认个体的双重文化身份，并强调这两种文化之间的关系是独立的，也就是说，在双线性模型中，新文化和原文化具有完全不同的文化语境，它们并不是完全对立的，而是相互独立的。因此，双线性模型更适用于描述进城老年人的文化适应过程，它已然成为开发一些二维文化适应量表的理论基础。但在已有的某些文化适应量表中，由于两个分量表之间负相关性过高，这种独立性假设似乎并没有得到验证。研究者关注到了这些较强的负相关，并比较了那些成功验证了新文化与原始文化之间独立性假设的量表和那些没有验证文化适应独立性的量表。结果发现，将成对频率格式纳入文化适应工具可能会损害双线模型中两种文化取向的独立性（Kang，2006）。因此，我们从最初的项目筛选就排除了使用配对频率格式的项目，以确保量表的合理性。并且在检验 ASREM-R 和 ASEMR-U 之间的相关性时，也确实发现了 ASEMR 中每个文化的独立性。同时 ASEMR 能很好地区分四种文化适应策略也再次验证了中国进城老年人的文化适应确实符合文化适应的双线性模型。

---

① Rogler，L. H.，Cortes，D. E. and Malgady，R. G.，“Acculturation and Mental Health Status Among Hispanics：Convergence and New Directions for Research”，*American Psychologist*，Vol. 46，No. 6，1991，pp. 585 – 597.

除了双线性外，我们的研究还探索了文化适应的多维本质。具体来说，进城老年人的文化适应由语言、文化认同和行为三个维度构成。我们选择三因素结构作为文化适应框架有三个原因：首先，语言一直以来都是衡量文化适应的一个重要指标，其本身也是文化的产物，受到了众多学者的关注。对进城老年人而言，为了更好地适应城市生活，首要问题就是解决语言沟通障碍，语言融合已然成为流动人口社会融合的基础，当地方言的掌握有助于增强个体的融入感。

其次，文化认同是群体主观归属感的重要体现，它是指个人基于种族或文化而保持的意识形态、信仰、价值观和身份认同。许多心理学家认为认同是文化适应的一个重要方面，是个体面对另一种异于自身存在的东西时，所产生的一种保持自我同一性的反应。

最后，行为文化适应指的是个体在日常生活中对涉及文化的活动的适应。个人在日常生活中几乎所有的文化活动都与此相关，涉及生活的方方面面，因此行为维度也受到了研究者的广泛关注。行为适应是进城老年人面对新的生活环境需要做出适应的一个重要方面。

二　老年人文化适应量表

ASREM 总体上具有较好的信度和效度。关于 ASREM 量表，高 Cronbach's α 系数得分和 CR 表明所有项目之间具有较高一致性，这意味着该组项目很好地测量了相同的结构[①][②]。此外，我们的研究结果也表明 ASREM 量表具有较好的内容效度和结构效度。ASREM 量表与希望、自我完整性和感知社会支持的显著相关表明该量表具有很强的效标效度。在区分效度方面，不同的文化适应策略对希望、自我完整性和社会支持有不同的影响。此外，ASREM-R 和 ASREM-U 得分在城乡老年移民和城市老年居民之间存在显著差异，这也为区分效度提供了依据。这些结果均证明 ASREM 是一种有效、可靠的文化适应工具。

---

① Cronbach, L. J., "Coefficient Alpha and the Internal Structure of Tests", *Psychometrika*, Vol. 16, No. 3, 1951, pp. 297 – 334.

② Raykov, T., "Coefficient Alpha and Composite Reliability with Interrelated Nonhomogeneous Items", *Applied Psychological Measurement*, Vol. 22, No. 4, 1998, pp. 375 – 385.

综上所述，本研究基于双线性模型，开发了一套适用于进城老年人的文化适应水平的评价工具。信度和效度检验表明，老年人文化适应量表可以稳定、有效地测量文化适应水平。在实践应用中，它可以用来衡量和了解进城老年人的文化适应水平，为进一步有效应对不良文化适应提供了前提条件。同时，应用该量表也可以为解决城乡文化融合问题提供理论依据。

第七节 本章小结

本章主要对开发的老年人文化适应量表进行项目分析和信效度检验，并通过验证性因素分析和模型比较以获取 ASREM 的最优模型，从而确定 ASREM 的结构。首先，通过内容效度分析和项目分析，最终版本的 ASREM 包含 39 个，其中有 19 个 ASREM-R 和 20 个 ASREM-U。其次，验证性因子分析显示 ASREM 的结构符合三因素模型，可以分为语言、文化认同和行为三个维度。最后，信度分析结果显示，两个分量表的 Cronbach's α 系数和复合信度都达到了良好水平。这说明 ASREM 的最终版本具有较好的信度。

本章又针对 ASREM 的三因素模型的稳定性以及是否能区分进城老年人和城市老年人展开了研究。通过分析新样本的数据发现，ASREM 三维模型结构的稳定性得到了支持，ASREM 也能有效区分进城老年人和城市老年人。

本章还检验了 ASREM 的效度，通过希望、自我完整性和社会支持这三个效标来检验老年人文化适应量表的效标关联效度。结果发现，ASREM-U 和 ASREM-R 都与三个效标呈正相关，说明 ASREM 具有良好的效标效度，也从侧面说明 ASREM-R 和 ASREM-U 之间的独立性。同时，本章对采用不同文化适应策略个体之间在不同效标变量得分上的差异进行了比较，发现文化适应策略对感知社会支持的显著影响，表明 ASREM 能够准确地区分四种策略。

第五章

进城老年人文化适应的现状与特征

第一节　背景与研究问题

一　进城老年人的文化适应问题

城市化和老龄化是当前中国社会发展的显著特征。近年来，随着城市化进程的不断加快，农村流入城市的人口已经不再局限于青壮年，大量农村老年人也开始随着子女进入城市。同时，一些乡村在优越的国家政策下逐渐演变为城市的一部分，让原本的农村老年人不得不被动地融入城市生活。然而，进城老年人在享受城市先进生活条件的同时，也面临各种困境和难题，如社会制度和政策对于进城老年人还存在着盲区，城市和农村在价值观念上还存在着显著的差异，生活方式的转换上表现出了一定的困难，以及社会支持系统被弱化等等。此外，大多数情况下，进城老年人更容易被排斥在城市主流文化之外，体验到更低的城市归属感。[①] 这些问题显著影响了进城老年人城市生活的适应水平和生活质量。

目前，我国已有研究者对进城老年人群体的生活适应问题进行了一定探讨。如刘敏和崔彩贤的研究结果发现，因为社会支持网络被削弱、角色认同低下、消费观念难以改变、日常休闲方式单一等问题，进城老年人在城市环境中更倾向于不表达、不行动，因而不能很好地适应城市

① 周相君：《关于中国随迁老人相关问题的文献分析》，《社会与公益》2020 年第 10 期。

生活。[1] 张新文等人的研究也发现，由于经历着城乡文化差异与排斥、身份认同感缺失、交往行为中断等问题，进城老年人的社会融入和社会适应水平更低。[2] 此外，还有研究表明，由于存在着明显的适应困难，进城老人的精神健康状况更差，焦虑和抑郁的发生率也较高。[3] 这些研究证据都表明，对于进城老年人来说，文化适应问题已经成为影响他们身心健康的主要因素之一。

二 进城老年人文化适应的本质

文化适应是指从一种文化环境转移到另一种与其原本生活的文化环境不同的异文化中后，个体基于对两种文化认知和感情的依附做出的一种有意识、有倾向的文化调整。[4] 文化适应最初被界定为一种带来社会结构转变的群体现象。而后，文化适应的定义扩展到了个体层面，包括心理文化适应和行为文化适应。鉴于文化适应是一个长期的、易变的过程，跨文化接触可能会导致不同文化之间的相互影响，这些相互影响的结果也是文化适应的一种表现形式。

对于进城老年人来说，他们的文化适应主要表现为对原文化的保留和对新文化的接纳。由于受到早期国情和所从事职业的特殊性等因素的影响，进城老年人一般文化水平较低。他们在包括价值观念、思维方式、生活方式、行为方式、交际方式在内的多层次的文化适应过程中都面临明显的困境。[5] Berry 认为处于文化适应过程中的个体将面临两个基本问题，即是否趋向于保留本族群的文化传统和身份，以及是否趋向于和新文化群体接触并参与到新文化群体的活动中。依据对这两个问题的回答，个体在文化适应过程中采取的文化适应方式可分为四类，包括整合、同化、分离和边缘化（Berry，1980）。因此，了解进城老年人的原文化保留

---

① 刘敏、崔彩贤：《社会工作介入进城农村老年人的文化适应》，《学理论》2014 年第 9 期。

② 张新文、杜春林、赵婕：《城市社区中随迁老人的融入问题研究——基于社会记忆与社区融入的二维分析框架》，《青海社会科学》2014 年第 6 期。

③ 刘庆：《文化适应与精神健康——基于对深圳市随迁老人的问卷调查》，《四川行政学院学报》2018 年第 3 期。

④ 王亚鹏、李慧：《少数民族的文化适应及其研究》，《集美大学学报》2004 年第 1 期。

⑤ 马飞：《论体育与农村进城老年人市民化》，《运动》2012 年第 22 期。

和城市文化适应的基本情况，能够在一定程度上反映他们的文化适应策略，而不同的适应策略又会导致不同的文化适应压力，进而对老年人的文化适应过程产生影响。

三　研究问题

综上所述，进城老年人是城市中流动人口的重要组成部分。初步了解文化适应水平的基本概况及文化适应的主要策略，对于提高进城老年人的生活质量，促进社会的和谐稳定具有重要的实践价值。此外，值得注意的是，文化适应是一个动态的、发展的过程（Yoon et al.，2020），单纯地从横断视角，可能并不能全面地了解进城老年人文化适应的基本情况。因此，本研究通过横向和纵向两种不同的视角，对进城老年人、城市间流动老年人和城市本地老年人这三类人群进行比较，以探讨进城老年人文化适应的现状、特征以及随时间变化的大致趋势，明晰流动迁移和农村背景对个体文化适应过程的潜在影响，并初步了解进城老年人群可能使用的文化适应策略。

第二节　老年人文化适应的横向对比

一　研究方法

（一）研究对象

本研究在北京、西安两个城市的 9 个中等规模社区随机招募 1212 名老年人作为研究对象。被试的年龄在 55—95 岁，平均年龄 66.43（$SD=7.27$）岁。其中，进城老年人共307 名，城市间流动老年人共212 名，城市本地老年人共693 名。男性403 名，女性805 名。

（二）研究工具：文化适应量表

文化适应量表由 39 个项目组成，分为原文化保留（19 个项目）和城市文化适应（20 个项目）两个分量表，每个分量表都由语言、行为、文化认同三个维度构成。

该量表分为两个版本，两个版本的差异体现在对原文化保留相关条目的描述上，在进城老年人的版本中，对原文化描述的项目使用“农村”来指代原文化环境（如“我的着装和来自农村的人很像”），测量进城老年人对原文化保留的程度；在城市间流动老年人的版本中，使用“家乡”来指代原文化环境（如“我的着装和来自家乡的人很像”），测量城市间流动老年人对自身以往文化的态度或认同水平。城市本地老年人使用和进城老年人相同的版本。但对于城市老年人而言，由于缺少相关的生活经验，原文化保留分量表反映的是对农村文化的态度。因此，在后续的数据分析中不再关注城市老年人原文化保留分量表的得分与其他两类老年人的差异。

量表采用5点计分，原文化保留分量表得分越高说明原文化保留越多，城市文化适应分量表得分越高说明城市文化适应越好。效度分析的结果表明，该量表具有良好的内容效度、效标效度和结构效度。在本研究中，原文化保留分量表的Cronbach's α 系数为0.84，语言、行为和认同三个维度的Cronbach's α 系数分别为0.80、0.62、0.69；城市适应分量表的Cronbach's α 系数为0.87，语言、行为和认同这三个维度的Cronbach's α 系数分别为0.82、0.72、0.76。

（三）数据分析

采用SPSS 23.0进行差异检验，对进城老年人、城市间流动老年人和城市本地老年人的文化适应得分进行横向比较，探讨农村环境和迁移对文化适应水平的影响。

二 结果

（一）老年人原文化保留的差异比较

鉴于进城老年人和城市间流动老年人存在对原文化的保留，因此本研究只对这两组老年人原文化保留各维度（语言、行为、文化认同）及总分进行独立样本 t 检验，以检验两组间差异。结果见表5-1。

根据表5-1，在原文化保留各维度及其总分上，各组得分之间均存在显著差异。具体而言，在原文化保留的语言（$t=3.62$，$p<0.001$）、行为（$t=4.53$，$p<0.001$）、文化认同（$t=4.11$，$p<0.001$）维度及总分（$t=4.02$，$p<0.01$）上，进城老年人的得分均高于城市间流动老年人。也就是说，相对于城市间流动老年人，进城老年人对原文化各方面的保留程度更高。

表5－1　　不同类型老年人原文化保留分量表的平均分及标准差

	进城老年人	城市间流动老年人	t
语言	4.00（0.69）	3.53（0.83）	3.62***
行为	3.84（0.54）	3.50（0.65）	4.53***
文化认同	3.68（0.54）	3.31（0.60）	4.11***
原文化保留总分	3.80（0.46）	3.42（0.57）	4.02***

注：⊞$p<0.10$，*$p<0.05$，**$p<0.01$，***$p<0.001$；括号内为标准差。

（二）老年人城市文化适应的差异比较

将城市文化适应各维度及总分进行单因素方差分析，以检验三组间差异，研究结果见表5－2。

在城市文化适应各维度（语言、行为、文化认同）及其总分上，三组得分之间均存在显著差异。事后分析结果表明，在语言、行为适应及城市文化适应总分上，进城老年人与城市间流动老年人之间不存在显著差异（$p>0.05$）。然而，进城老年人和城市间流动老年人的得分均显著低于城市本地老年人（$p<0.01$）。

此外，在文化认同上，城市间流动老年人的得分高于进城老年人（$p<0.05$），而进城老年人、城市间流动老年人的得分均显著低于城市本地老年人（$p<0.05$）。也就是说，城市本地老年人对城市文化的认同最高，城市间流动老年人次之，农村进城老年人最低。

表5－2　　不同类型老年人城市文化适应分量表的平均分及标准差

	进城老年人	城市间流动老年人	城市本地老年人	F
语言	3.14（1.10）	3.15（0.94）	3.67（0.79）	50.23***
行为	3.56（0.65）	3.56（0.60）	3.76（0.57）	17.09***
文化认同	3.73（0.55）	3.83（0.52）	3.96（0.50）	20.25***
城市文化适应	3.56（0.59）	3.60（0.54）	3.83（0.50）	35.38***

注：⊞$p<0.10$，*$p<0.05$，**$p<0.01$，***$p<0.001$；括号内为标准差。

三 讨论

本研究结果表明，进城老年人的原语言、行为、文化认同及原文化保留总分均高于城市间流动老年人。也就是说，与城市间流动老年人相比，进城老年人对原文化各方面的保留程度更高。这个结果在一定程度上表明，相对于原本住在城市的老年人，住在农村的老年人对原文化的态度更加积极。这也支持了以往研究，即对于那些长期生活在农村的进城老年人而言，他们对农村有着内在的依恋情感，而且这种情感会伴随着共同血缘、语言概念以及宗教感情的内化过程而得到加强。因此，他们拥有着对农村社会的根基性情感联系，会更自然地倾向于对原文化保持认同。[①] 此外，还有一种可能的原因是，进城老年人更难适应与原居住地大相径庭的城市环境。与城市间流动老年人相比，农村老年人在进入城市生活后，较低的文化水平会阻碍他们对新语言的学习；更狭窄的居住空间、更高的居住楼层、更细致和烦琐的城市行为规则，都将使他们难以适应与原来完全不同的城市生活，进而对家乡的方言、行为规则产生怀念，加强了他们对原文化的认同。[②] 因此，相比于生活环境变动没有那么大的城市间流动老年人，进城老年人面临更巨大的生活环境变革，在原文化保留的各个方面表现出更高水平。

此外，本研究结果还表明，在城市文化适应维度上，进城老年人与城市间流动老年人在城市语言、行为、文化适应总分上，不存在显著差异，但都显著低于城市本地老年人。同时，在城市文化认同上，城市本地老年人对城市文化的认同最高，城市间流动老年人次之，进城老年人最低。进城老年人和城市间流动老年人都是随迁老年人群中的一员，他们离开了原来熟悉的生活环境，跟随子女来到一个陌生的城市生活，都共同面对着原有社交网络的瓦解、不同环境之间的文化差异与排斥、生活习惯和方式的较大改变，而这也将导致他们共同面临一系列的适应问题。[③] 因此，进城

---

① 刘庆：《漂泊与归根：随迁老人社会认同的实证分析》，《学习月刊》2014 年第 14 期。

② 李岳：《快速城市化下的居民生活环境转换研究》，《山西建筑》2008 年第 4 期。

③ 孔凡磊、孔梅、李程等：《随迁老人国内外相关研究进展》，《中国老年学杂志》2020 年第 11 期。

老年人与城市间流动老年人在城市语言、行为、文化适应总分上，没有表现出显著差异。但是，与一直生活在本地的老年人相比，进城老年人与城市间流动老年人都报告了更低的城市语言、行为、文化适应总分。这一结果表明，相比于农村文化环境，迁移对个体的影响可能更大。也就是说，对于老年人这一弱势群体而言，无论原先处于什么样的生活环境，迁移都会对他们的文化适应产生影响。

此外，在城市文化认同维度上，农村进城老年人的文化认同水平低于城市间流动老年人，这可能支持了刘庆（2014）的观点，即农村居民可能更倾向于认同原文化。① 因此，尽管环境的改变可能迫使进城老年人做出相应的调整，使其在语言、行为、适应总分上与城市间流动老年人不存在显著差异，但是进城老年人面临更巨大的环境变化、更不一致的生活方式，这都会给他们带来认知冲突和适应困难。② 这一情况又反过来加强了他们对原文化的认同，降低了他们对城市文化的积极态度。然而，城市间流动老年人的城市文化认同水平低于城市本地老年人，这表明尽管两类老年人都在城市环境中生活，但是迁移导致的环境变化依旧给城市间流动老年人带来了不适应感，因此，尽管他们对城市文化的认同态度较农村进城老年人高，但依旧低于城市本地老年人。最后，相对于城市本地老年人，进城老年人受原文化环境和迁移的影响，可能会体验到更大的文化冲突，因此在文化认同水平上略低于城市间流动老年人，并与城市本地老年人相差最大。

综上，农村文化环境和迁移都会影响进城老年人的文化适应水平。也就是说，农村文化环境可能会使进城老年人更倾向于认同原文化，不易对城市文化产生认同感；而迁移带来了环境的改变、交往行为中断、归属感缺失等问题，也会影响进城老年人和城市间流动老年人的社会适应水平。③ 因此，迁移和农村文化环境都是进城老年人和城市间流动老年人文化适应过程的风险性因子。未来的社区工作者，可以就这两个方面

---

① 刘庆：《漂泊与归根：随迁老人社会认同的实证分析》，《学习月刊》2014 年第 14 期。

② 刘敏、崔彩贤：《社会工作介入进城农村老年人的文化适应》，《学理论》2014 年第 9 期。

③ 张新文、杜春林、赵婕：《城市社区中随迁老人的融入问题研究——基于社会记忆与社区融入的二维分析框架》，《青海社会科学》2014 年第 6 期。

对进城老年人和城市间流动老年人进行针对性干预，以提升他们的文化适应水平。

第三节 老年人文化适应的纵向比较

一 研究方法

（一）研究对象

本研究从西安、北京两座城市的9个中等规模的社区，选取了55岁以上的老年人为被试。从2018年4月（T1）开始进行第一次施测，之后每隔6个月进行一次追踪测量。共回收三次都参与的有效问卷421份，其中进城老年人88份，城市间流动老年人81份，城市本地老年人252份。进城老年人样本中，男性24名，女性64名，平均年龄为64.68（$SD=5.34$）岁；城市间流动老年人中，男性35名，女性46名，平均年龄为65.43（$SD=6.33$）岁；城市本地老年人中，男性82名，女性170名，平均年龄为67.42（$SD=7.35$）岁。

（二）研究工具

进城老年人、城市间流动老年人、城市本地老年人文化适应水平的测量同本章第二节。

原文化保留分量表中的语言维度三次测量的Cronbach's α系数分别为0.78、0.86、0.77；行为维度三次测量的Cronbach's α系数分别为0.64、0.76、0.73；文化认同维度三次测量的Cronbach's α系数分别为0.63、0.79、0.68。在城市文化适应分量表中，语言维度三次测量的Cronbach's α系数分别为0.83、0.86、0.81；行为维度三次测量的Cronbach's α系数分别为0.74、0.78、0.73；文化认同维度三次测量的Cronbach's α系数分别为0.72、0.78、0.71。

（三）数据分析

采用SPSS 23.0进行重复测量方差分析，探讨不同组别的老年人原文化保留和城市文化适应的各个维度及总分的变化趋势，初步了解进城老年人文化适应随时间的发展情况。

二 结果

（一）老年人原文化保留的差异比较

进城老年人和城市间流动老年人在原文化保留量表上的平均分和标准差见表5-3。

表5-3 老年人原文化保留的平均分及标准差

		进城老年人	城市间流动老年人	城市本地老年人
语言	T1	3.24（1.08）	3.04（1.02）	3.72（0.75）
	T2	3.26（1.15）	3.03（1.02）	3.60（0.84）
	T3	3.25（0.99）	3.20（0.85）	3.55（0.75）
行为	T1	3.66（0.69）	3.61（0.61）	3.80（0.55）
	T2	3.78（0.71）	3.44（0.69）	3.74（0.60）
	T3	3.55（0.65）	3.57（0.54）	3.72（0.57）
文化认同	T1	3.72（0.55）	3.89（0.51）	3.97（0.50）
	T2	3.90（0.55）	3.69（0.64）	3.89（0.54）
	T3	3.79（0.48）	3.75（0.49）	3.84（0.51）
城市文化适应	T1	3.54（0.65）	3.51（0.58）	3.83（0.51）
	T2	3.65（0.68）	3.39（0.66）	3.74（0.56）
	T3	3.53（0.60）	3.51（0.54）	3.70（0.53）

注：括号内是标准差。

采用重复测量方差分析探讨不同组别下老年人的原文化保留各维度及总分的发展趋势。结果表明，在语言保留维度上，组别的主效应显著，$F(1, 167) = 30.62$，$p < 0.001$；时间的主效应不显著，$F(2, 334) = 0.16$，$p > 0.05$；组别和时间的交互作用不显著，$F(2, 334) = 1.13$，$p > 0.05$。在行为的保留维度上，组别的主效应显著，$F(1, 167) = 27.4$，$p < 0.001$；时间的主效应不显著，$F(2, 334) = 0.40$，$p > 0.05$；组别和时间的交互作用不显著，$F(2, 334) = 1.10$，$p > 0.05$。在文化认同维度上，组别的主效应显著，$F(1, 167) = 32.16$，$p < 0.001$；时间的主效应不显著，$F(2, 334) = 0.28$，$p > 0.05$；组别和时间的交互作用不显著，$F(2, 334) = 1.69$，$p > 0.05$。在文化保留总分上，组别的主效应显著，

F（1，167）=39.77，$p<0.001$；时间的主效应不显著，F（2，334）=0.04，$p>0.05$；组别和时间的交互作用不显著，F（2，334）=1.62，$p>0.05$。

总的来说，在三个时间点上，进城老年人原文化保留各维度及总分均高于城市间流动老年人。此外，在纵向水平的比较上，进城老年人和城市间流动老年人原文化保留维度及总分在三个时间点均不存在显著差异。

（二）老年人城市文化适应的差异比较

各类人群在新的城市文化适应分量表上的平均分和标准差见表5－4。

表5－4　　老年人新城市文化适应的平均分及标准差

		进城老年人	城市间流动老年人	城市本地老年人
语言	T1	3.24（1.08）	3.04（1.02）	3.72（0.75）
	T2	3.26（1.15）	3.03（1.02）	3.60（0.84）
	T3	3.25（0.99）	3.20（0.85）	3.55（0.75）
行为	T1	3.66（0.69）	3.61（0.61）	3.80（0.55）
	T2	3.78（0.71）	3.44（0.69）	3.74（0.60）
	T3	3.55（0.65）	3.57（0.54）	3.72（0.57）
文化认同	T1	3.72（0.55）	3.89（0.51）	3.97（0.50）
	T2	3.90（0.55）	3.69（0.64）	3.89（0.54）
	T3	3.79（0.48）	3.75（0.49）	3.84（0.51）
新城市文化适应	T1	3.54（0.65）	3.51（0.58）	3.83（0.51）
	T2	3.65（0.68）	3.39（0.66）	3.74（0.56）
	T3	3.53（0.60）	3.51（0.54）	3.70（0.53）

注：括号内是标准差。

采用重复测量方差分析探讨不同组别下老年人的城市文化适应各维度及总分的发展趋势。结果表明，在新城市文化适应的语言维度上，组别的主效应显著，F（1，418）=24.65，$p<0.001$；时间的主效应不显著，F（2，836）=0.12，$p>0.05$；组别和时间的交互作用不显著，F（4，836）=1.89，$p>0.05$。由于组别主效应显著，进一步分析表明，进城老年人和城市间流动老年人的差异不显著（$p>0.05$），但进城老年人和城市间流动老年人语言适应得分均低于城市老年人（$p<0.001$）。

在行为维度上，组别的主效应显著，$F(1, 418) = 7.97$，$p < 0.001$；时间的主效应不显著，$F(2, 836) = 1.82$，$p > 0.05$；组别和时间的交互作用显著，$F(4, 836) = 2.86$，$p < 0.05$。进一步简单效应分析表明，在进城老年人中，第二次的得分显著高于第三次（$p < 0.01$）；在城市间流动老年人中，发现第一次的得分显著高于第二次（$p < 0.05$）；在城市本地老年人中，发现第一次的得分显著高于第三次（$p < 0.10$）。

在文化认同维度上，组别的主效应显著，$F(1, 418) = 4.52$，$p < 0.001$；时间的主效应不显著，$F(2, 834) = 1.77$，$p > 0.05$；组别和时间的交互作用显著，$F(4, 836) = 4.44$，$p < 0.01$。进一步的简单效应分析表明，在进城老年人中，第一次（$p < 0.01$）、第三次（$p < 0.10$）的得分都显著低于第二次，而第一次的得分与第三次的得分不存在显著差异（$p > 0.05$）。在城市间流动老年人中，第一次的得分显著高于第二（$p < 0.01$）次、第三次（$p < 0.10$），而第二次的得分和第三次的得分不存在显著差异（$p > 0.05$）。在城市本地老年人中，第一次的得分显著高于第二次（$p < 0.10$）、第三次（$p < 0.10$），而第二次的得分和第三次的得分不存在显著差异（$p > 0.05$）。

最后，在新城市文化适应总分上，组别的主效应显著，$F(1, 418) = 17.62$，$p < 0.001$，时间的主效应不显著，$F(2, 836) = 0.90$，$p > 0.05$，组别和时间的交互作用显著，$F(4, 836) = 2.52$，$p < 0.05$。进一步的简单效应分析表明，在进城老年人中，发现第二次的得分显著高于第三次（$p < 0.10$）；在城市间流动老年人中，第一次的得分显著高于第二次（$p < 0.10$）；在城市本地老年人中，第一次的得分显著高于第二次（$p < 0.05$）、第三次（$p < 0.01$），而第二次的得分和第三次的得分之间不存在显著差异（$p > 0.05$）。

三 讨论

本研究结果表明，在三个时间点上，进城老年人原文化保留各维度水平及总分均高于城市间流动老年人，但在纵向水平的比较上，进城老年人和城市间流动老年人的原文化保留维度及总分在三个时间点均不存在显著差异。这一结果与第二节的结果相似，并进一步证实了刘庆(2014)[①] 的观点，说明相比于城市间流动老年人，农村老年人对自己原文化的各个方面都持着更认同的态度，且这些积极态度不太容易随着时间轻易改变。

在城市语言适应上，尽管进城老年人和城市间流动老年人的差异不显著，但得分均低于城市老年人。这一结果支持了 Yoon 等（2020）的观点，即语言是文化适应的内部维度，更难发生改变。尤其，随着年龄的增长，老年人更难去学习一门新的语言，因此进城老年人和城市间流动老年人的得分均低于城市本地老年人。此外，进城老年人和城市间流动老年人的语言适应差异不显著，说明在对老年人城市语言适应的影响中，迁移发挥着主要的作用。

此外，本研究结果还发现，在行为维度上，进城老年人第二次得分显著高于第三次；城市间流动老年人第一次得分显著高于第二次；城市本地老年人第一次得分显著高于第三次。在文化认同维度上，进城老年人第一次和第三次的得分都显著低于第二次；而在城市间流动和城市本地老年人中，第一次得分显著高于第二次和第三次。在文化适应总分上，进城老年人第二次得分显著高于第三次；城市间流动老年人第一次得分显著高于第二次；城市本地老年人第一次得分显著高于第二次和第三次。这些结果表明，随着时间的推移，三类老年人的文化适应水平都发生了相应的变化。同时，结果也验证了前人的观点，即文化适应本质上是一个动态的、发展的过程，个人城市文化的适应和原文化的保留会随着时间的推移而增加、减少或保持稳定（Berry，1997；Yoon et al.，2020）。但是，随着进城老年人从一个原来熟悉的环境到另一个陌生的城市环境生活，生活方式、习惯和规则的差异、原社交网络的断裂、不同文化之间的排斥都可能对他们的文化适应产生影响（池上新，2021）。因此，总的来说，随着时间的推移，进城老年人和城市间流动老年人越来越不适应城市文化，出现适应困难。另外，鉴于不同的文化适应维度代表了文化适应的不同方面，因此个体在不同文化适应维度上也会表现出不同的适应水平及过程。总的来说，在前半年，进城老年人的文化认同水平呈

---

① 刘庆：《漂泊与归根：随迁老人社会认同的实证分析》，《学习月刊》2014 年第 14 期。

上升趋势；在后半年，他们的行为适应、文化认同和城市适应总分呈下降趋势。

最后，随着时间流逝，城市本地老年人的行为适应、文化认同及城市文化适应总分会出现下降趋势。尽管城市本地老年人一直生活在熟悉的文化环境中，但他们作为老年群体中的一员，受过去文化环境的影响，已经形成了相对稳定的认知和行为方式。随着科技的发展，城市文化中日新月异的网络用语、网络技术和日益西化的生活观念和生活方式，也会给他们的适应带来冲突和挑战。因此，随着时间的推移，城市本地老年人在城市行为、城市文化认同、城市文化适应总分上呈下降趋势。

然而，本研究的样本存在局限性。研究样本取自北京市和西安市的多个社区，虽具有一定的代表性，但对于全国进城老年人而言，其代表性略显不足。未来的研究可以扩大被试选取范围，招募一些位于南方大中型城市的进城老年人为被试，以增强样本的代表性。

综上，本研究结果表明，相对于城市间流动老年人，进城老年人对原文化的认同态度更强，且不易随时间发生相应的改变。此外，研究结果还提示我们，尽管进城老年人的城市文化适应会存在困难，但是也不能将他们视作完全的消极个体，因为在第一次到第二次测量的时间内，进城老年人的城市文化认同水平上升。然而，在第二次到第三次测量的时间内，进城老年人的行为适应、文化认同及新城市文化总分呈现下降的趋势，这说明，总体而言，城乡文化间的隔阂依旧难以消除，随着时间的推移，进城老年人的文化适应日益困难。因此，社区工作者应该给予这类老年人持续的关注，帮助他们消除更深层次的文化隔阂，提升他们在城市生活后期的文化适应水平。最后，尽管城市本地老年人从没有离开过原有的熟悉的生活环境，但也值得关注。因为快速发展、日新月异的城市文化依旧给他们带来了冲突与不便，随着时间的流逝，他们对环境的适应会逐渐变差。

第四节　本章小结

通过对进城老年人、城市间流动老年人和城市本地老年人的文化适应情况进行横向和纵向比较，揭示了不同群体的文化适应特征及其随时变化的趋势。

首先，研究发现，进城老年人在原文化保留的各个维度及总分上均高于城市间流动老年人，表明进城老年人对原文化的认同态度更强，并且这种态度不易随着时间改变。此外，尽管进城老年人和城市间流动老年人在城市文化适应的语言、行为、文化适应维度及总分上差异不显著，但得分均低于城市本地老年人；且在城市文化适应的文化认同维度上，城市本地老年人得分最高，城市间流动老年人次之，进城老年人最低。这表明城市本地老年人在适应新城市文化方面具有明显优势，更容易融入和认同城市文化。

其次，纵向研究结果表明，进城老年人和城市间流动老年人在三个时间点的原文化保留的各个维度及总分上不存在显著差异，且进城老年人在三个时间点上的原文化保留的各维度及总分均高于城市间流动老年人，这表明进城老年人与城市间流动老年人的原文化保留保持相对稳定，且进城老年人对于原文化的保留程度更大。

再次，纵向研究结果还表明，在行为维度上，进城老年人第二次的得分显著高于第三次，城市间流动老年人第一次的得分显著高于第二次，城市本地老年人第一次的得分显著高于第三次。这些结果表明，随着时间的推移，三类老年人的文化适应水平都在一定程度上发生了相应的变化。特别是进城老年人的文化认同水平先呈上升趋势，而后出现下降趋势，说明他们后期在城市环境中的文化适应面临挑战。

最后，研究还指出，城市本地老年人的行为适应、文化认同及城市文化适应总分随着时间的推移呈下降趋势。尽管他们生活在熟悉的文化环境中，但城市文化的快速发展和变化给他们带来了适应上的冲突和挑战。

第六章

进城老年人文化适应的影响因素

第一节　背景与研究问题

一　流动老年人的分类

流动老年人可以分为两个群体：农村迁往城市的老年人和城市间流动的老年人，这两类群体分别被称为“进城老年人”和“城市间流动老年人”。在以往文献中，文化适应的研究者普遍将这两个群体视为同质的，并将其合并为一个群体进行研究。很显然，这种做法忽略了两个群体显著的差异性。因此，在文化适应影响因素的探讨上，有必要探讨这两个群体影响因素的互通性和差异性，以及两个群体与城市本地老年人城市文化适应影响因素的异同，揭示老年人文化适应的共同影响因素和不同群体老年人各自的敏感因素，为针对不同群体老年人文化适应的干预研究提供依据。

二　影响文化适应的因素

（一）外部因素

以往大量研究探讨了文化适应的影响因素。研究者普遍认为，影响文化适应的因素可以分为两大部分：外部因素和内部因素。[①②] 外部因素主要包括来自家庭成员和朋友等所组成的社会网络所提供的支持及社会

---

① Berry, J. W., “Acculturation and Adaptation: A General Framework”, in W. H. Holtzman and T. H. Bornemann, eds. *Mental Health of Immigrants and Refugees*, Hogg Foundation for Mental Heatlh, 1990, pp. 90 - 102.

② 陈慧、车宏生、朱敏：《跨文化适应影响因素研究述评》，《心理科学进展》2003 年第 6 期。

资源。已有研究表明，家庭和社会支持网络的构建，影响着迁移人群态度的形成和改变，对其顺利融入迁入地生活具有重要作用。① 有研究也探讨了家庭和社会支持因素在随迁老年人群体中的作用。研究结果表明，随迁老人与子女的关系越好，家庭互动和沟通程度越强，其城市融入状况越好（段良霞、景晓芬，2018）。来自亲人和迁入地社会成员的支持也对流动老年人的文化适应产生了积极的影响。②

（二）内部因素

影响文化适应的内部因素主要包括个体的心理资源。心理资源是文化适应过程中的保护性因素，泛指个体在成长和发展过程中表现出来的积极的心理状态和心理体验，③ 包括积极的人格特质、良好的心理弹性等。根据资源保护模型的观点，心理资源能够保护个体，帮助个体减少压力的损伤，更好地与周边环境融合（Zhang et al.，2016）。以往研究探讨了多种心理资源变量对文化适应的影响，发现自尊、心理一致感、控制感是促进个体文化适应的重要因素，④ 即当面对陌生环境时，这些积极心理品质能起到缓冲作用，提高个体的心理适应水平。此外，共情和观点采择作为人际交往中重要的心理过程，对个体在新环境的人际适应上起到了积极的作用。⑤⑥

（三）人口学变量

除了众多的内部因素和外部因素外，人口学变量在文化适应的过程中也具有重要的作用。以往研究显示，性别、年龄、受教育水平、婚姻状况都与个体的文化适应水平存在着显著的联系。年龄越大，文化适应

---

① 李敏芳：《随迁老人社会适应研究述评》，《老龄科学研究》2014 年第 6 期。

② 张苹、胡琪：《在沪"老漂族"的社会适应问题及其对策研究》，《城市观察》2016 年第 3 期。

③ Luthans, F., Avolio, B. J., Avey, J. B., et al., "Positive Psychological Capital: Measurement and Relationship with Performance and Satisfaction", *Personnel Psychology*, Vol. 60, No3, 2007, pp. 541 – 572.

④ 杨明：《初中流动儿童家庭亲密度、适应性与社会文化适应的关系——积极心理资本的中介作用》，《中国健康教育》2018 年第 10 期。

⑤ 曲阳阳、林彦锋、孟微林等：《儿科护士共情能力与工作适应障碍的现状及其相关性》，《现代临床护理》2019 年第 1 期。

⑥ 王明忠、周宗奎、范翠英等：《他人定向变量影响青少年孤独感和社交焦虑：人际能力作中介》，《心理发展与教育》2012 年第 4 期。

的障碍可能会越多（李荣彬、张丽艳，2012）。同样，受教育水平和收入水平越高，学习城市文化以及获取社会资源的能力就越强，文化适应就会越好。[①] 与年龄和受教育水平不同的是，性别与文化适应的关系并未得到一致的结论。有研究认为女性会比男性遇到更多的适应困难，[②] 但同时有研究也发现，女性比男性能够更快地构建和维持人际关系，进而更好地适应新的文化环境。[③] 对于中国老年人而言，子女数量、是否与子女同住等因素也会影响到家庭支持网络的规模与质量，对老年人的文化适应水平也有着显著的影响。[④]

（四）年龄相关的变量

对于老年群体来说，年龄相关的变量对老年人文化适应的影响也不容忽视。年龄的增长不仅在客观上影响老年人学习和接受新文化的能力，老年人主观上对变老的感知和态度也会影响其文化适应。如果老年人认为自己老了，并且具有老年人普遍存在的缺点（如学习和接受新事物的能力下降、交际能力下降等），那么老年人面对新环境时可能会缺乏适应新环境的自信心与动力。因此，老年人的主观年龄、年龄刻板印象、文化水平及其相关的变量也是影响其文化适应的关键因素。

三　研究问题

根据以上文献梳理，本章内容将探讨人口学变量（性别、年龄、受教育水平、月收入、婚姻状态、是否与子女同住、子女数量）、家庭和社会支持相关变量（与子女关系、与子女配偶关系、家庭沟通、家庭情感卷入、领悟社会支持）、心理资源相关变量（控制感、心理一致感、共情、观点采择）、年龄相关变量（主观年龄、老年刻板印象、老年自我刻

---

① Shen, B. J. and Takeuchi, D. T., "A Sructural Model of Acculturation and Mental Health Status Among Chinese Americans", *American Journal of Community Psychology*, Vol. 29, No. 3, 2001, pp. 387 – 418.

② Church, A. T., " Sojourner Adjustment ", Psychological Bulletin, Vol. 91, No. 3, 1982, pp. 540 – 572.

③ Haslberger, A., "Gender Differences in Expatriate Adjustment", *European Journal of International Management*, Vol. 4, No. 1/2, 2010, pp. 163 – 183.

④ 杨梨、徐庆庆：《社会适应的动态性与情感体验的双重性——基于上海市老漂族的质性研究》，《老龄科学研究》2018 年第 6 期。

板印象）等不同类型老年人文化适应总体水平和各维度的影响。本章包括两部分：首先，以进城老年人、城市间流动老年人和城市本地老年人的城市文化适应总分和各维度得分为因变量，探讨不同因素对三类老年人城市文化适应的预测作用。其次，检验并比较进城老年人和城市间流动老年人原文化保留的影响因素。根据文化适应的双维度模型理论，① 文化适应包含个体对新文化的认同及保留原文化的倾向。因此，本章第二节以进城老年人和城市间流动老年人原文化保留的总分和各维度为因变量，探讨不同因素对两类流动老年人原文化保留的影响。

第二节　城市文化适应的影响因素

一　方法

（一）被试

在西安和北京的 9 个社区共招募的 1212 位老年人为被试。被试的年龄在 55—95 岁之间，平均年龄 66.43（SD = 7.27）岁。其中，男性 403 名，女性 805 名。进城老年人 307 名，城市间流动老年人 212 名，城市本地老年人 693 名。

（二）研究工具

1. 文化适应量表

采用进城老年人文化适应量表的城市文化适应分量表，由语言、行为、文化认同三个维度构成。该量表的详细介绍见第五章第二节。在本研究中城市文化适应分量表总分及其各维度的 Cronbach's α 系数分别为 0.87、0.82、0.72、0.76。

2. 家庭和社会关系变量

（1）领悟社会支持量表。从姜乾金改编的领悟社会支持量表②中选取 5 个因素载荷最高的项目（如“在需要时我能够从家庭获得情感上的支

---

① Berry, J. W., “Acculturation and Adaptation: A General Framework”, in W. H. Holtzman, and T. H. Bornemann, eds., *Mental Health of Immigrants and Refugees*, Hogg Foundation for Mental Heatlh, 1990, pp. 90 - 102.

② 姜乾金：《领悟社会支持量表》，《中国行为医学科学》2001 年第 10 期。

持和帮助”）来测量被试的领悟社会支持（Cheng and Chan，2004）。项目用7点计分（1 = “非常不同意”，7 = “非常同意”），在本研究中，该量表的Cronbach's α系数为0.79。

（2）家庭功能量表。采用刘培毅和何慕陶修订的家庭功能评定量表（family assessment device，FAD）[①]的家庭沟通和家庭情感卷入维度来测量被试的家庭沟通和家庭情感卷入水平。两个维度分别包含9个项目和7个项目，量表项目采用4点计分（1 = “完全不像我家”，4 = “很像我家”），分数越高则表明家庭成员间沟通和情感卷入质量越好。该量表的信效度已经得到验证（徐冉等，2021）。在本研究中，该量表的Cronbach's α系数为0.66。

（3）与子女及子女配偶的关系。使用两个项目（“您与同住子女的关系如何”和“您与同住子女的配偶的关系如何”）来测量被试与子女及其配偶的关系融洽程度。项目采用4点计分（1 = “不好”，4 = “和睦”），分数越高代表老年人与子女及子女配偶的关系越融洽。两个项目的相关系数为0.66。

3. 心理资源变量

（1）自尊量表。采用Rosenberg于1965年编制的自尊量表（Self-esteem Scale，SES）[②]测量老年人的一般自尊水平。量表项目采用4点计分（1 = “很不符合”，4 = “非常符合”），得分越高，自尊水平越高。该量表的Cronbach's α系数为0.78。

（2）控制感量表。采用Pearlin和Schooler所编制的控制感量表[③]来测量老年人的控制感（如“我未来的命运主要取决于自己”）。量表项目采用4点计分（1 = “非常不同意”，4 = “非常同意”），得分越高表示个体的控制感的水平越高。在本研究中，该量表的Cronbach's α系数为0.76。

---

① 刘培毅、何慕陶：《家庭功能评定》，参见汪向东等《心理卫生评定量表手册》（增订版），中国心理卫生杂志社1999年版，第149—150页。

② Rosenberg，M.，“Rosenberg Self-esteem Scale（RSE）. Acceptance and Commitment Therapy”，*Measures Package*，Vol. 61，1965，pp. 61 – 62.

③ Pearlin，L. I. and Schooler，C.，“The Structure of Coping”，*Journal of Health and Social Behavior*，Vol. 19，No. 1，1978，pp. 2 – 21.

（3）心理一致感量表。采用包蕾萍和刘俊升修订的心理一致感量表中文版,[①] 量表共13个项目，包括可理解性、意义感和可控制感三个维度。项目采用7点计分方式（1 = “很少”，7 = “经常”），得分越高表明心理一致感水平越高。本研究中该量表的Cronbach’α系数为0.81。

（4）人际反应指数量表。采用Davis编制的人际反应指数量表（the hebrew version of interpersonal reactivity index）[②] 的共情（7个项目）和观点采择维度（7个项目）来测量老年人的共情和观点采择能力。所有项目为5点计分（1 = “非常不符合”，5 = “非常符合”），分数越高，表明共情或观点采择水平越高。在本研究中，该量表的Cronbach’s α系数为0.67。

4. 年龄相关变量

（1）主观年龄。被试通过回答“您认为自己像多少岁的人”来表明其主观年龄。

（2）老年刻板印象。在Fraboni等编订的老年歧视量表（fraboni scale of ageism，FSA）与Kornadt和Klaus编订的特定领域老年刻板印象量表中选取最符合中国老年群体特点且因子载荷较高（理论上，这样的项目对所测量概念的代表性更强）的10个项目组成老年刻板印象量表（Fraboni et al.，1990；Kornadt and Klaus，2011）。如“老年人在工作中很难适应变化，因此不如年轻人”，反映了老年人在多个生活领域内持有的年龄歧视态度与老化负面评价。量表项目采用4点计分，从“非常不同意”到“非常同意”，分数越高表明个体的消极老年刻板印象越强烈。本研究中，该量表的Cronbach’α系数为0.81。

（3）老年自我刻板印象。老年自我刻板印象问卷是将老年刻板印象问卷项目的表述由“老年人”改为“我”，如“我在工作中我很难适应变化，因此不如年轻人”，其计分方式与老年刻板印象问卷一致。该量表的信效度得到验证（徐冉等，2021）。本研究中，该量表的Cronbach’α

---

① 包蕾萍、刘俊升：《心理一致感量表（SOC－13）中文版的修订》，《中国临床心理学杂志》2005年第4期。

② Davis，M. H.，“A Multidimensional Approach to Individual Differences in Empathy”，*JSAS Catalog of Selected Documents in Psychology*，Vol. 10，1980，p. 85.

系数为 0.70。

5. 其他人口学变量

除性别、年龄外，人口学变量还包括老年人的受教育水平、月收入、婚姻状态、民族、是否与子女同住、子女数量。其中年龄、子女数量、月收入是连续变量，其他变量是分类变量。本研究对分类变量进行了哑变量编码，将性别编码为 0（女）和 1（男），婚姻状态编码为 0（无配偶）和 1（有配偶），受教育水平编码为 0（小学及以下）、1（初中）、2（高中）、3（大学）、4（大学以上），是否与子女同住编码为 0（不同住）和 1（同住）。

（三）数据分析

采用 SPSS 23.0 统计软件对数据进行处理和分析。首先，在 SPSS 中采用 EM 算法填补缺失值。其次，分别以不同类型老年人的城市文化适应总分及各维度得分为因变量，以人口学变量因素、家庭和社会关系变量、心理资源变量、年龄相关变量为自变量创建多元线性回归模型，以验证相关变量对三类老年人城市文化适应总分和各维度得分的预测作用及其异同。

二　结果

（一）老年人城市文化适应总分的影响因素

分别以三类老年人城市文化适应总分得分为因变量，人口学变量（性别、年龄、受教育水平、婚姻状态、与子女同住、子女数量）、家庭与社会关系变量（与子女关系、与子女配偶关系、家庭沟通、家庭情感卷入、领悟社会支持）、心理资源变量（自尊、控制感、心理一致感、共情、观点采择）以及年龄相关变量（主观年龄、老年刻板印象、老年自我刻板印象）为自变量进行多元回归分析。

多元回归分析结果显示，对进城老年人城市文化适应总分有显著影响的因素有子女数量（$\beta=0.22$，$SE=0.06$，$t=2.06$，$p<0.05$）、家庭情感卷入（$\beta=-0.36$，$SE=0.12$，$t=-3.20$，$p<0.01$）和观点采择（$\beta=0.34$，$SE=0.15$，$t=2.52$，$p<0.05$）。其中，子女数量和观点采择是进城老年人城市文化适应总分的保护性因素，家庭情感卷入是进城老年人城市文化适应总分的风险因素。其他变量对进城老年人文化适应总

分的影响不显著（$\beta=-0.35$—0.25，$ps>0.05$）。

在城市间流动老年人中，年龄是其文化适应总分的消极影响因素（$\beta=-0.34$，$SE=0.01$，$t=-2.37$，$p<0.05$），其余变量对文化适应总分的影响不显著（$\beta=-0.20$—0.40，$ps>0.05$）。

城市本地老年人群体中，对城市文化适应总分具有显著影响的因素包括年龄（$\beta=-0.21$，$SE=0.01$，$t=-2.00$，$p<0.05$）、与子女同住（$\beta=0.15$，$SE=0.08$，$t=2.12$，$p<0.05$）、月收入（$\beta=-0.17$，$SE=0.03$，$t=-2.23$，$p<0.05$）、家庭沟通（$\beta=-0.18$，$SE=0.11$，$t=-2.34$，$p<0.05$）和领悟社会支持（$\beta=0.24$，$SE=0.04$，$t=3.22$，$p<0.01$），其中，与子女同住、领悟社会支持是城市本地老年人城市文化适应总分的积极影响因素，年龄、月收入和家庭沟通是消极影响因素。其他变量对城市本地老年人文化适应总分的影响不显著（$\beta=-0.15$—0.20，$ps>0.05$）。

（二）老年人城市文化适应语言维度的影响因素

分别以三类老年人城市文化适应语言维度得分为因变量，各类影响因素（同上）为自变量进行多元回归分析。

多元回归分析结果显示，在进城老年人群体中，对城市文化适应语言维度具有显著影响的因素有子女数量（$\beta=0.27$，$SE=0.11$，$t=2.55$，$p<0.05$）、家庭情感卷入（$\beta=-0.25$，$SE=0.23$，$t=-2.14$，$p<0.05$）、领悟社会支持（$\beta=0.25$，$SE=0.13$，$t=2.18$，$p<0.05$）、心理一致感（$\beta=-0.26$，$SE=0.15$，$t=-2.22$，$p<0.05$）和共情（$\beta=-0.25$，$SE=0.23$，$t=-2.00$，$p<0.05$），其中，子女数量和领悟社会支持是积极影响因素，家庭情感卷入、心理一致感和共情是消极影响因素。其他变量对进城老年人文化适应语言维度的影响不显著（$\beta=-0.15$—0.30，$ps>0.05$）。

在城市间流动老年人群体中，心理一致感是其城市文化适应语言维度的消极影响因素（$\beta=-0.39$，$SE=0.18$，$t=-2.18$，$p<0.05$）。其他变量对城市间流动老年人文化适应语言维度的影响不显著（$\beta=-0.25$—0.30，$ps>0.05$）。

在城市本地老年人群体中，月收入（$\beta=-0.23$，$SE=0.06$，$t=-3.07$，$p<0.01$）、家庭沟通（$\beta=-0.27$，$SE=0.18$，$t=-3.47$，$p<$

0.01）和共情（$\beta = 0.18$，$SE = 0.12$，$t = 2.08$，$p < 0.05$）是其城市文化适应语言维度的显著影响因素，其中，月收入、家庭沟通起到消极的作用，共情起到积极的作用。其他变量对城市本地老年人文化适应语言维度的影响不显著（$\beta = -0.20$—0.15，$ps > 0.05$）。

（三）老年人城市文化适应行为维度的影响因素

分别以三类老年人文化适应行为维度得分为因变量，各类影响因素（同上）为自变量进行多元回归分析。

多元回归分析结果显示，在进城老年人群体中，家庭情感卷入是其城市文化适应行为维度的消极影响因素（$\beta = -0.44$，$SE = 0.15$，$t = -3.71$，$p < 0.001$），其他变量对进城老年人文化适应行为维度的影响不显著（$\beta = -0.15$—0.30，$ps > 0.05$）。

在城市间流动老年人群体中，年龄（$\beta = -0.39$，$SE = 0.01$，$t = -2.75$，$p < 0.01$）和子女数量（$\beta = 0.40$，$SE = 0.11$，$t = 2.49$，$p < 0.05$）是其城市文化适应行为维度的影响因素，其中，年龄是风险因素，子女数量是保护性因素。其他变量对城市间流动老年人文化适应行为维度的影响不显著（$\beta = -0.25$—0.20，$ps > 0.05$）。

在城市本地老年人群体中，与子女同住（$\beta = 0.18$，$SE = 0.09$，$t = 2.59$，$p < 0.05$）、月收入（$\beta = -0.17$，$SE = 0.04$，$t = -2.33$，$p < 0.05$）和领悟社会支持（$\beta = 0.26$，$SE = 0.05$，$t = 3.47$，$p < 0.01$）是其城市文化适应行为维度的影响因素，其中，月收入是风险因素，与子女同住和领悟社会支持是保护性因素。其他变量对城市本地老年人文化适应行为维度的影响不显著（$\beta = -0.20$—0.20，$ps > 0.05$）。

（四）老年人城市文化适应文化认同维度的影响因素

分别以三类老年人文化适应文化认同维度得分为因变量，各类影响因素（同上）为自变量进行多元回归分析。

多元回归分析显示，在进城老年人群体中，观点采择是其城市文化适应文化认同维度的积极影响因素（$\beta = 0.35$，$SE = 0.14$，$t = 2.52$，$p < 0.05$）。其他变量对进城老年人文化适应文化认同维度的影响不显著（$\beta = -0.25$—0.15，$ps > 0.05$）。

在城市间流动老年人群体中，年龄（$\beta = -0.33$，$SE = 0.01$，$t = -2.31$，$p < 0.05$）和与子女关系（$\beta = 0.45$，$SE = 0.20$，$t = 2.07$，$p <$

0.05）是其文化适应文化认同维度的影响因素，年龄是风险因素，与子女关系是保护性因素。其他变量对城市间流动老年人文化适应文化认同维度的影响不显著（$\beta = -0.15$—0.30，$ps > 0.05$）。

在城市本地老年人群体中，年龄（$\beta = -0.22$，$SE = 0.01$，$t = -2.08$，$p < 0.01$）、领悟社会支持（$\beta = 0.22$，$SE = 0.04$，$t = 2.83$，$p < 0.01$）和共情（$\beta = 0.18$，$SE = 0.08$，$t = 2.13$，$p < 0.05$）是其文化适应的影响因素，其中，年龄起到消极的作用，领悟社会支持和共情起到积极的作用。其他变量对城市本地老年人文化适应文化认同维度的影响不显著（$\beta = -0.15$—0.20，$ps > 0.05$）。

三　讨论

本节通过回归分析分别探讨了进城老年人、城市间流动老年人和城市本地老年人三个群体城市文化适应总体水平和各维度的影响因素，包括人口学变量、家庭和社会关系变量、心理资源变量，以及年龄相关变量，发现了这三个群体的城市文化适应影响因素的异同。

在人口学变量中，影响老年人文化适应的因素有年龄、子女数量、与子女同住。其中，子女数量是进城老年人和城市间流动老年人城市文化适应的共同保护性因素，子女数量越多，两类流动老年人的城市文化适应总体水平越好。家人是老年人获得实际支持的主要来源，子女数量越多的进城老年人，在文化适应的过程中更可能会获得较多的支持和帮助，对两类流动老年人的文化适应起到了促进的作用。年龄是城市间流动老年人和城市本地老年人城市文化适应的消极影响因素。一般而言，年龄越大，文化适应越困难，这是因为老年人的能力、活力等都会随着年龄的增长而下降，这种自然衰老的生理过程给老年人的适应融合过程带来的风险会逐渐增大（Berry，2006）。与子女同住只影响城市本地老年人的文化适应，与子女同住的城市本地老年人文化适应水平更高。这是因为与子女同住的老年人往往生活压力和心理压力较小，生活满意度较高，对所处文化环境的认同感也更强。月收入是城市本地老年人城市文化适应的消极影响因素。月收入在一定程度上代表了社会经济地位，以往研究通常认为社会经济地位对文化认同的作用是积极的，但是收入水平越高也可能代表了个体的精神需求越不容易得到满足，文化认同感也会受到消极的影响。

在家庭和社会关系变量中，影响文化适应的因素包括与子女关系、家庭沟通、家庭情感卷入、领悟社会支持。其中，领悟社会支持对三类老年人的城市文化适应都产生了积极的影响，这说明社会支持在文化冲击的压力情境下所扮演的保护机制角色具有一定的稳定性，老年人的领悟社会支持水平越高，越能够得到心理安全感，减少压力，提升自身对城市文化的接受能力。[①] 与子女关系、家庭沟通和家庭情感卷入三个家庭关系变量在三类老年人群体中的作用具有差异性。家庭情感卷入是进城老年人城市文化适应的消极影响因素，与子女的关系是城市间流动老年人城市文化适应的积极影响因素，而家庭沟通在城市本地老年人群体的城市文化适应中起到消极的作用。在以往研究中，家庭关系质量、家庭沟通和家庭情感卷入通常起到积极的作用（段良霞、景晓芬，2018；徐冉等，2021），但本研究的结果表明，家庭的情感支持在文化适应的过程中并不总是起到保护性的效果，也可能造成对家人的过度依赖，阻碍老年人对不同文化的学习以及与其他群体成员的交流，进而影响他们的城市文化适应。

在心理资源变量中，共情、观点采择和心理一致感是老年人城市文化适应的影响因素。其中，心理一致感是进城老年人和城市间流动老年人文化适应的风险因素，这与以往研究结果不一致。[②] 心理一致感通常被认为是文化适应的积极影响因素，但本研究的结果表明，心理一致感的积极效应可能缺乏稳定性和普遍性，甚至会在一些个体中起到相反的作用。观点采择是进城老年人城市文化适应的保护性因素，共情是进城老年人和城市本地老年人城市文化适应的保护性因素。观点采择和共情分别代表了理解他人观点、感受他人情绪情感的能力，[③] 对于进城老年人而言，良好的观点采择和共情能力可能意味着其思维灵活性更强，更容易理解不同文化的差异，有助于其积极主动地适应城市文化；而对于城市

① 李敏芳：《随迁老人社会适应研究述评》，《老龄科学研究》2014 年第 6 期。

② 杨明：《初中流动儿童家庭亲密度、适应性与社会文化适应的关系——积极心理资本的中介作用》，《中国健康教育》2018 年第 10 期。

③ Davis, M. H., "A Multidimensional Approach to Individual Differences in Empathy", *JSAS Catalog of Selected Documents in Psychology*, Vol. 10, 1980, p. 85.

本地老年人而言，良好的共情能力可能加强了个体与自身文化环境的情感联系，强化了其对城市文化的认同感。

然而，年龄相关变量对三类老年人城市文化适应总分或各维度得分的影响均未达到显著性水平，说明老年人的主观年龄认知以及对自己和对老年群体的老化态度和看法并没有对其适应新的文化环境产生显著的作用。

本节内容总结了进城老年人、城市间流动老年人和城市本地老年人城市文化适应的影响因素的异同，所得结果有利于针对性地干预不同类型老年人的城市文化适应，具有一定的理论意义和实践意义。下一节将继续探讨进城老年人和城市间流动老年人文化适应的另一重要方面——原文化保留的影响因素异同。

第三节　原文化保留的影响因素分析

一　方法

（一）被试

被试包含在西安和北京社区招募的进城老年人（307 名）和城市间流动老年人（212 名）共 519 名。被试的年龄在 55—95 岁之间，平均年龄 64.41（$SD=5.99$）岁。其中，男性 161 名，女性 355 名。

（二）研究工具

选用老年人文化适应量表（ASREM）的原文化保留分量表，包括语言、行为、文化认同三个维度。量表的详细介绍见第五章第二节。在本研究中，量表总分和各维度的 Cronbach's α 系数分别为 0.86、0.79、0.66、0.71。

其他研究工具与本章第二节相同。

（三）数据分析

与本章第二节相同。

二　结果

（一）老年人原文化保留总分的影响因素

分别以进城老年人、城市间流动老年人原文化保留总分得分为因变量，人口学变量（性别、年龄、受教育水平、婚姻状态、与子女同住、子女数量）、家庭与社会关系变量（与子女关系、与子女配偶关系、家庭沟通、家庭情感卷入、领悟社会支持）、心理资源变量（自尊、控制感、心理一致感、共情、观点采择）以及年龄相关变量（主观年龄、老年刻板印象、老年自我刻板印象）为自变量进行多元回归分析。

结果表明，进城老年人原文化保留总分不受各类因素的影响（$\beta = -1.00—1.00$，$ps > 0.05$）。

在城市间流动老年人群体中，年龄（$\beta = -0.30$，$SE = 0.01$，$t = -2.05$，$p < 0.05$）、领悟社会支持（$\beta = 0.31$，$SE = 0.09$，$t = 2.30$，$p < 0.05$）和老年自我刻板印象（$\beta = 0.43$，$SE = 0.25$，$t = 2.28$，$p < 0.05$）是其原文化保留总分的影响因素，其中，年龄是风险因素，领悟社会支持和老年自我刻板印象是保护性因素。其他变量对城市间流动老年人原文化保留的影响不显著（$\beta = -0.25—0.35$，$ps > 0.05$）。

（二）老年人原文化保留语言维度的影响因素

分别以进城老年人、城市间流动老年人原文化保留语言维度得分为因变量，各类影响因素（同上）为自变量进行多元回归分析。

研究结果表明，在进城老年人群体中，原文化保留语言维度的得分不受各类因素的影响（$\beta = -0.20—0.15$，$ps > 0.05$）。

在城市间流动老年人群体中，子女数量（$\beta = 0.38$，$SE = 0.18$，$t = 2.06$，$p < 0.05$）和老年自我刻板印象（$\beta = 0.45$，$SE = 0.38$，$t = 2.21$，$p < 0.05$）是其原文化保留语言维度的积极影响因素。其他变量对城市间流动老年人原文化保留语言维度的影响不显著（$\beta = -0.25—0.30$，$ps > 0.05$）。

（三）老年人原文化保留行为维度的影响因素

分别以进城老年人、城市间流动老年人原文化保留行为维度得分为因变量，各类影响因素（同上）为自变量进行多元回归分析。

研究结果显示，在进城老年人群体中，原文化保留行为维度的得分不受各类因素的影响（$\beta = -0.25—0.30$，$ps > 0.05$）。

在城市间流动老年人群体中，子女数量（$\beta = 0.38$，$SE = 0.14$，$t = 2.20$，$p < 0.05$）和家庭沟通（$\beta = -0.39$，$SE = 0.33$，$t = -2.37$，$p < 0.05$）是其原文化保留行为维度的影响因素，其中，子女数量是保护性

因素，家庭沟通是风险性因素。其他变量对城市间流动老年人原文化保留行为维度的影响不显著（$\beta = -0.30—0.40$，$ps > 0.05$）。

（四）老年人原文化保留文化认同维度的影响因素

分别以进城老年人、城市间流动老年人原文化保留文化认同维度得分为因变量，各类影响因素（同上）为自变量进行多元回归分析。

多元回归分析结果表明，在进城老年人群体中，原文化保留的文化认同维度不受各类因素的影响（$\beta = -0.25—0.20$，$ps > 0.05$）。

在城市间流动老年人群体中，领悟社会支持（$\beta = 0.37$，$SE = 0.09$，$t = 2.72$，$p < 0.01$）是其原文化保留文化认同维度的积极影响因素。其他变量对城市间流动老年人原文化保留文化认同维度的影响不显著（$\beta = -0.30—0.35$，$ps > 0.05$）。

三　讨论

本节通过回归分析分别探讨了人口学变量、家庭和社会关系变量、心理资源变量，以及年龄相关变量对进城老年人、城市间流动老年人原文化保留总体水平和各维度得分的影响，发现了这两个流动老年人群体原文化保留影响因素的差异。

首先，研究结果表明进城老年人的原文化保留总体水平和各维度水平均不受各类型因素的影响，说明在本研究中，进城老年人的原文化保留是比较稳定的。这一结果的发现可能源于两个原因：一方面，对于进城老年人而言，多年的生活经历导致原文化对心理行为特质各领域的浸入是根深蒂固的，不容易产生变化；另一方面，“落叶归根”的传统价值观在农村老年人群体中更加稳固，因此，农村老年人在文化适应的态度上，可能会比城市老年人更重视保持与家乡文化的联系，在这种文化适应态度的影响下，其原文化保留的水平不易受到其他因素的影响。

其次，在城市间流动老年人群体中，年龄、子女数量、家庭沟通、领悟社会支持和老年自我刻板印象是其原文化保留总分或维度的影响因素。其中，年龄是城市间流动老年人原文化保留的风险因素，年龄越大，原文化保留水平越低。这很可能是因为年龄越大的老年人的思维灵活性越差，他们在新旧文化的碰撞过程中，很容易形成分离型的适应状况，难以同时包容两种文化，即适应新文化会导致与原文化的脱离。[①] 虽然年龄的增长带来的客观变化会对城市间流动老年人的原文化保留造成消极的影响，但对年龄的主观认知——老年自我刻板印象起到了相反的作用。这可能是因为，老年自我刻板印象水平高的城市老年人，认为自己适应新环境的能力较弱，这种想法可能促使老年人在面对新旧文化冲突时更容易依赖原文化来获得安全感，因而对原文化的保留产生了促进的作用。子女数量对城市间流动老年人原文化保留起到了积极作用，子女数量越多，可能代表了老年人在原文化环境中的家庭支持越多，与原文化联系会更加密切。此外，领悟社会支持是其原文化保留的积极影响因素。对于城市间流动老年人而言，进入新环境并不意味着与原文化切断联系，其社会支持不仅来源于新环境，老年人在家乡的社会关系网络也是十分重要的。因此，当老年人体验到来自原文化环境的社会支持时，不仅有利于其对城市文化的适应，其与原文化环境的情感联系也会加强，原文化保留也会得到强化。[②③] 在家庭关系方面，家庭沟通对城市间流动老年人的原文化保留起到了消极的作用。在上节结果中发现家庭沟通对城市文化适应的消极作用，本节的结果再次表明，家庭沟通对流动老年人文化适应的影响是复杂的，有待进一步深入探讨。

本章通过两节内容，探讨了老年人城市文化适应和原文化保留的影响因素，以及这些影响因素在不同群体中的共性和差异，研究结果有助于为流动老年人文化适应的干预研究提供参考，帮助流动老年人形成保持自己原文化的同时在新环境积极有效互动的最佳文化适应策略，提高其晚年生活质量和幸福感。

---

① Berry, J. W., "Stress Perspectives on Acculturation", in D. L. Sam and J. W. Berry, eds. *The Cambridge Handbook of Acculturation Psychology*, Cambridge University Press, 2006, pp. 43 – 57.

② Berry, J. W. and Kostovcik, N., "Psychological Adaptation of Malaysian Students in Canada", in A. Othman, ed. *Psychology and Socioeconomic Development*, Penerbit Universiti Kebangsaan Malaysia, 1990, pp. 155 – 162.

③ 黄兆锋、黄菲菲：《关于文化适应模型及其影响因素的研究综述》，《嘉应学院学报》2019 年第 1 期。

第四节 本章小结

本章详细地探讨了进城老年人、城市间流动老年人和城市本地老年人在文化适应过程中的不同影响因素，揭示了各类老年群体在适应城市生活方面的独特挑战和需求。

首先，对于进城老年人而言，他们在原文化保留方面并未受到其他变量的显著影响，表明他们的原文化保留程度相对稳定。在城市文化适应方面，子女数量越多的老年人，其城市文化适应水平越高。一般而言，子女越多的老人，获得的情感支持越多，因此子女数量的增加有助于他们更好地适应城市文化。然而，家庭情感的过多卷入会对他们的文化适应产生负面影响，增加他们的心理压力。社区的社会支持和观点采择则有助于他们更好地融入新环境。此外，具有共情能力的老年人更容易适应城市生活，但过于一致的心理状态可能使他们对城市文化产生排斥。

其次，对于城市间流动老年人而言，在原文化保留方面，年纪较大的老年人更容易丧失对原文化的坚持，但老年自我刻板印象和子女的支持则有助于他们保持与原文化的联系，社会支持也对原文化保留有积极作用。在城市文化适应上，年龄越大的老年人适应城市文化越困难，但与子女间的良好关系能够缓解这一问题，促进他们的城市文化适应。同时，心理资源中的共情能力也是一个积极因素，能够帮助他们更好地融入新环境。

最后，对于城市本地老年人，研究发现月收入对城市文化适应产生了消极影响，较高的收入水平反而可能降低他们的文化适应能力。这可能是因为高收入的老年人较少参与基层的社区活动，缺乏与城市发展的深层次互动。家庭层面的分析显示，与子女同住有助于提高老年人的城市文化适应水平，这可能是由于与子女的紧密联系能够为城市本地老年人提供情感支持和帮助，增强他们对不断变化的城市文化的认同感。在心理资源变量方面，共情能力加强了他们对本地文化的认同感，促进了老年人对城市文化变化的接受和适应。

第七章

进城老年人文化适应的发展轨迹与动态特征

第一节　背景与研究问题

一　文化适应的发展轨迹

农村老年人进入城市生活后，会采取不同的策略应对城市文化环境的需求。也就是说，进城老年人的文化适应水平会随着时间而出现一定的变化。然而，进城老年人文化适应的发展趋势是怎样的？进城老年人文化适应的发展轨迹是否存在着异质性？这些问题还需要深入探讨。

根据文化适应的双线性模型，文化适应的评估需要同时测量原文化的保留和新文化的适应。① 同时，文化适应本质上是一个动态的、发展的和连续的过程（Yoon et al.，2020），个人对城市文化的适应和原文化的保留会随着时间的推移而增加、减少或保持稳定（Berry，1997）。对于进城老人来说，文化适应指的就是一个文化变化的过程，在这个过程中，个人接受了城市文化的某些方面，并保留了原文化的某些方面（Sam and Berry，2010）。综上所述，鉴于文化适应对进城老人的重要性，从纵向发展的视角探讨进城老人文化适应的发展规律，对了解和促进进城老人的文化适应，提高他们的生活质量和幸福感有着重要作用。

目前，尽管没有针对老年群体文化适应的轨迹研究，但有研究者对

---

① Abe-Kim，J.，Okazaki，S. and Goto，S. G.，"Unidimension Versus Multidimensional Approaches to the Assessment of Acculturation for Asian American Populations"，*Cultural Diversity and Ethnic Minority Psychology*，Vol. 7，No. 3，2001，pp. 232 – 246.

青少年群体文化适应的发展轨迹进行了探讨，并揭示了在青少年群体中文化适应存在着异质性。例如，Knight 等人在一项为期 6 年的追踪研究中，发现墨西哥裔美国青少年对城市文化适应和原文化保留的联合发展轨迹可以分为 4 组。① 在这 4 组中，有两个组在主流文化价值观认同上会随年龄的增长而有轻微增加，其中一个组在原文化价值观认同上保持相对稳定，而另一个组在原文化价值观认同上，随时间呈下降趋势。此外，另外两个组青少年对主流文化价值观的认同，则会随着年龄的增长而大幅下降。具体而言，一个组在原文化价值观认同上也呈下降趋势，而另一个组在原文化价值观上则保持相对稳定。与此相类似，Schwartz 等人也通过一项为期两年半的追踪研究，从三个维度上对 302 名从西班牙移民至美国的青少年的文化适应发展轨迹进行了探讨。② 结果表明，在文化实践维度上，研究者识别出了两条异质性发展轨迹，对应两组青少年：一组命名为“实践增长组”，该组青少年的美国和西班牙的文化实践都会随着时间而增加；另一组是“实践稳定组”，该组青少年的美国和西班牙的文化实践都保持相对稳定。此外，在文化价值观维度上，他们也发现了两条异质性的增长曲线，包括“文化价值观增长组”和“文化价值观稳定组”，前者青少年的个人主义和集体主义价值观都随着时间的推移而增加，而属于后者组青少年的个人主义和集体主义价值观水平在很大程度上都保持相对稳定。总之，在文化认同维度上，研究者也识别出了两条异质性的增长曲线。第一条曲线反映了青少年的美国文化认同随着时间的推移而增加，西班牙文化认同则随着时间的推移而高度稳定；第二条曲线则显示随着时间的推移，青少年的美国文化认同和西班牙文化认同保持着相对稳定。

综上所述，尽管以往已经有大量研究关注了移民群体文化适应的轨迹特征，但还没有研究探讨进城老年人文化适应的发展轨迹。基于以往

---

① Knight, G. P., Basilio, C. D., Cham, H., et al., “Trajectories of Mexican American and Mainstream Cultural Values Among Mexican American Adolescents”, *Journal of Youth and Adolescence*, Vol. 43, No. 12, 2014, pp. 2012 – 2027.

② Schwartz, S. J., Unger, J. B., Zamboanga, B. L., et al., “Developmental Trajectories of Acculturation: Links with Family Functioning and Mental Health in Recent-Immigrant Hispanic Adolescents”, *Child Development*, Vol. 86, No. 3, 2015, pp. 726 – 748.

研究，单一地使用城市文化适应总分和原文化保留总分忽视了文化适应不同维度可能会呈现出不同的发展速率或发展模式（Yoon et al.，2020）。此外，尽管前人研究对于文化适应的具体维度有着不同的看法，但大多数研究者普遍认同文化适应是多维的，主要包括语言、行为和文化认同这三个维度（Birman and Trickett，2001；Gordon，1964）。语言被认为是文化适应的最有效和可靠的指标。[①] 行为则包括了个人在日常生活中几乎所有的文化活动，如食物消费偏好、媒体使用。而文化认同是指一个人基于种族或者所处文化而保持的意识形态、信仰和价值观。[②] 基于此，有必要对进城老年人这一特殊群体的文化适应不同维度的异质性轨迹乃至联合轨迹进行研究。

二　文化适应发展轨迹的影响因素

除了探讨进城老年人文化适应的异质性发展轨迹，寻找这些轨迹的风险及保护性因素，对制定针对性的文化适应干预策略、提升老年人文化适应水平及生活质量也有着重要意义。尽管目前缺乏对这一主题的探讨，但已有研究者对文化适应总分的影响因素进行了研究。例如，国外学者 Berry 发现人口学特征和心理特征都是常见的影响个体文化适应的因素。[③] 同时，以往研究证实，年龄、性别、教育程度、社会经济地位以及语言习得能力等都与个体的文化适应程度有关。[④] 再者，我国学者从个人因素、经济因素、社会因素以及心理因素这几个方面，对流动老人社会融入的影响因素进行了较为全面的探讨，发现年龄、健康状况对老年人的社会融入有着重要影响。那么，我们也可以预期，文化适应作为与社

---

① Heilemann，M. V.，Lee，K. A.，Stinson，J.，Koshar，et al.，"Acculturation and Perinatal Health Outcomes Among Rural Women of Mexican Descent"，*Research in Nursing & Health*，Vol. 23，No. 2，2000，pp. 118 – 125.

② Jensen，M. C.，*A Theory of the Firm：Governance，Residual Claims，and Organizational Forms*，Harvard University Press，2003.

③ Berry，J. W.，"A Psychology of Immigration"，*Journal of Social Issues*，Vol. 57，No. 3，2001，pp. 615 – 631.

④ Kosic，A.，"Personality and Individual Factors in Acculturation"，in D. L. Sam and J. W. Berry，eds. *The Cambridge Handbook of Acculturation Psychology*，Cambridge University Press，2006，pp. 113 – 118.

会融入有关的一个概念，也会受到个体年龄和健康状况的影响。[①②]

除了背景变量，各类资源也是影响个体适应水平的重要预测变量。当个体来到一个新的环境，会面临各种与城市文化有关的适应压力，而积极的心理资源和社会资源能够缓解个体的压力（Pressman et al.，2019），从而促进个体的适应过程。在以往的研究中，资源是指那些促进个体健康的态度和行为。[③] 基于这一观点，社会支持、家庭功能、自尊和心理一致感等都是个体个人资源的一部分。此外，Berry（1997）还发现，应对策略、资源和领悟社会支持在文化适应过程中起到调节作用，并对个体文化适应产生积极影响。同时，刻板印象作为一种潜在威胁，会放大个体感知到的压力水平，对老年人的身心健康产生消极影响（Brothers et al.，2021；Levy et al.，2000），进而可能加剧进城老年人的适应困难。总之，人口学变量、家庭和社会关系、心理资源、年龄相关变量都会影响进城老年人的文化适应过程，因此本研究也将从上述四个方面较为全面地探讨进城老年人原文化保留和城市文化适应联合发展轨迹的风险因素及保护因素。

三 研究问题

基于以往文献，进城老年人作为中国社会的一个独特的弱势群体，研究者对其文化适应过程的研究是远不够全面和系统的。首先，现有研究缺乏对进城老年人这一弱势群体文化适应发展轨迹的探讨。其次，鉴于文化适应包括原文化保留和城市文化适应两个方面，原文化保留和城市文化适应的联合发展轨迹也值得进一步研究。最后，尚没有研究关注进城老年人城市文化适应和原文化保留联合发展轨迹的风险和保护性因素。

---

① 胡雅萍、刘越、王承宽：《流动老人社会融合影响因素研究》，《人口与经济》2018 年第 6 期。

② 李雨潼：《中国老年流动人口的社会融入及其影响因素分析》，《人口学刊》2022 年第 1 期。

③ Harfst，T.，Ghods，C.，Mösko，M.，et al.，"Erfassung von Positivem Verhalten und Erleben Bei Patienten mit Psychischen und Psychosomatischen Erkrankungen in der Rehabilitation-der Hamburger Selbstfürsorgefragebogen（HSF）"，*Die Rehabilitation*，Vol. 48，No. 05，2009，pp. 277 – 282.

基于上述局限，本章拟采用以人为中心的方法，精确描绘进城老年人文化适应各维度的发展模式，并在此基础上进一步探讨原文化保留和城市文化适应在个人内部的典型组合，即二者的联合发展轨迹。同时，为了更全面地探讨进城老年人的文化适应发展特征，更好地制定针对性的干预策略，提高进城老年人文化适应水平，本章在联合发展轨迹最终结果的基础上，进一步考察了文化适应的风险性因素及保护性因素。

第二节　进城老年人文化适应的潜类别增长分析

一　研究方法

（一）研究对象

本研究从西安、北京两座城市共 9 个中等规模的社区中，选取 55 岁以上的进城老年人为被试。从 2018 年 4 月开始进行第一次施测（T1），之后每隔 6 个月进行一次追踪调查。第一次施测共招募到符合标准的有效被试 307 人，最终完整参加三次施测的有效被试共 88 人。其中，男性 24 名，女性 64 名，平均年龄为 64.68（$SD=5.34$）岁。

为了检验流失的被试与完整参加三次测量的被试是否存在差异，我们进行了流失率分析。结果表明，在性别（$t=0.39$，$p>0.05$）、年龄（$t=1.19$，$p>0.05$）、教育程度（$\chi^2=0.59$，$p>0.05$）、赡养费（$t=0.30$，$p>0.05$）、自评健康状况（$t=0.28$，$p>0.05$）上两类被试均不存在显著差异。此外，在 T1 时的原文化保留的语言（$t=0.71$，$p>0.05$）、行为（$t=0.11$，$p>0.05$）、文化认同（$t=0.85$，$p>0.05$）各维度，城市文化适应的语言（$t=-0.64$，$p>0.05$）、行为（$t=-0.92$，$p>0.05$）、文化认同（$t=0.33$，$p>0.05$）各维度，老年自我刻板印象（$t=-1.40$，$p>0.05$）、家庭功能（$t=-0.29$，$p>0.05$）、领悟社会支持（$t=0.75$，$p>0.05$）、自尊（$t=0.18$，$p>0.05$）和心理一致感（$t=0.68$，$p>0.05$）等变量上，两类被试也不存在显著差异。分析结果表明，被试不存在结构化流失。

（二）研究工具

文化适应量表。该量表的详细介绍见第五章第二节。本节研究样本中，原文化保留分量表中的语言维度三次测量的 Cronbach's α 系数分别为

0.67、0.84、0.73；行为维度三次测量的 Cronbach's α 系数分别为 0.64、0.64、0.70；文化认同维度三次测量的 Cronbach's α 系数分别为 0.63、0.75、0.68。在城市文化适应分量表中，语言维度三次测量的 Cronbach's α 系数分别为 0.82、0.88、0.82；行为维度三次测量的 Cronbach's α 系数分别为 0.76、0.77、0.75；文化认同维度三次测量的 Cronbach's α 系数分别为 0.69、0.71、0.68。

（三）数据分析

首先，对原文化保留和城市文化适应的三个维度（语言、行为、认同）分别建立潜类别增长模型，考察在一年的时间内，进城老年人原文化保留和城市文化适应各维度的独立发展轨迹；其次，分别建立原语言保留和城市语言适应、原行为保留和城市行为适应、原文化认同和城市文化认同的平行过程的潜类别增长模型，考察二者的联合发展轨迹。

潜类别增长模型通常采用多个指标共同确定异质性发展轨迹的最佳数目，本研究选取以下指标来确定发展轨迹的最佳数目：①信息评价指标，包括赤池信息量准则（akaike information criterion，AIC）、贝叶斯信息准则（bayesian information criterion，BIC）和样本校正的 BIC（aBIC），这些指标值越小，说明模型拟合程度越好；②模型分组的熵（entropy），该指标介于0—1，entropy 值大于 0.7 表明模型拟合良好；③似然比检验（lo-mendell-rubin，LMR）和基于 Bootstrap 方法的似然比检验（BLRT），如果检验结果显示这两个指标的数值达到显著水平（$p < 0.05$）则接受 k 组分类而拒绝 k－1 组分类；④每个亚群组人数的比例不低于 3%。

本研究使用 SPSS 23.0 进行数据的录入、整理及初步分析，使用 Mplus7.4 进行潜类别增长模型分析。

二　研究结果

（一）进城老年人原文化保留各维度的潜类别增长分析

分别对原文化保留的各个维度建立无条件潜类别增长模型（LCGM），拟合指数如表 7－1 所示。

1. 原语言保留

由表 7－1 可知，在进城老年人原语言保留维度上，2 分类的 BIC 最低，3 分类的 AIC、aBIC 更低，但都相差不大。并且，Entropy 值和 LMR、

BLRT 值也表明两个分类方案的差别不大。然而，相较于 2 分类模型，3 分类模型多划分出了一组语言保留高水平组。最终，我们结合模型中不同类别增长轨迹的实际意义，确定 3 分类模型为进城老年人语言保留发展轨迹的最优拟合模型。

表 7-1　原文化保留各维度的潜类别增长模型拟合指数

class	AIC	BIC	aBIC	Entropy	LMR（p）	BLRT（p）	1	2	3
语言									
2	566.52	586.34	561.09	0.89	0.059	<0.001	86.3	13.6	
3	564.52	591.77	557.06	0.89	>0.05	>0.05	8.0	83.0	9.0
行为									
2	461.69	481.51	456.26	0.65	>0.05	<0.001	84.1	15.9	
3	462.33	489.58	454.87	0.70	>0.05	>0.05	10.2	78.4	11.4
认同									
2	391.27	411.09	385.85	0.54	>0.05	<0.05	48.9	51.1	
3	388.13	415.38	380.67	0.81	0.070	>0.05	8.0	34.1	58.0

具体而言，3 分类模型将进城老年人语言保留的发展趋势分为 3 个子类别：第一类老年人占比 8.0%，其原语言保留得分始终维持在较低水平（截距 $I_{原}=2.59$，$p<0.05$；斜率 $S_{原}=0.32$，$p>0.05$），因此，该类别可命名为“低语言保留—稳定组”。

第二类老年人人数最多，占比 83.0%，其原语言保留得分始终保持较高水平（截距 $I_{原}=4.11$，$p<0.05$；斜率 $S_{原}=0.02$，$p>0.05$），基于此，可将其命名为“高语言保留—稳定组”。

第三类老年人占比 9.0%，其初始语言保留水平也较高，而后呈下降趋势（截距 $I_{原}=4.09$，$p<0.05$；斜率 $S_{原}=-0.68$，$p<0.05$），故将其命名为“高语言保留—降低组”。

2. 原行为的保留

在进城老年人原行为的保留维度上，2 类别模型和 3 类别模型的 AIC、BIC 和 aBIC 的差异显著，且 LMR、BLRT 值表明两个模型拟合的差异不大，但是3 类别的 Entropy 值明显高于 2 类别的 Entropy 值。根据上述结果，我们确定3分类模型为进城老年人行为保留发展轨迹的最优拟合模型。

具体而言，3类别模型将进城老年人原行为保留的发展趋势分为三个子类别。

第一类老年人占比10.2%，其初始原行为保留得分较高，而后呈上升趋势（截距 $I_{原}=3.87$，$p<0.05$；斜率 $S_{原}=0.39$，$p<0.05$）。我们将其命名为“高原行为保留—增长组”。

第二类老年人人数最多，占比78.4%，其原行为保留初始水平较高，随后持续降低（截距 $I_{原}=3.96$，$p<0.05$；斜率 $S_{原}=-0.13$，$p=0.055$）。我们将其称为“高原行为保留—降低组”。

第三类老年人占比11.4%，其原行为保留始终保持中等水平（截距 $I_{原}=3.39$，$p<0.05$；斜率 $S_{原}=-0.21$，$p>0.05$）。因此，我们将其命名为“中等原行为保留—稳定组”。

3. 原文化认同

在进城老年人原文化认同这个维度上，3类别模型好于2类别模型。因此，我们确定3类别模型为进城老年人原文化认同发展轨迹的最优拟合模型。

3类别模型将进城老年人原文化认同的发展趋势分为三个子类别。

第一类老年人占比8.0%，其初始原文化认同呈较低水平，而后呈上升趋势（截距 $I_{原}=2.77$，$p<0.05$；斜率 $S_{原}=0.30$，$p<0.05$）。我们将其命名为“低原文化认同—增长组”。

第二类老年人占比34.0%，其原文化认同初始水平较高，随后持续降低（截距 $I_{原}=4.10$，$p<0.05$；斜率 $S_{原}=-0.13$，$p<0.05$）。因此，该组可以命名为“高原文化认同—降低组”。

第三类老年人占比最大，约为58.0%，其原文化认同始终保持中等水平（截距 $I_{原}=3.49$，$p<0.05$；斜率 $S_{原}=0.02$，$p>0.05$），故可将其命名为“中等原文化认同—稳定组”。

（二）进城老年人城市文化适应各维度的潜类别增长分析

分别对城市文化适应的各个维度建立无条件潜类别增长模型（LCGM），分别抽取2或3个潜类别模型的拟合指数见表7－2。

表 7-2　　城市文化适应各维度的潜类别增长模型拟合指数

class	AIC	BIC	aBIC	Entropy	LMR (p)	BLRT (p)	1	2	3
语言									
2	762.16	781.98	756.74	0.79	<0.05	<0.05	69.3	30.7	
3	761.28	788.53	753.82	0.81	>0.05	>0.05	61.4	8.0	30.7
行为									
2	540.20	560.02	534.77	0.66	0.051	<0.001	33.0	67.0	
3	539.82	567.07	532.36	0.78	>0.05	>0.05	70.5	5.7	23.9
认同									
2	404.55	424.37	399.13	0.99	<0.05	<0.05	96.6	3.4	
3	399.67	426.92	392.21	0.73	>0.05	<0.05	21.6	3.4	75.0

1. 城市语言适应

由表 7-2 可知，在进城老年人城市语言适应上，2 类别模型的 BIC 更低，3 类别模型的 AIC、aBIC 更低，但差异不大。并且，LMR 和 BLRT 值表明，3 类别模型并没有明显好于 2 类别模型。然而，3 类别模型的 Entropy 值较 2 类别模型高，说明 3 类别模型的分类准确性可能更高一些。因此，在综合考虑之后，我们确定 3 类别模型为进城老年人城市语言适应发展轨迹的最优拟合模型。

3 类别模型将进城老年人城市语言适应的发展趋势分为 3 个子类别。具体而言，第一类老年人占比最大，约为 61.4%，其城市语言适应得分始终保持中等偏高水平（截距 $I_{城}=3.74$，$p<0.05$；斜率 $S_{城}=-0.01$，$p>0.05$），故将其命名为“中等城市语言适应—稳定组”。

第二类老年人占比 8.0%，其初始城市语言适应得分较高，随后持续降低（截距 $I_{城}=4.13$，$p<0.05$；斜率 $S_{城}=-1.10$，$p<0.05$），我们称之为“高城市语言适应—降低组”。

第三类老年人占比 30.7%，其城市语言适应初始水平较低，随后上升（截距 $I_{城}=1.94$，$p<0.05$；斜率 $S_{城}=0.38$，$p<0.05$），我们将其命名为“低城市语言适应—增长组”。

2. 城市行为适应

在进城老年人城市行为适应这个维度上，2 类别模型的 BIC 更低，3 类别模型的 AIC、aBIC 更低，但差异都不大。并且，LMR 和 BLRT 值表明，3 类模型并没有明显好于 2 类模型。然而，3 类模型的 Entropy 值较 2 类模型高，说明 3 类模型的分类准确性可能更高，因此，我们确定 3 类模型为进城老年人城市行为适应发展轨迹的最优拟合模型。

3 类模型将进城老年人城市行为适应的发展趋势分为 3 个子类别。具体而言，第一类老年人占比最大，约为 70.5%，其初始城市行为适应得分较高，而后呈下降趋势（截距 $I_{城} = 4.01$，$p < 0.05$；斜率 $S_{城} = -0.12$，$p < 0.05$），所以可以将其命名为“高城市行为适应—降低组”。

第二类老年人占比 5.7%，其初始城市行为适应得分为中等水平，随后持续降低（截距 $I_{城} = 3.43$，$p < 0.05$；斜率 $S_{城} = -0.56$，$p < 0.05$），我们将其称为“中等城市行为适应—降低组”。

第三类老年人占比 23.9%，其城市行为适应初始水平较低，随后轻微上升（截距 $I_{城} = 2.88$，$p < 0.05$；斜率 $S_{城} = 0.28$，$p = 0.09$），因此，该组为“低城市行为适应—增长组”。

3. 城市文化认同

在进城老年人城市文化认同上，2 类模型的 BIC 更低，3 类模型的 AIC、aBIC 更低，不过均相差不大。此外，尽管 BLRT 值表明，3 类模型优于 2 类模型，但 2 类模型的 Entropy 值远远高于 3 类模型的 Entropy 值，说明 2 类模型的分类准确性更高。因此，在综合考虑之后，我们确定 2 类模型为进城老年人城市文化认同发展轨迹的最优拟合模型。

2 分类模型将进城老年人城市文化认同的发展趋势分为 2 个子类别。具体而言，第一类老年人占比 3.4%，其初始城市文化认同得分偏低，而后呈上升趋势（截距 $I_{城} = 2.06$，$p < 0.05$；斜率 $S_{城} = 0.74$，$p < 0.05$），可将其命名为“低城市文化认同—增长组”。

第二类老年人占比 96.4%，其城市文化认同始终保持较高水平（截距 $I_{城} = 3.82$，$p < 0.05$；斜率 $S_{城} = -0.13$，$p < 0.05$），为“高城市文化认同—稳定组”。

（三）进城老年人原文化保留和城市文化适应平行过程的潜类别增长分析

由前面的结果可知，进城老年人原文化保留的发展轨迹与城市文化适应的发展轨迹都是异质的，这为建立二者平行发展过程的潜类别增长模型，探讨二者的联合发展轨迹提供了可能。鉴于文化适应包括原文化的保留和城市文化的适应两个方面，因此个体的原文化保留过程和城市文化适应过程可能会因人而异。为了能够在探讨进城老年人原文化保留发展规律的同时一起探讨他们的城市文化适应过程，我们又进一步检验了原文化保留及城市文化适应的联合发展轨迹。

分别对原语言保留和城市语言适应、原行为保留和城市行为适应、原文化认同和城市文化认同建立平行过程的潜类别增长模型，且抽取2～4个潜在类别用以识别联合发展轨迹的最佳数目。模型的拟合指数见表7－3。

表7－3　　　　平行过程潜类别增长模型拟合指数

class	AIC	BIC	aBIC	Entropy	LMR（p）	BLRT（p）	1	2	3	4
语言										
2	1348.71	1385.87	1338.54	0.86	<0.05	<0.05	71.6	28.4		
3	1328.19	1377.74	1314.63	0.84	>0.05	<0.05	53.4	17.1	29.5	
4	1323.70	1385.63	1306.74	0.88	>0.05	0.065	45.5	10.2	17.0	27.4
行为										
2	1009.51	1046.67	999.34	0.68	>0.05	<0.05	30.7	69.3		
3	996.61	1046.16	983.04	0.75	<0.05	<0.05	33.0	10.2	56.8	
4	1001.48	1063.41	984.52	0.70	>0.05	>0.05	30.8	31.8	36.4	1.1
认同										
2	813.00	850.17	802.93	0.70	>0.05	<0.05	77.9	22.1		
3	794.95	844.50	781.38	0.78	0.054	<0.05	37.5	59.1	3.4	
4	797.48	859.41	780.52	0.71	>0.05	>0.05	27.3	46.6	17.0	9.1

1. 语言维度的联合发展

由表7－3可知，在原语言保留和城市语言适应的联合发展轨迹上，4类模型的AIC和aBIC最低，4类模型的Entropy值也较2类模型和3类模型更好，最后，边缘显著的 BLRT 值表明，4 分类模型稍微优于 3 分类模型。因此，综合考虑各指标之后，我们确定 4 类模型为最佳模型。

依据此模型，农村进城老年人原语言保留和城市语言适应的联合发展趋势可以分为 4 个子类别。具体而言，第一类老年人占比最大，约 45.5%，其原语言保留和城市语言适应在研究期间始终保持较高水平（截距 $I_{原}=3.96$，$p<0.05$；$I_{城}=3.66$，$p<0.05$；斜率 $S_{原}=-0.02$，$p>0.05$；$S_{城}=0.00$，$p>0.05$）。依据上述特征，该类别可命名为"语言适应稳定组"。

第二类老年人占比 10.2%，其原语言保留和城市语言适应的初始水平都很高，并且均随着时间下降（截距 $I_{原}=4.78$，$p<0.05$；$I_{城}=4.53$，$p<0.05$；斜率 $S_{原}=-0.45$，$p<0.05$；$S_{城}=-0.64$，$p<0.05$）。因此，该组被命名为"语言适应降低组"。

第三类老年人占比 17.0%，其原语言保留初始得分为中等水平，随后持续升高，而城市语言适应一直保持中等水平（截距 $I_{原}=2.70$，$p<0.05$；$I_{城}=3.40$，$p<0.05$；斜率 $S_{原}=0.64$，$p<0.05$；$S_{城}=-0.12$，$p>0.05$）。该组可命名为"原语言保留增长—城市语言适应稳定组"。

第四类老人占比 27.4%，其原语言保留初始水平较高，但随后持续下降，城市语言适应初始水平较低，随后持续上升（截距 $I_{原}=4.37$，$p<0.05$；$I_{城}=1.89$，$p<0.05$；斜率 $S_{原}=-0.16$，$p=0.089$；$S_{城}=0.37$，$p<0.05$），根据上面特征，该组被命名为"原语言保留降低—城市语言适应增长组"。4 类老年人的原语言保留和城市语言适应的联合发展轨迹如图 7－1 所示。

2. 行为维度的联合发展

在原行为保留和城市行为适应的联合发展轨迹上，3 类别模型的 AIC、BIC 和 aBIC 最低，Entropy 值也较 2 类别模型和 4 类别模型更好，显著的 LMR 和 BLRT 值表明，3 类别模型优于 2 类别模型。因此，我们确定 3 类别模型为最佳模型。

依据此模型，将进城老年人原语言保留和城市语言适应的联合发展趋势分为 3 个子类别。具体来说，第一类老年人占比 33.0%，其原行为保留在研究期间始终保持较高水平，城市行为适应在研究期间始终保持

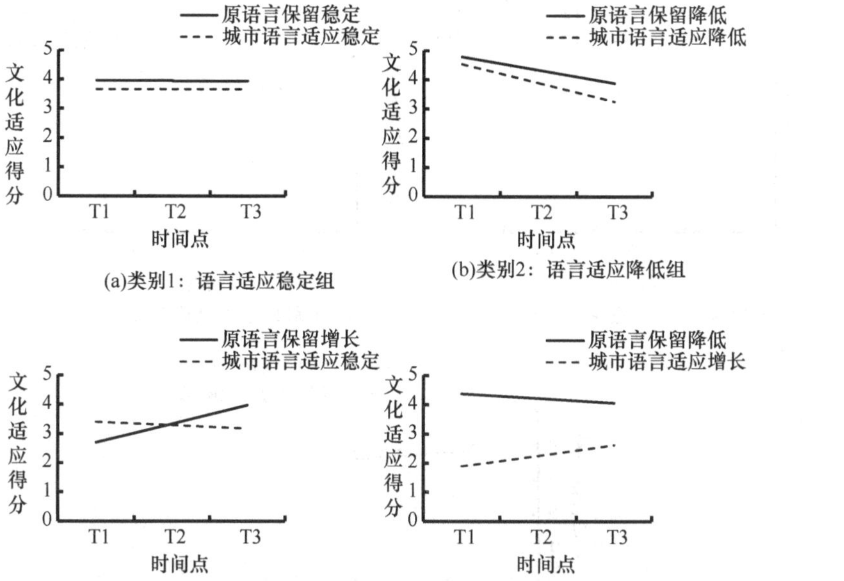

(a)类别1：语言适应稳定组　(b)类别2：语言适应降低组

(c)类别3：原语言保留增长—城市语言适应稳定组　(d)类别4：原语言保留降低—城市语言适应增长组

图7－1　原语言保留和城市语言适应的联合发展轨迹

中等水平（截距 $I_{原} = 3.84$，$p < 0.05$；$I_{城} = 3.14$，$p < 0.05$；斜率 $S_{原} = 0.06$，$p > 0.05$；$S_{城} = -0.03$，$p > 0.05$）。根据上述特征，该组老年人可命名为“行为适应稳定组”。

第二类老年人占比 10.2%，原行为保留和城市行为适应的初始水平偏高，并且均随着时间上升（截距 $I_{原} = 3.96$，$p < 0.05$；$I_{城} = 3.76$，$p < 0.05$；斜率 $S_{原} = 0.34$，$p < 0.05$；$S_{城} = 0.36$，$p < 0.05$），因此，该组老年人为“行为适应增长组”。

第三类老年人占比最大，为 56.8%，其原行为保留和城市行为适应的初始水平偏高，且随后均持续下降（截距 $I_{原} = 3.88$，$p < 0.05$；$I_{城} = 4.03$，$p < 0.05$；斜率 $S_{原} = -0.20$，$p < 0.05$；$S_{城} = -0.15$，$p < 0.05$），因此，该组被命名为“行为适应降低组”。3 类老年人的原行为保留和城市行为适应的联合发展轨迹如图 7－2 所示。

3. 认同维度的联合发展

在原文化认同和城市文化认同的联合发展轨迹上，3 类别模型的 AIC 和 BIC 最低，Entropy 值也较 2 类别模型和 4 类别模型更好。边缘显著的

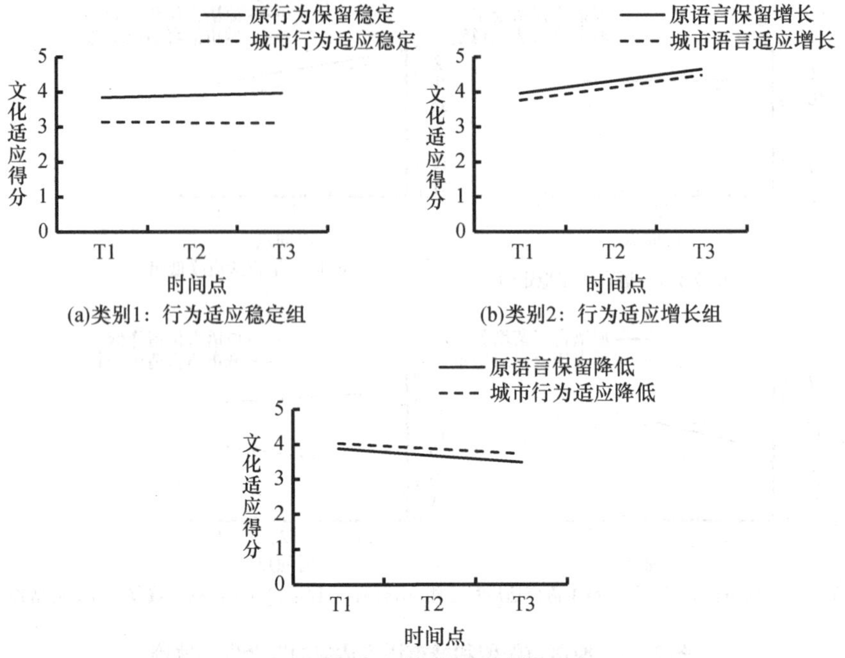

(a)类别1：行为适应稳定组　(b)类别2：行为适应增长组　(c)类别3：行为适应降低组

图7-2　原行为保留和城市行为适应的联合发展轨迹

LMR 和显著 BLRT 值表明，3 类别模型优于 2 类别模型，且 4 类别模型的 LMR 和 BLRT 值不显著，表明 4 类别模型并不优于 3 类别模型。因此，我们确定 3 类别模型为最佳模型。

依据 3 类别模型，我们将进城老年人原文化认同和城市文化认同的联合发展趋势分为 3 个子类别。第一类老年人占比 37.5%，其原文化认同和城市文化认同在研究期间始终保持较高水平（截距 $I_{原}=4.02$，$p<0.05$；$I_{城}=3.90$，$p<0.05$；斜率 $S_{原}=-0.05$，$p>0.05$；$S_{城}=0.04$，$p>0.05$），据此，我们将其命名为“文化认同高水平稳定组”。

第二类老年人占比最大，约为 59.1%，原文化认同和城市文化认同始终保持中等水平（截距 $I_{原}=3.39$，$p<0.05$；$I_{城}=3.77$，$p<0.05$；斜率 $S_{原}=0.03$，$p>0.05$；$S_{城}=-0.07$，$p>0.05$），为“文化认同中等水平稳定组”。

第三类老年人占比最小，为 3.4%，其原文化认同初始水平较高，随后呈下降趋势；城市文化认同初始水平较低，随后呈上升趋势（截距 $I_{原}=$

3.97，$p<0.05$；$I_{城}=2.04$，$p<0.05$；斜率 $S_{原}=-0.24$，$p<0.05$；$S_{城}=0.75$，$p<0.05$)。据此特征，我们将其命名为“原文化认同降低—城市文化认同增长组”。3 类老年人的原文化认同和城市文化认同的联合发展轨迹如图 7－3 所示。

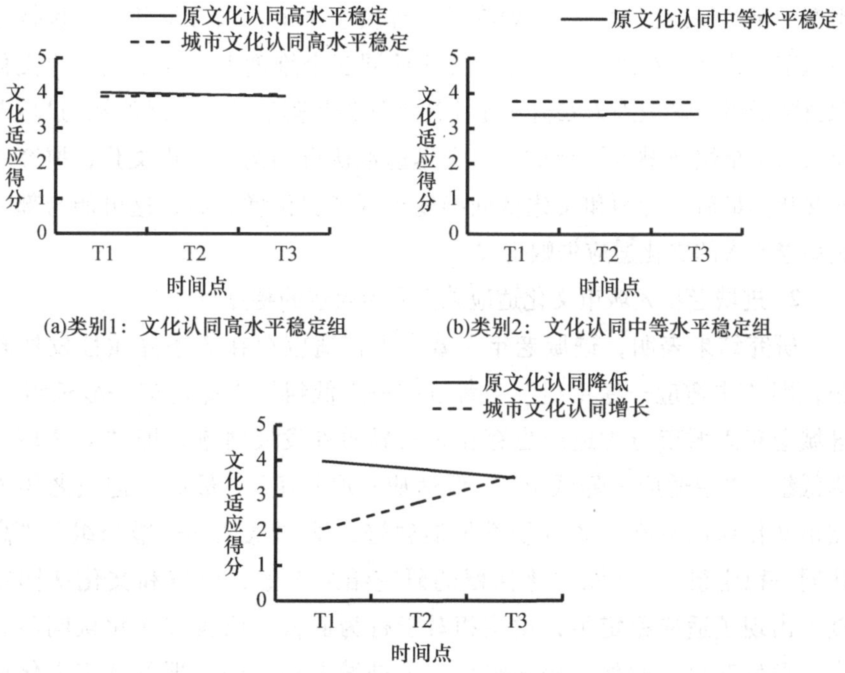

(a)类别1：文化认同高水平稳定组

(b)类别2：文化认同中等水平稳定组

(c)类别3：原文化认同降低—城市文化认同增长组

图 7－3　原文化认同和城市文化认同的联合发展轨迹

三　讨论

（一）进城老年人文化适应独立发展轨迹的特点

1. 进城老年人原文化保留独立发展轨迹的特点

本研究发现了进城老年人原语言保留的 3 条异质性发展轨迹，即“低保留—稳定组”“高保留—稳定组”“高保留—降低组”。进城老年人原行为保留也呈现出 3 条异质性发展轨迹，即“高保留—增长组”“高保留—降低组”“中保留—稳定组”。本研究还发现了进城老年人原文化认同存在 3 条异质性发展轨迹，即“低认同—增长组”“高认同—降低组”

“中等认同—稳定组”。本研究首次探讨了进城老年人的原文化保留的语言、行为和文化认同维度的发展轨迹存在异质性。本研究结果支持了前人假设（Yoon et al.，2020），即语言和文化认同作为文化适应的内部维度，更不容易发生变化，而行为作为文化适应的外部维度，更容易发生改变。因而，几乎一半以上的进城老年人的语言保留水平、文化认同水平在一年内保持相对稳定，而在行为保留水平上，只有少部分人保持相对稳定。此外，在语言、行为和文化认同三个维度上，都出现了原文化保留降低组。这是因为农村文化往往被认为是落后的、过时的①，进城老年人为了更快地融入城市群体，会迅速地认可和同化城市文化，摒弃农村文化。最后，行为和文化认同维度出现了保留增长组，这可能与部分进城老年人的文化适应失败有关。

2. 进城老年人城市文化适应独立发展轨迹的特点

研究结果表明，进城老年人城市语言适应存在 3 条异质性发展轨迹，即“中适应—稳定组”“高适应—降低组”“低适应—增长组”。进城老年人城市行为适应也存在 3 条异质性发展轨迹，即“高适应—降低组”“中适应—降低组”“低适应—增长组”。最后，进城老年人城市文化认同存在 2 条异质性发展轨迹，即“低认同—增长组”“高认同—稳定组”。与原文化保留的研究结果类似，语言和文化认同维度均出现了适应稳定组，说明相对于行为而言，语言和文化认同不太容易发生变化。此外，增长组代表了进城老年人中，那些城市文化适应良好的个体；降低组则代表了那些适应相对不成功的个体。降低组中的这类人群在进入城市生活的初期，会在一些表浅的语言、行为文化的学习上表现相对较好，但随着时间的推移，由于文化水平和年龄的限制，城乡文化之间依旧有一道难以跨越的鸿沟，因而影响了他们城市语言、城市行为的适应，出现初始的城市文化适应水平较高，而后开始降低的现象。

（二）进城老年人原文化保留和城市文化适应联合发展轨迹的特点

进城老年人的原文化保留和城市文化适应存在不同的发展轨迹，这为后续建立平行发展过程的潜类别增长模型，探讨两者联合发展轨迹提

---

① 刘奇：《二元文化：城乡一体化的“暗礁”》，《中国发展观察》2012 年第 11 期。

供了可能。

本研究结果证实，进城老年人在原语言保留和城市语言适应上存在4条联合发展轨迹，即“语言适应稳定组”“语言适应降低组”“原语言保留增长—城市语言适应稳定组”“原语言保留降低—城市语言适应增长组”。原行为保留和城市行为适应存在3条联合发展轨迹，即“行为适应稳定组”“行为适应增长组”“行为适应降低组”。原文化认同和城市文化认同也存在3条联合发展轨迹，“文化认同高水平稳定组”“文化认同中等水平稳定组”“原文化认同降低—城市文化认同增长组”。

以往研究认为，在文化适应的双线性模型中，两种文化适应取向可以结合出四种文化适应策略：第一种是同化，即追求东道国文化而放弃原文化；第二种是融合，即将东道国文化与原文化融合起来；第三种是分离，即保持原文化而不参与东道国文化；最后一种是边缘化，即疏远东道国文化与原文化（Berry，1997；Nguyen and Von Eye，2002）。本研究结果也支持上述四种文化适应策略。

首先，在语言维度上，“语言适应稳定组”在原语言保留和城市语言适应上都保持相对较高水平，可能采取的是融合的文化适应策略；“语言适应降低组”可能采用的是边缘化的文化策略，既不保持原文化，城市文化的卷入程度也不高；“原语言保留增长—城市语言适应稳定组”可能采取的是分离策略，保持并日益认同原有的语言文化，不参与城市语言文化的适应，这可能与城市语言适应困难有关；“原语言保留降低—城市语言适应增长组”可能采取的是同化策略，随着时间推移，他们不断地认可并习得城市语言文化，而放弃原有的原语言文化。

其次，在行为维度上，本研究结果表明，“行为适应增长组”中的进城老年人可能采取了融合的文化适应策略，将两种文化融合起来；“行为适应降低组”中的进城老年人可能采取了边缘化的文化适应策略；而“行为适应稳定组”中的进城老年人原行为保留保持较高水平，城市行为适应保持中等水平，可能采取的是融合或分离策略。

最后，在文化认同维度上，“文化认同高水平稳定组”和“文化认同中等水平稳定组”中的进城老年人原文化认同和城市文化认同水平都偏高，采取的可能是融合策略；而“原文化认同降低—城市文化认同增长组”中的进城老年人可能采取了同化的文化适应策略。

本研究具有一定的局限性。

首先，对样本的追踪周期较短，两次数据收集间隔的时间较长，无法揭示更精确的进城老年人文化适应发展的趋势。考虑到样本量被认为是纵向设计的一个重要问题，老年被试，尤其是进城老年被试，会更容易由于身体问题、家庭问题或环境适应不良等各种原因返回原居住地而在追踪过程中脱落。为了尽可能保证可接受的老年被试流失率，获得更大的样本量，当前研究采用了半年作为追踪间隔，但我们无法确定半年是不是观察变量发展变化规律的最佳时间间隔。

其次，无法估计进城老年人在城市文化适应过程中可能出现的曲线变化的模式。尽管以往大量文献表明，一般心理结构在较短时间的追踪期内通常表现为线性变化，但值得注意的是，三个时间点的数据由于只能拟合线性潜变量增长模型，可能无法代表更长追踪时间内的长期发展趋势。未来研究可以延长追踪时间与追踪次数，以获得更加精准的进城老年人文化适应的发展规律。

综上所述，本研究以动态视角剖析了进城老年人原文化保留（语言、行为、文化认同）和城市文化适应（语言、行为、文化认同）的独立及联合发展轨迹，揭示了进城老年人文化适应水平随时间的变化发展规律。此外，本研究首次探讨了进城老年人原语言保留和城市语言适应、原行为保留和城市行为适应、原文化认同和城市文化认同的联合发展轨迹，这对了解进城老年人的文化适应策略的选取和采用有着重要意义，更为日后对进城老年人制定针对性的干预措施提供了重要信息。

四 本节小结

进城老年人原语言保留和城市语言适应均呈现 3 条异质性发展轨迹，两者的联合发展呈现“语言适应稳定”“语言适应降低”“原语言保留增长—城市语言适应稳定”“原语言保留降低—城市语言适应增长”4 条异质性轨迹。进城老年人原行为保留和城市行为适应均呈现 3 条异质性发展轨迹，两者的联合发展呈现“行为适应稳定”“行为适应增长”“行为适应降低”3 条联合发展轨迹。进城老年人原文化认同和城市文化认同分别呈现 3 条、2 条异质性发展轨迹，两者的联合发展呈现“文化认同高水平稳定”“文化认同中等水平稳定”“原文化认同降低—城市文化认同增长”3 条联合发展轨迹。

第三节 文化适应联合发展轨迹的影响因素

一 研究方法

（一）研究对象

同本章第二节。

（二）研究工具

1. 文化适应量表

该量表的详细信息见第五章第二节。

2. 文化适应的风险及保护性因素

本研究将从人口学变量、家庭和社会关系、心理资源、年龄相关变量来探讨文化适应的风险因素及保护性因素。其中，人口学变量包括性别、年龄、教育程度、子女数量、赡养费；家庭和社会关系包括领悟社会支持和家庭功能；心理资源包括自尊、心理一致感；年龄相关变量为老年自我刻板印象。同时，本研究中所涉及的影响因素均在时间 T1，即第一次问卷填写时进行收集与测量。

测量工具详细信息见第六章第二节。

在本研究中，领悟社会支持量表、家庭功能量表、自尊量表、心理一致感量表以及老年自我刻板印象量表的 Cronbach's α 系数分别为 0.79、0.65、0.83、0.78 和 0.72。

（三）数据分析

基于第二节的联合发展轨迹的最终结果，通过 Mplus7.4 的稳健三步法（R3STEP）程序构建包含预测因子的回归混合模型（RMM），对联合发展轨迹的风险及保护性因素进行探讨。稳健三步法考虑了可能的分类误差，能产生更无偏的估计。①

① Vermunt, J. K., “Latent Class Modeling with Covariates: Two Improved Three-step Approaches”, *Political Analysis*, Vol. 18, No. 4, 2010, pp. 450 – 469.

二 研究结果

（一）原语言保留与城市语言适应联合发展轨迹的影响因素

鉴于进城老年人原语言保留与城市语言适应联合发展轨迹包括4个类别，我们用1代表“语言适应稳定组”，2代表“语言适应降低组”，3代表“原语言保留增长—城市语言适应稳定组”，4代表“原语言保留降低—城市语言适应增长组”。然后以1“语言适应稳定组”为参照组，考察何种影响因素会导致进城老年人属于“语言适应降低组”“原语言保留增长—城市语言适应稳定组”或“原语言保留降低—城市语言适应增长组”。

逻辑回归结果（见表7-4）显示，自尊能够显著预测此后一年内进城老年人原语言保留和城市语言适应联合发展趋势。具体而言，与“语言适应稳定组”相比，自尊水平低的进城老年人更可能属于“原语言保留降低—城市语言适应增长组”。

表7-4 原语言保留与城市语言适应联合发展轨迹亚组的逻辑回归分析

类别	2*vs.* 1		3 *vs.* 1		4*vs.* 1	
	B	*p*	*B*	*p*	*B*	*p*
人口学变量						
性别	0.33	0.744	0.45	0.574	-0.28	0.650
年龄	0.07	0.377	0.01	0.902	0.04	0.473
教育程度	-0.21	0.477	-0.36	0.231	-0.04	0.912
子女数量	0.15	0.719	-0.21	0.629	-0.01	0.970
赡养费	-0.04	0.880	-0.09	0.749	0.36	0.194
家庭和社会关系						
社会支持	0.41	0.503	0.16	0.633	-0.24	0.549
家庭功能	-0.29	0.802	0.38	0.768	0.09	0.937
心理资源						
自尊	0.85	0.433	-0.38	0.661	-1.06	0.027
心理一致感	0.21	0.631	0.24	0.552	0.25	0.508
年龄相关变量						
自我刻板	-0.75	0.334	-1.42	0.199	-0.38	0.526

（二）原行为保留与城市行为适应联合发展轨迹的影响因素

鉴于进城老年人原行为保留和城市行为适应存在3条联合发展轨迹，我们用1代表“行为适应稳定组”，2代表“行为适应增长组”，3代表“行为适应降低组”。然后以1“行为适应稳定组”为参照组，考察何种影响因素会导致进城老年人属于“行为适应增长组”还是“行为适应降低组”。

逻辑回归结果（见表7－5）显示，子女数量能够显著预测此后一年内进城老年人原行为保留和城市行为适应联合发展趋势。具体而言，与“行为适应稳定组”相比，子女个数越少的进城老年人越可能属于“行为适应增长组”。

表7－5　原行为保留与城市行为适应联合发展轨迹亚组的逻辑回归分析

类别	2*vs.* 1		3 *vs.* 1	
	B	*p*	*B*	*p*
人口学变量				
性别	1.77	0.371	0.15	0.814
年龄	－0.01	0.892	0.08	0.231
教育程度	0.09	0.773	1.41	0.698
子女数量	－0.63	0.072	0.03	0.926
赡养费	－0.22	0.534	0.02	0.929
家庭和社会关系				
家庭功能	－0.44	0.739	－0.24	0.764
社会支持	0.13	0.779	－0.03	0.929
心理资源				
自尊	0.20	0.911	－0.19	0.734
心理一致感	0.51	0.292	0.51	0.242
年龄相关变量				
老年自我刻板印象	－0.10	0.900	－0.66	0.410

（三）原文化认同与城市文化认同联合发展轨迹的影响因素

鉴于进城老年人原文化认同和城市文化认同也存在3条联合发展轨迹，我们用1代表“文化认同高水平稳定组”，2代表“文化认同中等水平稳定组”，3 代表“原文化认同降低—城市文化认同增长组”。接着以 1 “文化认同高水平稳定组”为参照组，考察何种因素会导致进城老年人属于“文化认同中等水平稳定组”还是“原文化认同降低—城市文化认同增长组”。

逻辑回归结果（见表 7－6）显示，赡养费、自尊、社会支持、心理一致感和自我刻板印象能够显著预测此后一年内进城老年人原文化认同和城市文化认同联合发展趋势。具体而言，与“文化认同高水平稳定组”相比，有赡养费的老年人属于“文化认同中等水平稳定组”，低社会支持、低心理一致感、低自尊和高自我刻板印象的进城老年人属于“原文化认同降低—城市文化认同增长组”。

表 7－6 原文化认同与城市文化认同联合发展轨迹亚组的逻辑回归分析

类别	2*vs.* 1		3 *vs.* 1	
	B	*p*	*B*	*p*
人口学变量				
性别	－0.31	0.643	－0.49	0.712
年龄	0.02	0.706	0.08	0.246
教育程度	0.38	0.205	0.11	0.856
婚姻状态				
子女数量	0.23	0.516	－0.41	0.581
赡养费	0.52	0.049	0.417	0.257
家庭和社会关系				
家庭功能	0.67	0.428	－1.88	0.144
社会支持	－0.42	0.361	－1.22	0.077
心理资源				
自尊	－0.55	0.339	－1.30	0.015
心理一致感	0.17	0.678	－1.79	0.079
年龄相关变量				
老年自我刻板印象	－1.04	0.138	2.13	0.054

三 讨论

本研究结果表明，自尊能够显著预测此后一年内进城老年人原语言保留和城市语言适应联合发展趋势。相对于“语言适应稳定组”，自尊水平低的进城老年人属于“原语言保留降低—城市语言适应增长组”。与前人研究一致，自尊被发现是文化适应的预测因子。[①] 相比于自尊水平高的老年人，自尊水平低的老年人为了赢得尊重，会主动摒弃被认为是过时的原语言文化，不断学习城市先进语言文化，以融入城市本地群体。

本研究结果还发现，与“行为适应稳定组”相比，子女个数越少的进城老年人越可能属于“行为适应增长组”。该组的进城老年人更多的是采取融合的文化适应策略，即既保留原文化，又习得城市文化（Nguyen and Von Eye，2002）。同时，该策略被发现与最好的心理适应结果有关。[②] 然而，子女个数少的进城老年人更难从子女处获得支持，生活满意度较低，这增加了他们对原有农村熟悉行为文化的怀念。但由于环境的变化，面对城市更时尚、先进的生活行为习惯，他们也不得不做出相应改变，主动学习。因此，他们也出现了原行为保留水平和城市文化适应水平都增长的现象。

与“文化认同高水平稳定组”相比，有赡养费的老年人属于“文化认同中等水平稳定组”；低社会支持、低自尊、低心理一致感、高自我刻板印象的进城老年人属于“原文化认同降低—城市文化认同增长组”。研究表明，可以通过自身劳动、退休金或养老保险等方式来满足个体经济需求的老年人，在经济支出上更具自主性，更能独立处理遇到的健康问题或生活负性事件。[③] 因此，每月收到儿女赡养费的老年人，更依赖子女并在各方面更安于现状，其原文化认同和城市文化认同在一段时间内保持相对稳定。另外，与前人研究类似，领悟社会支持、个人资源因素、老化自我认知或态度因素都与个体的文化适应有关，并对其文化适应过程产生影响。[④]

---

① Kosic, A., "Personality and Individual Factors in Acculturation", in D. L. Sam and J. W. Berry, eds. *The Cambridge Handbook of Acculturation Psychology*, Cambridge University Press, 2006, pp. 113 – 128.

② Zheng, X., Sang, D. and Wang, L., "Acculturation and Subjective Well-being of Chinese Students in Australia", *Journal of Happiness Studies*, Vol. 5, No. 1, 2004, pp. 57 – 72.

③ 孙秀娜、秦殿菊、徐萌泽等:《河北省农村空巢老年人抑郁症状及相关因素》,《中国心理卫生杂志》2020 年第 11 期。

④ 程菲、李树茁、悦中山:《文化适应对新老农民工心理健康的影响》,《城市问题》2015 年第 6 期。

综上所述，本研究对进城老年人文化适应的联合发展轨迹的影响因素进行了探讨，不仅补充了以往文化适应的相关研究，也为进城老年人的特定文化干预提供了相应的信息，对提升进城老年人的生活质量和幸福感有着重要意义。

四 本节小结

子女数量、赡养费、领悟社会支持、自尊、心理一致感和自我刻板印象是进城老年人文化适应的影响因素。具体而言，自尊是进城老年人原语言保留和城市语言适应联合发展趋势的影响因素；子女数量是进城老年人原行为保留和城市行为适应联合发展趋势的影响因素；赡养费、自尊、领悟社会支持、心理一致感和自我刻板印象是进城老年人原文化认同和城市文化认同联合发展趋势的影响因素。

第四节 本章小结

本章采用以个体为中心的方法，对进城老年人的原文化保留、城市文化适应的发展轨迹以及二者的联合发展轨迹进行深入的分析和探讨，并在联合发展轨迹结果的基础上，明确了进城老年人文化适应的风险性及保护性因素。具体而言，进城老年人的原文化保留的语言、行为和文化认同维度均呈现 3 条异质性发展轨迹，城市文化适应的语言、行为和文化认同维度分别呈现 3 条、3 条和 2 条异质性发展轨迹。在二者的联合发展轨迹上，语言维度存在 4 条联合发展轨迹，行为维度和语言认同维度均存在 3 条联合发展轨迹。随后，在联合发展轨迹的基础上，本章研究确定了进城老年人文化适应联合发展趋势的影响因素，包括子女数量、赡养费、领悟社会支持、自尊、心理一致感以及自我刻板印象。本章研究结果对先前文化适应的研究进行了补充，揭示了进城老年人文化适应发展规律，并探讨了发展规律的影响因素，为制定提升进城老年人文化适应水平的干预方案提供了参考。

第八章

进城老年人文化适应的心理效应

第一节 背景与研究问题

一 文化适应的后果变量

文化适应水平与流动人口的适应性心理结构存在着显著的相关关系。国外的研究发现，尽管从农村迁移到城市生活的个体能够享有充足的物质保障和优越的公共服务，但是他们的主观幸福感显著低于一直生活在农村的同伴。① 此外，还有研究发现，当个体离开熟悉的环境，暴露于陌生而新奇的城市环境中时，极有可能会体验到当地居民（尤其是有地域歧视观念的居民）的负面态度，对其自尊产生消极影响（Searle and Ward，1990；Harker，2001）。

在国内，由于城乡文化之间也存在着巨大的差异，进城老年人文化适应的过程是应对一系列重大挑战性生活事件的过程（Sam and Berry，2010）。城市之间以及农村和城市之间在语言、行为方式、价值认同等文化特征上的明显差异，可能会成为进城老年人的压力源，在缺乏适当的应对策略和社会支持的情况下，能够引发强烈的压力反应（Hwang et al.，2005；Hwang and Myers，2007），也会影响进城老年人的文化适应水平和生活质量。此外，进城老年人对城市生活往往抱有较高的期望，而真实的城市生活往往与他们理想的城市生活存在着一定的差距，在预期与现实体验不匹

---

① Knight J. and Gunatilaka R.，"Great Expectations? The Subjective Well-being of Rural-Urban Migrants in China"，*World Development*，Vol. 38，No. 1，2010，pp. 113 – 124.

配的情况下，过高预期往往导致他们心理适应困难。① 如很多进城老年人到城市后会发现难以和本地人沟通交流，进而不愿意与城市人保持一致的行为方式，不认同当地的价值观。这些心理落差最终会引起进城老年人对城市生活的适应不良。所以，居住环境的变迁会显著影响老年人的适应水平和生活质量。

由于城市文化适应的困难和自身认知能力下滑的双重挑战，② 进城老年人表现出了更多的健康问题。根据文化适应的压力理论（Berry，1990），迁移者在文化适应过程中受到文化差异的冲击会出现心理健康状况下降的现象，可表现为焦虑、抑郁和孤独情绪增加，身份认同混乱，躯体症状增多，等等。一些实证研究还发现，进城老年人存在明显的心理健康问题。如彭大松等发现，城乡流动的过程给老年人的心理健康造成了不良影响。尤其是在流动初期，由于要适应新的环境，老年人会面临多重心理压力，心理健康水平往往较低。③ 王会光的研究也发现，与在城市间流动的老年人相比，进城老年人身体健康自评状况更差。④ 此外，社交网络规模和对流入地区的满意程度也会影响进城老年人的健康水平。具体来说，亲属网络比朋友网络对进城老年人心理健康的影响更大；“单身”状态比离婚、丧偶对进城老年人的心理健康影响更明显。同时，和谐、友好的社会氛围与进城老年人更高的幸福感相关，并能够预测进城老年人较高的心理健康水平。

除了健康问题，文化适应水平也与进城老年人的生活质量和情绪幸福感有着密切的关系。在生活质量方面，以往的研究发现，进城老年人的文化适应状况会对其主观幸福感产生影响，来自本地的社会支持度越

---

① Rogers, J. and Ward, C., “Expectation-experiences and Psychological Adjustment During Cross-cultural Reentry”, *International Journal of Intercultural Relations*, Vol. 17, No. 2, 1993, pp. 185 – 196.

② Park H. L., O’Connell, J. E. and Thomson R. J., “A Systematic Review of Cognitive Decline in the General Elderly Population”, *International Journal of Geriatric Psychiatry*, Vol. 18, No. 12, 2003, pp. 1121 – 1134.

③ 彭大松、张卫阳、王承宽：《流动老人的心理健康及影响因素分析——基于南京的调查发现》，《人口与社会》2017 年第 4 期。

④ 王会光：《流动老人的自评健康状况及影响因素研究——基于城乡差异的视角》，《西北人口》2018 年第 6 期。

高，文化适应水平越高，老年人的幸福感也就越强；[①] 相反，老年人的文化适应水平越低，其生活质量越差。[②] 在情绪情感方面，国外的研究发现，成功的文化适应降低了移民老年人的抑郁感和焦虑感。[③] 国内的研究则表明积极的文化适应有效地缓解了进城老年人的孤独感，消除了他们的焦虑和抑郁。[④⑤] 总之，文化适应水平对进城老年人的生活质量和情绪幸福感都产生了显著的影响。

二　文化适应心理效应的中介机制

以往研究显示，自我完整性和感知自主性在文化适应的效应中扮演了重要的角色。自我完整性是指个体所持有的关于自我适应性和道德充分性的自我概念。[⑥] 具体来说，自我完整性是个体通过对自己的心情、人际关系、处理事务的状态或质量的肯定，达到一种积极的情感体验。作为自我系统的核心组成部分（Cohen and Sherman，2014），自我完整性在外部环境与个体的心理与行为结果之间的关联中起重要作用，可能是文化适应影响老年人生活质量与情绪幸福感的中介机制变量。根据自我肯定理论，人们被激励去保持一个自我完整的整体形象，[⑦] 这在社会适应和社会互动中起着至关重要的作用，不仅可以引起个体积极的情绪情感体验，还可以改善个体在压力情境下的消极生理和情绪反应，以及促进个

---

① 刘钰曦、冯晓晴、万崇华等：《广东省东莞市随迁老人主观幸福感分析》，《中国健康教育》2020 年第 3 期。

② 李立、张兆年、张春兰：《随迁老人的精神生活与社区融入状况的调查研究——以南京市为例》，《法制与社会》2011 年第 31 期。

③ Alizadeh-Khoei，M.，Mathews，R. M. and Hossain，S. Z.，"The Role Af Acculturation in Health Status and Utilization of Health Services Among the Iranian Elderly in Metropolitan Sydney"，*Journal of Cross-Cultural Gerontology*，Vol. 26，No. 4，2011，pp. 397 – 405.

④ 张彧文、王颖、辛照华等：《老年人孤独感严重程度以及社交孤独、情感孤独的影响因素——以上海市三个区为例》，《复旦学报》（医学版）2024 年第 1 期。

⑤ 曹成霖、郑信、曹文文等：《老年人孤独研究中文文献计量与可视化分析》，《中华全科医学》2023 年第 8 期。

⑥ Steele，C. M.，"The Psychology of Self-affirmation：Sustaining the Integrity of the Self"，*Advances in Experimental Social Psychology*，Vol. 21，No. 2，1988，pp. 261 – 302.

⑦ Sherman，D. K. and Hartson，K. A.，"Reconciling Self-protection with Self-improvement：Self-affirmation Theory"，in Alicke M. D. and Sedikides C.，eds. *Handbook of Self-enhancement and Self-protection.* New York，NY：Guilford Press，2011，pp. 128 – 151.

体的健康维护意图和行动。[①][②] 然而，个体的自我完整性是敏感的，容易受到外界压力等因素的威胁，对老年人来说尤其如此。埃里克森认为，老年阶段的发展任务是能够完全接受自我，获得一种完善感，也就是达成自我完整。[③] 老年阶段是体验自我完整的关键时期，老年人的自我完整性容易受到环境因素和消极事件的影响。以往研究表明，消极的年龄刻板印象、家庭功能障碍等因素都会对老年人的自我完整性产生消极影响（Dang et al.，2021；Rasool et al.，2022）。基于此，生活环境的变迁作为一种外部风险因素，可能会威胁到进城老年人的自我完整性。对于那些对新环境适应困难的老年人而言，消极的生活经历和体验会让他们否定自己的能力和生活的意义，导致自我完整性水平降低。因此，流动老年人的文化适应水平会影响他们的自我完整性。同时，自我完整性作为个体心理健康的保护因素，如果被外界负性刺激威胁和破坏，可能会使个体的身心健康受到消极的影响。在以往研究中，自我完整性与负性情绪负相关，和幸福感等正性情绪正相关。[④] 可以推断，较低的自我完整性预示着较低的心理健康水平。因此，文化适应的水平很可能会通过自我完整性的中介作用对进城老年人的情绪幸福感产生显著的心理行为效应，即自我完整性是进城老年人文化适应相关心理效应的一个中介机制。

此外，根据自我决定理论，自主性作为个体最基本的心理需求之一，[⑤] 也对维持个体的身心健康水平以及心理社会适应能力有着重要影响。自主性是指个体能够在不受他人影响的情况下实施自我导向决策的能力。在以往文献中，研究者经常用感知自主性来代表个体自主性水平。

---

① Epton，T.，Harris，P. R.，Kane，R.，et al.，“The Impact of Selfaffirmation on Health-behavior Change：A Meta-analysis”，*Health Psychology*，Vol. 34，2015，pp. 187－196.

② Harris，P. R. and Epton，T.，“The Impact of Self-affirmation on Health Cognition，Health Behavior and Other Health Related Responses：A Narrative Review”，*Social and Personality Psychology Compass*，Vol. 3，2009，pp. 962－978.

③ Erikson，E.，*Identity*，*Youth and Crisis*. New York：Norton，1968.

④ Powell，P.，Hobson，L.，Simpson，J.，et al.，“Do Self-affirmation Manipulations Reduce Self-directed Negative Emotion?”，*Psychology and Health*，Vol. 28（Suppl），2013，p. 292.

⑤ Ryan，R. M. and Deci，E. L.，“Self-determination Theory and the Facilitation of Intrinsic Motivation，Social Development，and Well-being”，*American Psychologist*，Vol. 55，No. 1，2000，pp. 68－78.

感知自主性是个体对与自主性相关能力和机会的主观知觉。① 以往研究发现，感知自主性的提高可以促进个体的心理社会适应。②③ 还有研究显示高水平的感知自主性能有效提高老年人的自我护理行为，促进他们的身心健康并提高他们的生活质量，④ 另外，感知自主性也会受到外部资源变化的影响。⑤ 对于进城老年人来说，生活环境的变迁必然伴随着一些原有外部资源的丧失和新的外部资源的获得，进而影响个体感知到的自主性的水平。综上，文化适应会影响进城老年人的感知自主性水平，而感知自主性水平又会影响个体的身心健康和生活质量，因此，感知自主性是文化适应相关心理效应的另一个中介机制。

三　文化适应心理效应的调节机制

文化适应效应会受到个人特征或其他心理结构的调节。以往研究发现，性别、年龄、教育水平、慢性病史等变量会对老年个体的身心健康产生显著影响。⑥⑦ 池上新和吕师佳也认为，进城老年人由于年龄、流动等特征，往往会产生较大的生理健康问题，面临较高的心理健康风险，进而降低他们的生活质量水平。⑧ 同时，高睿等人的研究也发现，随着年龄的增长，老年人的生活适应能力减弱，自理能力下降，人际交往和活

---

① Moilanen, T., Kangasniemi, M., Papinaho, O., et al., "Older People's Perceived Autonomy in Residential Care: An Integrative Review", *Nursing Ethics*, Vol. 28, No. 3, 2021, pp. 414 – 7434.

② Bekker, M. H. and Belt, U., "The Role of Autonomy-connectedness in Depression and Anxiety", *Depression and Anxiety*, Vol. 23, No. 5, 2006, pp. 274 – 280.

③ Ruan, Y., Zhu, D. and Lu, J., "Social Adaptation and Adaptation Pressure Among the 'Drifting Elderly' in China: A Qualitative Study in Shanghai", *The International Journal of Health Planning and Management*, Vol. 34, No. 2, 2019, pp. e1149 – e1165.

④ 杨心悦、沈琦、谢芳芳等：《381例社区老年慢性病患者自主性感知现状及影响因素分析》，《护理学报》2019年第3期。

⑤ Lewis, H., "Self-determination: The Aged Client's Autonomy in Service Encounters", *Journal of Gerontological Social Work*, Vol. 7, No. 3, 1984, pp. 51 – 63.

⑥ 陈宁、石人炳：《流动老人健康差异的实证研究》，《重庆社会科学》2017年第7期。

⑦ 廖爱娣：《中国流动老人研究现状及展望》，《成都大学学报》（社会科学版）2019年第2期。

⑧ 池上新、吕师佳：《社会融入与随迁老人的身心健康——基于深圳市调查数据的分析》，《深圳社会科学》2021年第5期。

动范围逐渐缩小，这会导致他们更容易产生焦虑、孤独等不良心理反应，进而降低他们的生活质量。[①] 此外，研究还发现，相比于男性流动老年人，女性流动老年人更容易产生焦虑情绪。[②] 因此，文化适应、生活质量和情绪健康之间的关系可能会因人而异。也就是说，性别、年龄等人口学变量在文化适应对进城老年人的生活质量、情绪健康的影响中起到调节作用。

除了基本的人口学变量外，一些重要的社会资源和心理资源也会调节进城老年人文化适应的效应。Diener 和 Fujita 认为，家人的关心和朋友的支持是个人常见的社会资源，而心理一致感和控制感等重要的心理结构是个体重要的心理资源。[③] 进入陌生的城市环境生活后，进城老年人往往会面临城市文化的排斥、身份认同感缺失和交往行为中断等问题。这些问题在一定程度上会带来显著的适应压力，进而对进城老年人的精神健康和生活质量产生显著的影响。[④] 根据压力模型，社会资源和心理资源能够缓解压力事件对个体身心健康的消极影响（Pressman et al.，2019）。基于此，社会资源和心理资源在文化适应的消极影响中起到保护作用。对于进城老年人来说，社会资源和心理资源也可以减轻适应压力，进而提高进城老年人的健康水平和生活质量。因此，社会资源和心理资源作为老年人的重要保护性因素，不仅会对他们身心健康、生活质量有着直接影响（张何雅婷等，2020），还可能在文化适应与进城老年人生活质量、情绪健康的关系中起到调节作用。

在心理资源方面，个体的心理一致感和控制感对其文化适应的效应可能会起到调节作用。尽管心理一致感和控制感在概念上与自我完整性和感知自主性相近，但他们是不同性质的心理结构。自我完整性和感知

---

① 高睿、李宁、刘宜等：《社区老年人生活质量及其影响因素研究——以西安市四个社区为例》，《西部学刊》2022 年第 1 期。

② 孙杨、闫飞、王维婷等：《移居年限在新城市老年人压力与抑郁及焦虑间的调节作用研究》，《中国全科医学》2020 年第 2 期。

③ Diener, E. and Fujita, F., "Resources, Personal Strivings, and Subjective Well-being: A Nomothetic and Idiographic Approach", *Journal of Personality and Social Psychology*, Vol. 68, 1995, pp. 926 – 935.

④ 何雪松、黄富强、曾守锤：《城乡迁移与精神健康：基于上海的实证研究》，《社会学研究》2010 年第 1 期。

自主性是容易受外界环境影响而变化的主观心理体验，而心理一致感和控制感是较为稳定的人格特质。具体而言，心理一致感作为一种重要的心理资源，在以往研究中被证明是调节环境压力消极效应的重要因素。心理一致感是健康发生理论中的一个重要概念，被定义为一种个体内部稳定的心理倾向，它表达了个体拥有的一种普遍的、持久的和动态的自信感的程度，即个体在多大程度上认为世界是有意义的、可理解的和可管理的。[①] 根据 Antonovsky 的理论，心理一致感是对外部环境和事件的感知和解释，在适应力等关键资源中起着重要作用。具有高水平心理一致感的个体能够更好地适应和响应环境以保持身心健康，因为他们更能够理解和解释外部事件和环境，并灵活地运用资源应对不利环境。[②③] 大量实证研究发现，当身处不利环境或面对压力事件时，高水平的心理一致感可以使个体采取更积极有效的应对方式，减少消极事件对心理健康的负面影响。相反，心理一致感水平较低的个体将难以做出有效应对，这将进一步危害他们的心理健康。[④⑤] 这些研究结果表明，心理一致感在调节客观环境对个体的身心健康影响方面起着重要作用。基于此，在进城老年人文化适应对心理健康水平和生活质量的影响中，心理一致感也会起到一定的调节作用。具体而言，高水平的心理一致感可能会促进城市文化适应良好与进城老年人生活质量或心理健康的积极关系，缓解城市文化适应不良对进城老年人生活质量或心理健康的消极影响。

控制感是一种与个体心理健康密切相关的稳定的个人特质，也是进城老年人文化适应心理效应个体差异的一个决定因素。控制感是指个体

---

① Antonovsky, A., *Unraveling the Mystery of Health: How People Manage Stress and Stay Well*, San Francisco: Jossey-Bass, 1987.

② Richardson, C. G. and Ratner, P. A., "Sense of Coherence as a Moderator of the Effects of Stressful Life Events on Health", *Journal of Epidemiol & Community Health*, Vol. 59, 2005, pp. 979 - 984.

③ Silver, R., *Coping with College Stress: Does Sense of Coherence Influence the Use of Alcohol and OTC Medication*, Syracuse University, 2013.

④ Kleiveland, B., Natvig, G. K. and Jepsen, R., "Stress, Sense of Coherence and Quality of Life Among Norwegian Nurse Students After a Period of Clinical Practice", *PeerJ*, Vol. 3, 2015, p. e1286.

⑤ Moksnes, U. K., Espnes, G. A. and Haugan, G., "Stress, Sense of Coherence and Emotional Symptoms in Adolescents", *Psychology & Health*, Vol. 29, 2013, pp. 32 - 49.

感知自己控制环境或事件能力的水平。[①] Kiecolt 等认为，控制感可能是最重要的个人资源，对个体的心理健康有积极影响。[②] 具有高水平控制感的个体多认为压力源威胁性较小，因而能够更有效地应对压力源。[③] 以往文献表明，对环境事件有效掌控的感知，不仅能显著减少压力情境对个体的消极影响，还可以增强个体在压力情境中的积极情绪感受和自主行动能力（Langer and Rodin，1976）。相反，当个体感知对环境的控制水平较低或无法控制时，就会感受到焦虑、恐惧和无助等消极情绪。[④] 对于老年人来说，年龄的增长导致身体机能的衰退和社会经济资源的减少，会使他们对环境的实际控制能力下降。在这样的背景下，若能维持老年人心理上高水平的控制感，让他们相信自己仍有应对压力和掌控生活的能力，就有助于他们以积极乐观的心态应对压力或困境，维持或促进心理健康和提高生命意义感（冯富荣等，2020）。控制感的这种适应性意义对于进城老年人来说是十分重要的。高水平的控制感有助于进城老年人在适应新环境的过程中维持健康的心理状态。以往研究也证明了控制感在压力事件或压力环境与老年人心理健康关系间的调节作用。例如，lnfurna 等发现控制感强的老年人在面对挑战时更有毅力，从而能够体验到更高的生活满意度。[⑤] 因此，控制感会调节进城老年人的文化适应状况与生活质量和心理健康的关系，即在文化适应对老年人心理健康和生活质量的影响上起到积极的促进作用。

基于以上论述，常见的人口学变量、主要的社会资源和心理资源（心理一致感和控制感）可能在文化适应与进城老年人的生活质量和情绪

---

① 尧丽、任维：《控制感形成的影响因素、神经基础及临床意义（综述）》，《中国健康心理学杂志》2023 年第 8 期。

② Kiecolt，K. J.，Hughes，M. and Keith，V. M.，"Can a High Sense of Control and John Henryism be Bad for Mental Health?"，*The Sociological Quarterly*，Vol. 50，No. 4，2009，pp. 693 – 714.

③ Pearlin，L. I.，*The Stress Process Revisited*：*Reflections on Concepts and Their Interrelationships*，*In Handbook of the sociology of Mental Health*，Boston，MA：Springer US，1999，pp. 395 – 415.

④ Maier，S. F. and Seligman，M. E.，"Learned Helplessness at Fifty：Insights from Neuroscience"，*Psychological Review*，Vol. 123，No. 4，2016，pp. 349 – 367.

⑤ Infurna，F. J.，Gerstorf，D.，Ram，N.，et al.，"Maintaining Perceived Control with Unemployment Facilitates Future Adjustment"，*Journal of Vocational Behavior*，Vol. 93，2016，pp. 103 – 119.

健康的关系中发挥着重要作用。因此，在后面的研究中，我们将探讨人口学变量、社会资源和心理资源在文化适应与进城老年人生活质量或情绪健康的关系中所起到的调节作用。在本部分研究中，我们选用的人口学变量包括年龄、性别；社会资源包括家庭功能和领悟社会支持；心理资源包括心理一致感和控制感。

四　研究问题

综上所述，以往研究已经关注了进城老年人的适应状况及其对心理行为特征的影响。然而，很少有研究系统地关注文化适应与进城老年人生活质量、情绪健康及其相关心理结构之间的关系。参考以往相关领域的研究结果，我们使用抑郁、焦虑、幸福感等指标来评估老年人的情绪健康和生活质量。①② 此外，为了更加全面地了解文化适应对进城老年人广泛心理结构的效应，我们也关注了希望对老年人的成功老化有着重要意义的积极心理结构与进城老年人文化适应的关系。③ 基于此，我们以文化适应双维度模型理论为依据（Berry，2005），分别探讨了原文化保留和城市文化适应对进城老年人生活质量和情绪健康等相关指标的效应及其机制。具体来说，本章的研究主要包括以下几方面内容：

首先，分别检验进城老年人原文化保留水平和城市文化适应水平与进城老年人情绪健康等指标的预测关系。

其次，考察进城老年人原文化保留和城市文化适应与情绪健康等指标关系的中介变量。

最后，探讨进城老年人原文化保留和文化适应与情绪健康等指标关系的边界条件，即文化适应各指标与情绪健康等指标关系的调节变量。

---

① Hendrie，H. C.，Albert，M. S.，Butters，M. A.，et al.，"The NIH Cognitive and Emotional Health Project：Report of the Critical Evaluation Study Committee"，*Alzheimer's & Dementia*，Vol. 2，No. 1，2006，pp. 12 – 32.

② Alizadeh-Khoei，M.，Mathews，R. M. and Hossain，S. Z.，"The Role of Acculturation in Health Status and Utilization of Health Services Among the Iranian Elderly in Metropolitan Sydney"，*Journal of Cross-Cultural Gerontology*，Vol. 26，No. 4，2011，pp. 397 – 405.

③ Yaghoobzadeh，A.，Gorgulu，O.，Yee，B. L.，et al.，"A Model of Aging Perception in Iranian Elders with Effects of Hope，Life Satisfaction，and Socioeconomic Status：A Path a Analysis"，*Journal of the American Psychiatric Nurses Association*，Vol. 24，No. 6，2018，pp. 522 – 530.

第二节 文化适应与生活质量及情绪健康的关系

一 研究方法

（一）被试

以在西安和北京的9个社区招募的1212位老年人为被试。被试的年龄在55—95岁之间，平均年龄66.43（$SD=7.27$）岁。其中，男性403名，女性805名；进城老年人307名，城市间流动老年人212名，城市本地老年人693名。

（二）研究工具

1. 文化适应量表

该量表的详细信息见第五章第二节。在本研究样本中，城市文化适应分量表和原文化保留分量表的Cronbach's α系数分别为0.87和0.85。

2. 幸福感

纽芬兰幸福度量表（MUNSH）是一个评估所有年龄段的成年人的幸福感量表（Kozma and Stones，1988）。该量表由24个项目组成，其中，5个积极项目（PA）和5个消极项目（NA）测量当前的、短暂的情感状态，7个积极项目（PE）和7个消极项目（NE）测量长期情感或生活满意度。量表项目的评分包含2（表示该陈述对被试是真实的）、1（表示被试不知道）、0（表明该项目不适用于被试）。积极和消极项目的差值就是一个综合的幸福分数（PA－NA＋PE－NE＝MUNSH总分）。由于总分可能会有负数的情况，为了保证最后分数都是正数，最后在原始总分的基础上加上24。研究者发现，MUNSH是一种强有力的幸福测量工具（Kozma and Stones，1980），且在18个月内的重测信度为0.70。在本研究中，该量表PA维度的Cronbach's α系数为0.76，NA维度的Cronbach's α系数为0.72，PE维度的Cronbach's α系数为0.72，NE维度的Cronbach's α系数为0.78。

3. 抑郁

从流调中心抑郁量表（CES-D）[①] 中选取五个因素载荷最高的项目（如“我感到消沉”“我觉得做每件事都费力”）来测量被试的抑郁情绪。采用 4 点计分，0 代表“很少或根本没有”，4 代表“大多数时间”，分数越高代表抑郁情绪水平越高。为了验证这 5 个项目的效度，我们使用另一批由 1614 名被试组成样本的 CES-D 数据来验证 5 个项目与原始量表的 13 个项目之间的相关性。相关分析的结果表明，这 5 个项目与完整量表 13 个项目之间呈显著正相关，$r=0.93$，$p<0.001$，表明具有较好的相容效度。本次研究中的 Cronbach's α 系数为 0.78。

4. 孤独

从 UCLA 孤独感量表[②]中选取四个因素载荷最高的项目（如“我常感到没有人很了解我”“我常感到人们围着我但不关心我”）来测量被试的孤独感。量表采用 4 点计分，1 代表“从不”，4 代表“一直”，量表总分越高代表个体感受到的孤独程度越高。同样使用另一批 1614 名青少年样本来验证 4 个项目与完整量表之间的相关性，结果表明这 4 个项目与完整量表之间呈显著正相关，$r=0.81$，$p<0.001$，表明具有较好的相容效度。本次研究中的 Cronbach's α 系数为 0.58。

5. 焦虑

选用 Zung（1971）编制的焦虑自评量表（SAS）[③] 中因子载荷最高的 5 个项目（如“我觉得比平时容易紧张和着急”“我无缘无故地感到害怕”）[④] 来测量被试的焦虑情绪。采用 4 点计分，0 代表“没有或很少时间”，4 代表“绝大部分或全部时间”。分数越高代表越焦虑。本次研究

---

① Radloff, L. S., “The CES-D Scale: A Self-report Depression Scale for Research in the General Population”, *Applied Psychological Measurement*, Vol. 1, No. 3, 1977, pp. 385 – 401.

② Russell, D., Peplau, L. A. and Cutrona, C. E., “The Revised UCLA Loneliness Scale: Concurrent and Discriminant Validity Evidence”, *Journal of Personality and Social Psychology*, Vol. 39, No. 3, 1980, pp. 472 – 480.

③ Zung, W. W., “A Rating Instrument for Anxiety Disorders”, *Psychosomatics: Journal of Consultation and Liaison Psychiatry*, Vol. 12, No. 6, 1971, pp. 371 – 379.

④ Olatunji, B. O., Deacon, B. J., Abramowitz, J. S., et al., “Dimensionality of Somatic Complaints: Factor Structure and Psychometric Properties of the Self-Rating Anxiety Scale”, *Journal of Anxiety Disorders*, Vol. 20, No. 5, 2006, pp. 543 – 561.

中的 Cronbach's α 系数为 0.72。

6. 希望

采用成人素质希望量表①来测量被试的希望。以往研究表明该量表具有良好的信效度。② 该量表共 12 个项目，如“能想出很多办法摆脱困境”。量表项目采用 4 点计分，1 代表“完全错误”，4 代表“完全正确”，得分越高表示被试的希望水平越高。本次研究中的 Cronbach's α 系数为 0.71。

7. 生活质量

采用生活质量量表来评估老年人的生活质量，共 12 个条目，包括 8 个维度。采用百分制评分方法对所得分数进行计分。将所有条目加起来计算出量表粗分，再对所得粗分进行标准化转换。所得总分代表生活质量水平的高低，得分越高表明老年人生活质量水平越高。以往的研究表明该量表具有良好的信度和效度。③④ 本次研究中的 Cronbach's α 系数为 0.84。

（三）数据分析方法

采用 SPSS23.0 统计软件对数据进行处理和分析。首先在 SPSS 中采用 EM 算法填补缺失值。然后以城市文化适应总分和原文化保留总分及其各维度为自变量，以情绪幸福感等指标（幸福感、抑郁、孤独等）为因变量创建回归模型。考虑到不同维度（语言、行为和文化认同）之间可能存在的共线性问题，我们依次以城市文化适应的语言、行为、文化认同、总分和原文化保留的语言、行为、文化认同、总分为自变量，建立一元回归模型，以检验城市文化适应和原文化保留对情绪幸福感等指标

---

① Snyder, C. R., "Conceptualizing, Measuring, and Nurturing Hope", *Journal of Counseling and Development*, Vol. 73, No. 3, 1995, pp. 355－340.

② 陈灿锐、申荷永、李淅琮：《成人素质希望量表的信效度检验》，《中国临床心理学杂志》2019 年第 1 期。

③ Ware, J. E., Kosinski, M. and Keller, S. D., "A 12-Item Short-Form Health Survey: Construction of Scales and Preliminary Tests of Reliability and Validity", *Medical Care*, Vol. 34, No. 3, 1996, pp. 220－233.

④ Gandhi, S. K., Salmon, J. W., Zhao, S. Z., et al., "Psychometric Evaluation of the 12-item Short-form Health Survey (SF-12) in Osteoarthritis and Rheumatoid Arthritis Clinical Trials", *Clinical therapeutics*, Vol. 23, No. 7, 2001, pp. 1080－1098.

的影响。

二　结果

（一）原文化保留各维度及总分的预测效应

1. 行为维度

进城老年人和城市间流动老年人原文化保留行为维度回归分析的结果表明，原文化保留的行为维度是进城老年人希望感的积极预测指标（$\beta = 0.26$，$SE = 0.05$，$t = 4.67$，$p < 0.001$），即原文化的行为保留程度越高，进城老年人的希望水平越高。

同样，原文化保留的行为维度也是城市间流动老年人希望感的积极预测指标（$\beta = 0.17$，$SE = 0.05$，$t = 2.44$，$p < 0.05$），即原文化的行为保留程度越高，城市间流动老年人的希望水平越高。

2. 文化认同维度

进城老年人和城市间流动老年人原文化保留文化认同维度回归分析的结果显示，原文化保留的文化认同维度是进城老年人焦虑（$\beta = 0.14$，$SE = 0.05$，$t = 2.53$，$p < 0.05$）和希望（$\beta = 0.25$，$SE = 0.05$，$t = 4.48$，$p < 0.001$）的积极预测指标，即对原乡村文化的认同程度越高，进城老年人的焦虑和希望水平越高。

原文化保留的文化认同维度也是城市间流动老年人希望感的积极预测指标（$\beta = 0.18$，$SE = 0.05$，$t = 2.68$，$p < 0.01$），即对原城市文化的认同程度越高，城市间流动老年人的希望水平越高。

3. 语言维度

进城老年人和城市间流动老年人原文化保留语言维度回归分析的结果表明，原文化保留的语言维度不能预测进城老年人的上述各类变量。

然而，原文化保留语言维度是城市间流动老年人抑郁（$\beta = 0.17$，$SE = 0.04$，$t = 2.42$，$p < 0.05$）和焦虑（$\beta = 0.19$，$SE = 0.04$，$t = 2.81$，$p < 0.01$）的积极预测指标，即对原文化中的语言保留程度越高，城市间流动老年人的抑郁和焦虑水平越高。

4. 原文化保留总分

进城老年人和城市间流动老年人原文化保留总分回归分析的结果表明，原文化保留总分是进城老年人希望感的正向预测指标（$\beta = 0.26$，

$SE=0.06$，$t=4.78$，$p<0.001$），换言之，原乡村文化保留的总体水平越高，进城老年人的希望水平越高。

原文化保留总分也是城市间流动老年人希望感的显著预测指标（$\beta=0.18$，$SE=0.05$，$t=2.67$，$p<0.01$）。具体来说，原文化保留的总体水平越高，城市间流动老年人的希望感越高。

（二）城市文化适应各维度及总分的预测效应

1. 语言维度

城市本地生活、城市间流动和进城三种类型的老年人城市文化适应语言维度回归分析的结果表明，城市文化适应语言维度是进城老年人希望感的积极预测指标（$\beta=0.10$，$SE=0.03$，$t=3.88$，$p<0.001$），即对城市文化中语言维度的适应越好，进城老年人的希望感越高。在另外两类老年人中，语言维度对其他变量的预测均不显著。

2. 行为维度

城市本地生活、城市间流动和进城三种类型的老年人城市文化适应行为维度回归分析的结果表明，对于进城老年人，城市文化适应的行为维度是其希望感的正向预测指标（$\beta=0.20$，$SE=0.04$，$t=4.73$，$p<0.001$），即城市行为适应越好，进城老年人的希望感水平越高。

对于城市间流动老年人，城市文化适应的行为维度是其希望感（$\beta=0.22$，$SE=0.05$，$t=4.46$，$p<0.001$）的正向预测指标和孤独感（$\beta=-0.13$，$SE=0.05$，$t=-2.40$，$p<0.05$）的负向预测指标，换言之，当城市行为适应越好，城市间流动老年人的希望感的水平越高，孤独感越低。

此外，城市文化适应的行为维度是城市本地老年人幸福感（$\beta=2.14$，$SE=0.66$，$t=3.26$，$p<0.01$）和希望感（$\beta=0.12$，$SE=0.03$，$t=3.93$，$p<0.001$）的积极预测指标，也是孤独感（$\beta=-0.10$，$SE=0.03$，$t=-3.65$，$p<0.001$）的消极预测指标，即城市行为适应越好，城市本地老年人的幸福感和希望感就越高，孤独感越低。

3. 文化认同维度

城市本地生活、城市间流动和进城三种类型的老年人城市文化适应认同维度回归分析的结果表明，城市文化适应的认同维度是进城老年人孤独感（$\beta=-0.13$，$SE=0.05$，$t=-2.84$，$p<0.01$）的负向预测指

标，同时是其幸福感（$\beta = 2.67$，$SE = 0.86$，$t = 3.09$，$p < 0.01$）和希望感（$\beta = 0.31$，$SE = 0.05$，$t = 6.34$，$p < 0.001$）的正向预测指标，换句话说，进城老年人对城市文化的认同程度越高，其孤独感越低，幸福感和希望感水平越高。

城市文化适应的文化认同维度也是城市间流动老年人孤独感（$\beta = -0.24$，$SE = 0.06$，$t = -3.92$，$p < 0.001$）和抑郁（$\beta = -0.15$，$SE = 0.07$，$t = -2.28$，$p < 0.05$）的负向预测指标，是其幸福感（$\beta = 3.45$，$SE = 1.13$，$t = 3.07$，$p < 0.01$）、生活质量（$\beta = 3.93$，$SE = 1.32$，$t = 2.99$，$p < 0.01$）和希望感（$\beta = 0.30$，$SE = 0.06$，$t = 5.55$，$p < 0.001$）的正向预测指标，也就是说，对新城市文化的认同程度越高，城市间流动老年人情绪健康水平越高，幸福感和生活质量也越高。

城市文化适应的文化认同维度还是城市本地老年人孤独感（$\beta = -0.12$，$SE = 0.03$，$t = -3.78$，$p < 0.001$）和抑郁（$\beta = -0.10$，$SE = 0.04$，$t = -2.41$，$p < 0.05$）的负向预测指标，同时是其幸福感（$\beta = 3.19$，$SE = 0.73$，$t = 4.35$，$p < 0.001$）和希望感（$\beta = 0.16$，$SE = 0.03$，$t = 4.87$，$p < 0.001$）的正向预测指标，即对本地文化的认同程度越高，本地老年人情绪健康水平越高，幸福感水平也越高。

4. 城市文化适应总分

城市本地生活、城市间流动和进城三种类型的老年人城市文化适应总分的回归分析的结果表明，城市文化适应总分能够显著正向预测进城老年人的希望感（$\beta = 0.28$，$SE = 0.05$，$t = 6.04$，$p < 0.001$），即进城老年人对城市文化的适应总体水平越好，他们的希望感水平越高。

城市文化适应总分也是城市间流动老年人孤独感的负向预测指标（$\beta = -0.14$，$SE = 0.06$，$t = -2.33$，$p < 0.05$），也是其生活质量（$\beta = 2.96$，$SE = 1.30$，$t = 2.28$，$p < 0.05$）和希望感（$\beta = 0.26$，$SE = 0.05$，$t = 4.85$，$p < 0.001$）的正向预测指标，即对新城市文化的适应总体水平越好，城市间流动老年人的生活质量越好，希望感就越高，同时孤独感越低。

城市文化适应总分还是城市本地老年人幸福感（$\beta = 2.52$，$SE = 0.74$，$t = 3.42$，$p < 0.01$）和希望感（$\beta = 0.14$，$SE = 0.03$，$t = 4.05$，$p < 0.001$）的积极预测指标，是孤独感的消极预测指标（$\beta = -0.11$，

$SE=0.03$，$t=-3.60$，$p<0.001$），即对城市文化的适应总体水平越好，城市本地老年人的幸福感和希望感越高，而孤独感越低。

三 讨论

通过上述结果我们可以发现，城市文化适应和原文化保留的总分及各维度（语言、行为和文化认同）是不同老年人生活质量和情绪健康的重要影响因素。其中，不同类型老年人文化适应各指标与生活质量、情绪健康既存在着相同的关系模式，也存在着显著的差异模式。

具体而言，在老年人的生活质量方面，各个类型的老年人对城市文化越认同，其幸福指数越高，这可能是由于幸福感是一种与价值观息息相关的主观体验[①]，当城市本地文化的价值观和老年人自身的价值观越趋同，就越能激发他们对自身更加积极的体验，从而获得幸福感。

而在老年人情绪健康的消极特征方面，所有老年人对城市文化的认同会显著负向预测他们的孤独感。这可能是因为，对城市本地文化的认同使得老年人更容易和他人打成一片，从而在闲暇时间获得更多的社会支持，降低自己的孤独感（吴捷，2008）。但是相比于城市间流动老年人和城市本地老年人，进城老年人对城市行为的适应和城市适应的总体状况并不能显著负向预测其孤独感，这表明对城市文化的认同感在对进城老年人孤独感的保护性因素中起决定性作用。我们的研究结论同样表明，进城老年人对家乡文化的认同感会正向预测其焦虑水平。根据以往的研究，真正适应良好的个体是对原文化和城市文化都持接受和开放态度的个体[②]，并且，与其他流动个体相比，他们的心理健康水平也更好。然而，我们的研究表明，基于国外移民群体的结论并不能推论到国内流动老年人这一特殊群体中，进城老年人由于过去生活在与城市观念有一定差异的农村，造成了其与城市生活环境的不兼容，引发了其焦虑状态。

另外，老年人文化适应对情绪健康的积极特征有着积极影响。回归

---

① Diener, E., Suh, E. M., Lucas, R. E., et al., "Subjective Well-being: Three Decades of Progress", *Psychological Bulletin*, Vol. 125, No. 2, 1999, pp. 276 – 302.

② Berry, J. W., "Acculturation Strategies and Adaptation", in J. E. Lansford, K. Deater-Deckard, and M. H. Bornstein, eds. *Immigrant Families in Contemporary Society*, Guilford Press, 2007, pp. 69 – 82.

分析的结果表明，对城市文化适应的所有方面（语言、行为、文化认同、文化适应总体状况），对家乡除了语言外的其他方面（行为、文化认同、原文化保留总体状况）都可以显著正向预测进城老年人的希望。而对于其他两类老年人而言，除了语言适应和语言保留外的其他六个文化适应的指标都可以显著正向地预测希望。这表明文化适应与希望感之间的关系最紧密，作为来到城市居住的老年人，如果他的适应状况越好，越喜欢本地语言、行为方式和价值观念，就越会对当地生活充满期待，而他对原文化的开放态度会成为他可以利用的心理资源，同样使他更加积极地面对生活，从而体验到对未来的希望感。

总之，与城市本地老年人和城市间流动老年人相比，尤其是文化适应的文化认同维度与进城老年人的生活质量和情绪健康的相关指标存在着显著的关系。在后面的章节中，我们将进一步探讨进城老年人文化适应效应的中介机制和调节机制。诚如第一节内容所述，在中介机制方面，我们关注了自我完整性和感知自主性在文化适应对进城老年人心理效应方面的中介作用；在调节机制方面，我们则关注了人口学变量、社会资源和心理资源等相关变量在文化适应对进城老年人心理效应中的调节作用。

第三节 进城老年人文化适应心理效应的中介机制

一 本节研究内容简介

上节研究发现，进城老年人原文化保留行为维度、认同维度和总分是希望的显著预测指标，进城老年人原文化保留的认同维度是焦虑感的预测指标。此外，城市文化适应的语言维度、文化认同维度和总分是进城老年人希望的显著预测指标，而城市文化适应的认同维度是进城老年人幸福感和孤独感的显著预测指标。为了检验上述显著效应可能的中介机制，本节研究以上述显著的变量预测关系为基础，进一步检验了自我完整性和感知自主性的中介作用，初步探讨进城老年人文化适应心理效应的中介机制。

二 研究方法

（一）被试

本研究以在西安和北京的9个社区招募的307名进城老年人（被试同本章第二节）为被试。被试的年龄在55—84岁之间，平均年龄66.90（$SD=5.44$）岁。其中，男性76人，女性229人。

（二）研究工具

1. 自我完整性

本节研究采用Sherman等人（2009）设计的自我完整性量表评估被试的自我完整性水平。该量表包含8个项目（如“我觉得我基本上是一个有道德的人”）。被试在7点量表（1 = “非常不同意”，7 = “非常同意”）上评价他们对每个项目的同意程度，分数越高表明自我完整性的水平越高。在本研究中，该量表的Cronbach's α系数为0.77。

2. 感知自主性

本节研究采用Schwarzer（2008）编制的感知自主性量表[①]测量被试的自主性水平。该量表共4个项目（如“我现在靠自己的选择生活”）。量表采用4点计分，其中“1”代表“非常不同意”，“4”代表“非常同意”。量表得分越高说明老年人感知自主性的水平越高。本研究中该量表的Cronbach's α系数为0.76。

其他相关变量的测量同本章第二节。

（三）数据分析方法

城市文化适应的语言维度、文化认同维度和总分是进城老年人希望感的显著预测指标，而城市文化适应的认同维度是进城老年人幸福感和孤独的显著预测指标。为了检验上述显著效应的中介机制，本节研究以上述显著的变量预测关系为基础，进一步检验了自我完整性和感知自主性的中介作用，初步探讨进城老年人文化适应心理效应的中介机制。我们使用Hayes（2013）提供的SPSS插件PROCESS（Model 4），设定Bootstrap样本量为5000，采用偏差校正方法，选取95%置信区间进行中

---

① Schwarzer R.，“Perceived Autonomy in Old Age”，2008，http：//userpage. fu-berlin. de/ ~ health/ autonomy. htm.

介效应检验。

三　结果

（一）原文化保留

中介效应检验结果显示，感知自主性是原文化保留总分及其行为维度对希望效应的中介变量。具体而言，原文化保留的总分可以显著预测进城老年人的希望水平（$\beta = 0.19$，$SE = 0.06$，$t = 3.72$，$p < 0.001$，95% CI = [0.097，0.315]），感知自主水平可以显著预测进城老年人的希望水平（$\beta = 0.40$，$SE = 0.05$，$t = 7.82$，$p < 0.001$，95% CI = [0.312，0.522]），原文化保留的总分可以显著预测进城老年人的感知自主性水平（$\beta = 0.18$，$SE = 0.06$，$t = 3.22$，$p < 0.01$，95% CI = [0.073，0.303]），感知自主性在进城老年人原文化保留总分和希望水平关系中起到了显著的中介作用（$\beta = 0.08$，$SE = 0.03$，95% CI = [0.027，0.136]）。感知自主性可以中介原文化保留总分与希望关系效应量的28.6%。

原文化保留的行为维度可以显著预测进城老年人的希望水平（$\beta = 0.19$，$SE = 0.05$，$t = 3.68$，$p < 0.001$，95% CI = [0.081，0.268]），原文化保留的行为维度可以显著预测进城老年人的感知自主性水平（$\beta = 0.17$，$SE = 0.05$，$t = 3.06$，$p < 0.01$，95% CI = [0.055，0.253]），感知自主性在进城老年人文化保留行为维度和希望水平关系中起到了显著的中介作用（$\beta = 0.06$，$SE = 0.02$，95% CI = [0.023，0.112]）。感知自主性可以中介原文化保留行为维度与希望关系效应量的25%。

此外，我们也检验了感知自主性在进城老年人原文化认同维度与希望间的中介作用，自我完整性在进城老年人原文化保留行为维度、原文化认同维度和原文化总分与希望间的中介作用，以及感知自主性和自我完整性在进城老年人原文化保留的认同维度与焦虑感中的中介作用。结果表明，上述中介效应检验的结果均不显著，说明感知自主性和自我完整性在上述变量关系中并没有起到显著的中介作用。

（二）城市文化适应

应用同样的方法，我们也检验了感知自主性和自我完整性在进城老年人城市文化适应的语言维度、文化认同维度、城市文化适应总分与希望感中的中介作用，以及自我完整性和感知自主性在城市文化适应的认同维度与进城老年人幸福感和孤独的关系中的中介作用。结果显示，自我完整性在城市文化适应总分与进城老年人希望感的关系中起到了显著的中介作用，即城市文化适应总分可以显著预测进城老年人的希望感水平（$\beta = 0.25$，$SE = 0.04$，$t = 5.06$，$p < 0.001$，95% CI = [0.130, 0.295]），自我完整性可以显著预测进城老年人的希望感水平（$\beta = 0.42$，$SE = 0.03$，$t = 8.43$，$p < 0.001$，95% CI = [0.220, 0.355]），城市文化适应总分可以显著预测进城老年人的自我完整性（$\beta = 0.18$，$SE = 0.07$，$t = 3.22$，$p < 0.01$，95% CI = [0.086, 0.359]），自我完整性在进城老年人城市文化适应总分和希望感水平关系中起到了显著的中介作用（$\beta = 0.06$，$SE = 0.02$，95% CI = [0.022, 0.115]），不包括0。自我完整性可以中介城市文化适应总分与希望感关系效应量的21.4%。

同时，自我完整性在城市文化认同维度与幸福感，以及认同维度与希望感的关系中起到了显著的中介作用，即城市文化认同维度可以显著预测进城老年人的幸福感水平（$\beta = 0.13$，$SE = 0.88$，$t = 2.17$，$p < 0.05$，95% CI = [0.177, 3.651]），自我完整性可以显著预测进城老年人的幸福感水平（$\beta = 0.18$，$SE = 0.67$，$t = 3.18$，$p < 0.01$，95% CI = [0.815, 3.470]），城市文化认同维度可以显著预测进城老年人的自我完整性（$\beta = 0.27$，$SE = 0.07$，$t = 4.86$，$p < 0.001$，95% CI = [0.209, 0.493]），自我完整性在进城老年人城市文化适应认同维度和幸福感水平关系中起到了显著的中介作用（$\beta = 0.75$，$SE = 0.33$，95% CI = [0.204, 1.480]）。自我完整性可以中介城市文化认同维度与幸福感关系效应量的28.1%。同样，城市文化适应认同维度可以显著预测进城老年人的希望感水平（$\beta = 0.23$，$SE = 0.05$，$t = 4.59$，$p < 0.001$，95% CI = [0.120, 0.301]），自我完整性可以显著预测进城老年人的希望感水平（$\beta = 0.40$，$SE = 0.04$，$t = 7.86$，$p < 0.001$，95% CI = [0.207, 0.345]），城市文化认同维度可以显著预测进城老年人的自我完整性（$\beta = 0.27$，$SE = 0.07$，$t = 4.86$，$p < 0.001$，95% CI = [0.209, 0.493]），自我完整性在进城老年人城市文化认同维度和希望感水平关系中起到了显著的中介作用（$\beta = 0.10$，$SE = 0.03$，95% CI = [0.048, 0.149]）。自我完整性可以中介城市文化认同维度与希望感关系效应量的32.3%。

除了上述结果外，其他中介作用检验的结果均不显著。

四　讨论

中介作用检验的结果发现，感知自主性中介了原文化保留总分和行为维度对希望感的效应。前人研究证实，感知自主性受到个体外部资源的影响。对于进城老年人而言，由于处于相对陌生的环境中，他们缺乏一定的个人和环境资源。这种境遇会让进城老年人在新环境中认为自己无法独立自主地处理一些事情，损害其感知到的自主性。而原文化保留似乎可以缓解这种糟糕的状况。也就是说，对原来文化的保留，尤其是行为方面的保留，使得他们在陌生的环境中能够以自己熟悉的方式应对挑战，这在一定程度上可以让老年人感受到自己能够得心应手地决定一些事情，保护了其感知到的自主性，增强了其信心，给他们带来了生活的希望。另外，自主性的满足也可以促进个体的身心健康：[①②] 个体感知到的自主性越高，其心理不适感越低。[③] 另外，感知自主性的增强，也会增加老年人社会活动的参与度，从而促进进城老年人的社会适应。因此，感知自主性是文化适应心理效应的重要中介机制，对于理解进城老年人群的心理社会适应的机制，应对进城老年人的心理行为问题具有重要的意义。

自我完整性中介了城市文化适应的认同维度对希望和幸福感的效应。根据自我肯定理论，[④] 人们寻求保持一种整体的自我完整性，以抵御外部威胁。自我完整性作为自我概念的核心可以影响个体对环境信息的处理方式，[⑤] 进而决定个人对环境的情绪反应。因此，自我完整性在环境对老

---

① Ryan, R. M. and Deci, E. L., "Self-determination Theory and the Facilitation of Intrinsic Motivation, Social Development, and Well-being", *American Psychologist*, Vol. 55, No. 1, 2000, pp. 68 – 78.

② 杨心悦、沈琦、谢芳芳等：《381 例社区老年慢性病患者自主性感知现状及影响因素分析》，《护理学报》2019 年第 3 期。

③ Bekker, M. H. and Belt, U., "The Role of Autonomy-connectedness in Depression and Anxiety", *Depression and Anxiety*, Vol. 23, No. 5, 2006, pp. 274 – 280.

④ Steele, C. M., "The Psychology of Self-affirmation: Sustaining the Integrity of the Self", *Advances in Experimental Social Psychology*, Vol. 21, No. 2, 1988, pp. 261 – 302.

⑤ Steele, C. M. and Spencer, S. J., "The Primacy of Self-integrity", *Psychological Inquiry*, Vol. 3, No. 4, 1992, pp. 345 – 346.

年人的影响中起到了中介作用。就本研究的结果而言，对城市文化的认同可以使进城老年人在新环境中维持一种良好的自我感觉，使他们认可自己是目前居住地中的一员，且相信自己有能力很好很快地融入其中。这种对于环境的效能感有利于老年人形成良好的自我完整性。而进城老年人高水平的自我完整性可以缓解与居住地变迁相关的压力体验和其他负面情绪，提高他们对未来的希望程度和幸福感水平。

第四节 进城老年人文化适应心理效应的调节机制

一 本节研究内容简介

上节研究内容探讨了自我完整性和感知自主性在进城老年人文化适应与生活质量、情绪健康等变量关系中的中介作用。本节则主要关注进城老年人文化适应与生活质量、情绪健康等变量关系的边界条件。具体来说，本节研究主要关注人口学变量、社会资源和心理资源在进城老年人文化适应各指标与生活质量、情绪健康等变量关系中起到的调节作用。

二 研究方法

（一）被试

被试与上节相同，即为本章第二节被试群体中的进城老年人。

（二）研究工具

本节研究将探讨人口学变量、社会资源、心理资源这三个方面的相关变量在文化适应对进城老年人生活质量、情绪健康影响中所起到的调节作用。其中，人口学变量主要包括性别和年龄；社会资源主要包括领悟社会支持和家庭功能；心理资源主要包括心理一致感和控制感。

1. 自编基本信息问卷

这方面包括性别、年龄、居住地、文化程度、子女数量、是否与子女同住、有无赡养费等。

2. 社会资源

这里采用领悟社会支持量表和家庭功能量表测量被试的社会资源。关于两个量表的详细信息参见第六章第二节。本样本中，两个量表的

Cronbach's α 系数分别为 0.74 和 0.66。

3. 心理资源

这里分别采用心理一致感量表和控制感量表测量被试的心理一致感和控制感这两种重要的心理资源。两个量表的详细信息参见第六章第二节。在本研究中，两个量表的 Cronbach's α 系数分别为 0.80 和 0.75。

其他相关变量（如文化适应、情绪健康和生活质量等）的测量同本章第二节。

（三）数据分析

在第二节的基础上，为了进一步考查人口学信息、社会资源和心理资源这三个方面的变量在文化适应与进城老年人生活质量和情绪健康关系中所起到的调节效应，我们使用 SPSS 23.0 中的 PROCESS 宏（Model 1）进行调节效应检验。

三　研究结果

（一）主要人口学变量的调节效应检验

基于第二节中的显著结果，我们进一步检验了主要人口学变量、社会资源、心理资源在文化适应对生活质量、情绪健康的影响中的作用。为节省篇幅，我们只呈现了显著的结果。结果表明，年龄在城市文化认同与幸福感的关系中起到调节作用（$\beta = 0.14$，$SE = 0.06$，$t = 2.45$，$p < 0.05$，$\Delta R^2 = 0.02$）；年龄在城市文化认同与孤独的关系中起到调节作用（$\beta = -0.18$，$SE = 0.06$，$t = -3.19$，$p < 0.01$，$\Delta R^2 = 0.03$）；年龄在城市文化认同与希望的关系中起到调节作用（$\beta = 0.12$，$SE = 0.05$，$t = 2.25$，$p < 0.05$，$\Delta R^2 = 0.01$）；此外，年龄在城市文化适应对希望的影响中起到调节作用（$\beta = 0.09$，$SE = 0.05$，$t = 1.79$，$p = 0.07$，$\Delta R^2 = 0.01$）。

为了进一步了解年龄在文化适应与生活质量、情绪健康的关系中的调节效应，我们将年龄按照平均分加减 1 个标准差的方法将被试划分为高年龄组和低年龄组，进行简单斜率检验。

结果表明，在低年龄组，城市文化认同对幸福感的预测效应不显著（$\beta = 0.05$，$p > 0.05$）；在高年龄组，城市文化认同对幸福感的正向预测作用显著（$\beta = 0.31$，$p < 0.001$）。

此外，结果还表明，在低年龄组，城市文化认同对孤独的预测效应不显著（$\beta = 0.05$，$p > 0.05$）；在高年龄组，城市文化认同对孤独感的负向预测作用显著（$\beta = -0.33$，$p < 0.05$）。

最后，低年龄组的城市文化认同、城市文化适应总分对希望的正向预测作用（$\beta = 0.23$，$p < 0.01$ 和 $\beta = 0.25$，$p < 0.001$）弱于高年龄组（$\beta = 0.45$，$p < 0.001$ 和 $\beta = 0.41$，$p < 0.001$）。

总的来说，低年龄是一个保护性因素，能够保护进城老年人的希望水平不受其他应激变量的影响。

（二）社会资源的调节效应检验

调节效应分析结果表明，家庭功能在城市文化认同对幸福感的影响中起到调节作用（$\beta = -0.13$，$SE = 0.05$，$t = -2.61$，$p < 0.01$，$\Delta R^2 = 0.02$）；领悟社会支持在城市文化认同对幸福感的影响中起到调节作用（$\beta = -0.10$，$SE = 0.05$，$t = -2.12$，$p < 0.05$，$\Delta R^2 = 0.01$）；家庭功能在城市文化认同对孤独感的影响中起调节作用（$\beta = 0.12$，$SE = 0.05$，$t = 2.49$，$p < 0.05$，$\Delta R^2 = 0.02$）；家庭功能在城市文化认同对希望的影响中起调节作用（$\beta = -0.11$，$SE = 0.05$，$t = -2.33$，$p < 0.05$，$\Delta R^2 = 0.01$）；家庭功能在城市文化语言维度对希望的影响中起到调节作用（$\beta = -0.08$，$SE = 0.05$，$t = 1.74$，$p = 0.06$，$\Delta R^2 = 0.01$）；家庭功能在城市文化行为维度对希望的影响中起到调节作用（$\beta = -0.09$，$SE = 0.05$，$t = -1.76$，$p = 0.09$，$\Delta R^2 = 0.01$）；家庭功能在城市文化适应总分对希望的影响中起到调节作用（$\beta = -0.11$，$SE = 0.05$，$t = -2.38$，$p < 0.05$，$\Delta R^2 = 0.01$）；领悟社会支持在城市文化认同对希望的影响中起到调节作用（$\beta = -0.11$，$SE = 0.04$，$t = -2.48$，$p < 0.05$，$\Delta R^2 = 0.02$）；领悟社会支持在城市文化适应总分对希望的影响中起到调节作用（$\beta = -0.07$，$SE = 0.04$，$t = -1.66$，$p = 0.10$，$\Delta R^2 = 0.01$）。

当家庭功能水平低时，城市文化认同对孤独感的负向预测作用显著（$\beta = -0.28$，$p < 0.001$）；当家庭功能水平高时，文化认同对孤独感的预测作用不显著（$\beta = -0.05$，$p > 0.05$）。

当家庭功能水平较低时，城市语言、行为、文化认同及总分对希望的预测效应（$\beta = 0.37$，$p < 0.001$；$\beta = 0.30$，$p < 0.001$；$\beta = 0.45$，$p < 0.001$；$\beta = 0.45$，$p < 0.001$）强于家庭功能水平高时（$\beta = 0.20$，$p <$

0.01；$\beta=0.14$，$p<0.10$；$\beta=0.24$，$p<0.001$；$\beta=0.23$，$p<0.001$）。

当领悟社会支持水平较低时，城市文化认同、文化适应总分对希望的预测效应（$\beta=0.34$，$p<0.001$；$\beta=0.37$，$p<0.001$）强于领悟社会支持水平较高时（$\beta=0.22$，$p<0.001$；$\beta=0.19$，$p<0.01$）。

综上所述，简单斜率分析的结果表明，家庭功能和领悟社会支持是一种保护性因素，当进城老年人的家庭功能和领悟社会支持水平高时，其幸福感、希望感和孤独感的水平不易再受到其他应激变量（如进城）的影响。

（三）心理资源的调节效应

调节效应分析结果表明，心理一致感在城市文化认同对幸福感的影响中起到调节作用（$\beta=-0.09$，$SE=0.05$，$t=1.95$，$p=0.05$，$\triangle R^2=0.01$）；控制感在城市文化认同对幸福感的影响中起到调节作用（$\beta=-0.15$，$SE=0.04$，$t=-3.48$，$p<0.001$，$\triangle R^2=0.03$）；心理一致感在城市文化认同对孤独感的影响中起到调节作用（$\beta=0.09$，$SE=0.05$，$t=1.79$，$p=0.07$，$\triangle R^2=0.01$）；控制感在城市文化认同对孤独感的影响中起到调节作用（$\beta=0.07$，$SE=0.04$，$t=1.70$，$p=0.09$，$\triangle R^2=0.01$）。心理一致感在城市文化认同对希望的影响中起到调节作用（$\beta=-0.17$，$SE=0.05$，$t=-3.64$，$p<0.001$，$\triangle R^2=0.03$）；控制感在城市文化认同对希望的影响中起到调节作用（$\beta=-0.15$，$SE=0.04$，$t=-3.58$，$p<0.001$，$\triangle R^2=0.03$）；心理一致感在城市文化适应总分对希望的影响中起到调节作用（$\beta=-0.11$，$SE=0.05$，$t=-2.30$，$p<0.05$，$\triangle R^2=0.01$）；控制感在城市文化适应总分对希望的影响中起到调节作用（$\beta=-0.10$，$SE=0.43$，$t=-2.38$，$p<0.05$，$\triangle R^2=0.01$）。此外，控制感在原文化认同对希望的影响中起调节作用（$\beta=-0.12$，$SE=0.05$，$t=-2.56$，$p<0.05$，$\triangle R^2=0.02$）；控制感在原行为保留对希望的影响中起调节作用（$\beta=-0.12$，$SE=0.05$，$t=-2.45$，$p<0.05$，$\triangle R^2=0.02$）；控制感在原文化保留总分对希望的影响中起调节作用（$\beta=-0.13$，$SE=0.05$，$t=-2.53$，$p<0.05$，$\triangle R^2=0.02$）。

为了进一步了解心理一致感、控制感在文化适应与生活质量、情绪健康的关系间的调节效应，将心理一致感和控制感按照平均分加减1个标准差的方法，将其分为高分组和低分组，进行简单斜率检验。结果表明，在心理一致感、控制感水平低时，城市文化认同对幸福感的预测作用显著（$\beta=0.19$，$p<0.01$；$\beta=0.31$，$p<0.001$）；当心理一致感、控制感水平高时，城市文化认同对幸福感的预测作用不显著（$\beta=0.01$，$p>0.05$；$\beta=0.03$，$p>0.05$）。

在心理一致感、控制感水平低时，城市文化认同对孤独感的负向预测作用显著（$\beta=-0.19$，$p<0.01$；$\beta=-0.20$，$p<0.01$）；当心理一致感和控制感水平高时，城市文化认同对孤独感的预测作用不显著（$\beta=-0.01$，$p>0.05$；$\beta=-0.07$，$p>0.05$）。

在城市文化认同与希望的关系中，当心理一致感水平低时，城市文化认同对希望的正向预测作用显著（$\beta=0.45$，$p<0.001$）；当心理一致感水平高时，城市文化认同对希望的预测作用不显著（$\beta=0.10$，$p>0.05$）；当控制感水平低时，城市文化认同对希望的正向预测作用（$\beta=0.48$，$p<0.001$）强于控制感水平高时（$\beta=0.20$，$p<0.01$）。也就是说，心理一致感和控制感对进城老年人的希望起到保护作用。

在城市文化适应总分与希望的关系中，当心理一致感水平低时，城市文化适应总分对希望的正向预测作用（$\beta=0.41$，$p<0.001$）显著强于控制感水平高时（$\beta=0.17$，$p<0.05$）。同样，在控制感水平低时，城市文化适应总分对希望的正向预测作用（$\beta=0.42$，$p<0.001$）强于控制感水平高时（$\beta=0.23$，$p<0.001$）。

在原文化保留各维度及总分与希望的关系中，当控制感水平低时，原文化认同、原行为保留、原文化保留总分对希望的正向预测作用（$\beta=0.38$，$p<0.001$；$\beta=0.37$，$p<0.001$；$\beta=0.38$，$p<0.001$）强于控制感水平较高时（$\beta=0.15$，$p<0.001$；$\beta=0.14$，$p<0.05$；$\beta=0.15$，$p<0.05$）。

综上所述，简单斜率分析结果表明，心理一致感和控制感是进城老年人的保护性因素，高水平的心理一致感和控制感能够使进城老年人的幸福感、孤独感和希望感水平不受不适应城市文化的影响。

四 讨论

结果表明，性别的调节作用不显著，这说明文化适应对进城老年人生活质量、情绪健康的影响具有跨性别的一致性和稳定性。此外，本研究结果还显示，年龄、主要的社会资源（家庭功能、领悟社会支持）、重要的心理资源（心理一致感、控制感）在文化适应对生活质量、情绪健康的影响过程中起到调节作用。具体而言，较低的年龄、较高的家庭功能和领悟社会支持水平、较高的心理一致感和控制感水平能够对进城老年人起到保护作用，使他们的幸福感、孤独感和希望感水平不受文化适应水平的影响。

首先，本研究结果证实了以往研究结果，即随着年龄的增长，老年人会出现退行性生理变化，这会影响他们的日常生活和自理能力，再加上迁移、疾病等影响，老年人会感到无助和情绪低落，进而降低他们的情绪健康和幸福感水平。[①] 因此，年龄较小的进城老年人的生活质量和情绪健康更不容易受到其他变量的影响，无论城市文化适应水平高还是低，他们的幸福感、孤独感和希望感水平都保持相对稳定。然而，对于那些年龄更大的进城老年人来说，他们的城市文化适应水平越差，生活质量和情绪健康的水平也会越低。

其次，家庭功能和领悟社会支持调节了进城老年人文化适应和其他变量之间的关系。家庭功能是指家庭成员相互之间对对方活动和一些事情关心和重视的程度。[②] 领悟社会支持则测量了个体感知到的来自朋友和家人的支持水平。[③] 进城老年人的家庭功能和领悟社会支持水平越高，说明他们感知到来自家人和朋友的关心和支持越多，这将有助于减轻他们的孤独感，提高他们的生活质量。[④⑤] 此外，值得注意的是，与领悟社会支持不同，家庭功能在城市文化认同对幸福感、城市文化认同对孤独感和城市文化适应三个维度及总分对希望的影响中，都起到了调节作用。这一结果支持了以往研究的发现，即进城老人离开原来的熟人社会，与

---

① 王棹、杨红、姚秋丽等：《老年人主观幸福感及其影响因素的调查研究》，《中国社会医学杂志》2022 年第 3 期。

② 刘培毅、何慕陶：《家庭功能评定》，参见汪向东等编《心理卫生评定量表手册》（增订版），中国心理卫生杂志社 1999 年版，第 149—150 页。

③ 姜乾金：《领悟社会支持量表》，《中国行为医学科学》2001 年第 10 期。

④ 肖淑娟、石磊、董芳等：《慢性病对老年人孤独感的影响：认知功能的中介作用和领悟社会支持的调节作用》，《现代预防医学》2021 年第 15 期。

⑤ Chen，Y. and Zhang，B.，“Latent Classes of Sleep Quality and Related Predictors in Older A-dults：A Person-centered Approach”，*Archives of Gerontology and Geriatrics*，2022.

配偶分离，他们的交际圈变小，主要的情感依托为他们的子女或孙子女。① 因此，相比于其他的社会支持，与家人的互动更能影响他们的幸福感和精神健康。② 因此，对于那些家庭功能和领悟社会支持水平更高的进城老年人而言，他们的生活质量和情绪健康水平不易受到其他变量的影响，也就是说，他们的文化适应水平对他们的幸福感、孤独感和希望感的影响更小。但是，对于那些家庭功能和领悟社会支持水平相对较低的进城老年人来说，外界因素，即文化适应水平对他们的幸福感、孤独感和希望感的影响更大。

最后，心理调控资源也是文化适应消极效应的一个保护性因素。心理一致感和控制感作为一种重要的心理调控资源，能够帮助个体应对老年期和适应期的负性生活事件，缓解他们的环境适应压力（张何雅婷等，2020），进而促进个体的情绪健康，并提高他们的幸福感。③ 此外，在本研究结果中，控制感在原文化保留各维度及总分对希望的影响中起到了显著的调节作用。这说明，相比于心理一致感，控制感对于进城老年人可能有着更不同寻常的意义。因此，对于那些心理一致感和控制感水平更高的进城老年人而言，他们的幸福感、孤独感和希望感水平更不易受到原文化保留和城市文化适应的影响。

综上，年龄、社会资源和心理资源会在进城老年人的文化适应与生活质量和情绪健康的关系间起到调节作用，而文化适应对生活质量、情绪健康的影响具有跨性别的一致性和稳定性。具体来说，较低的年龄、更高的家庭功能水平、更高的领悟社会支持水平、更高的心理一致感和控制感对进城老年人的幸福感、孤独感和希望感具有一定的保护作用，使其不易受其他变量的影响。此外，这些结果也为未来的干预提供了有意义的信息。首先，进城老年人更多的是为了照顾或投靠子女而选择离乡背井。因此，家庭成员应该给予他们更多的关切，以保证他们顺利度

---

① 廖爱娣：《中国流动老人研究现状及展望》，《成都大学学报》（社会科学版）2019 年第 2 期。

② 周学馨、喻成林：《随迁老人家庭幸福感影响因素分析——基于重庆市的实证研究》，《人口与健康》2022 年第 5 期。

③ 陈浩、傅华：《健康本源学视角下心理一致感与老年心理健康关系研究的现状》，《中华疾病控制杂志》2022 年第 4 期。

过文化磨合期，从而适应新的环境，真正享受到与子女团聚的喜悦。其次，社区工作者应该多多关注那些年龄更大的进城老年人或制定一些干预计划，以提升进城老年人的控制感水平，从而促进他们的城市适应水平，提高他们的生活质量和情绪健康水平。

第五节　本章小结

本章探讨了进城老年人在文化适应过程中的心理效应，包括背景、研究问题、文化适应与生活质量及情绪健康的关系，以及文化适应心理效应的中介机制和调节机制。首先，本研究发现进城老年人在文化适应上面临诸多挑战，如城乡文化差异、社会支持缺乏等，这些因素可能导致心理健康问题，如焦虑、抑郁和孤独感。研究强调，进城老年人的主观幸福感与其文化适应水平紧密相关，适应性心理结构显著影响他们的生活质量。其次，本研究深入讨论了文化适应心理效应的中介机制，特别是自我完整性和感知自主性的作用。最后，本研究还探讨了文化适应心理效应的调节机制，包括人口学变量（如性别、年龄）、社会资源（如家庭功能、领悟社会支持）和心理资源（如心理一致感、控制感）。这些因素可以调节文化适应对进城老年人生活质量和情绪健康的影响。本研究发现原文化保留和城市文化适应对进城老年人的希望感、焦虑、孤独感和幸福感有显著影响。基于本章研究结果，提升进城老年人的自我完整性、感知自主性，可以增强他们对新环境的适应能力，提高生活质量和情绪状态。

第九章

进城老年人文化适应效应的响应面分析

第一节　背景与研究问题

一　原文化保留与城市文化适应的联系

进城老年人的文化适应既包括对原文化的保留，又包括对城市文化的适应。原文化保留和城市文化适应是密切联系而又相对独立的两个心理结构，前面章节的研究均将原文化保留与城市文化适应作为两个单独的变量来探究它们的前因和结果变量，揭示了文化适应与进城老年人生活质量、情绪健康等心理结构的关系及其内部机制与边界条件，但忽略了二者之间的联系。

原文化保留和城市文化适应之间具有复杂联系。首先，原文化保留和城市文化适应具有相似的概念域。进城老年人所面临的二元文化（农村文化和城市文化）是我国最基本的两种文化形态，如前文所述，农村文化和城市文化在很多方面具有对立性。由农村文化和城市文化发展而来的原文化保留与城市文化适应，在概念意涵上也有一定的重叠性或相似性。其次，二者可以在相同的尺度上测量。基于我们编制的工具，原文化保留分量表和城市文化适应分量表中均包含了语言、文化认同和行为三个维度，且两个分量表在很多条目上也具有对称性，例如，“我的着装和来自农村的人很像”“我的穿着和本地大多数老人一样”。因此，使用此工具测量的原文化保留和城市文化适应具有可比性。

基于 Berry（1990）的文化适应的双维度理论，不同水平的原文化保留与城市文化适应可能出现 4 种情形的组合：高原文化保留与高城市文化适应（一致的高水平），此时个体保持着原文化的同时与新文化中的群体积极互动；低原文化保留与低城市文化适应（一致的低水平），说明个体没有兴趣维持原文化，也没有兴趣与新文化中的个体建立关系；低原文化保留与高城市文化适应，此时个体不认同自己的原文化，更倾向于寻求与城市文化的互动；高原文化保留与低城市文化适应，此时个体重视保持自己原文化，同时避免与新群体的互动。根据 Berry（1990）的理论，不同类型原文化保留水平和城市文化适应对于进城老年人生活质量和情绪健康的影响应该是不同的。因此，为了深入揭示原文化保留和城市文化适应对进城老年人的心理效应，需要同时探讨两者的相互作用（相对关系）与进城老年人生活质量和情绪健康等变量之间的关系。

前文的研究中将原文化保留和城市文化适应分别进行统计，尽管得到了有价值的研究结果，但会忽略有用的信息。同时考虑原文化保留和城市文化适应，探究二者的匹配程度对进城老年人相关心理结构的影响，具有重要理论价值。

二　响应面分析介绍

响应面分析技术解决了传统心理统计技术在处理复杂变量关系时的局限性问题。传统方法通常只能检验两个自变量某一特定组合与因变量的关系，无法系统地揭示自变量之间的交互效应及其对因变量的综合影响。通常，传统方法通过计算两个变量的差值或差值的平方来比较它们的差异，这种简单的处理方式可能导致对结果的错误预测，因为它忽略了变量之间的非线性关系和复杂交互作用。因此，在处理两个相关的自变量对因变量的效应时，多项式回归与响应面分析（Polynomial Regression and Response Surface Analysis）可以深入探讨两个自变量相互作用（或相对关系）与因变量关系，完整地揭示变量之间的复杂的关系模式。

多项式回归与响应面分析可以在传统多项式回归的基础上，绘制两个自变量和因变量的曲面图，两个自变量对因变量的影响不再用一个简单的数值来表示，而是通过曲面图上的线条来展示。具体而言，通过响应面分析技术可以产生一条匹配线（$x = y$）和一条不匹配线（$x = -y$）。前者反映两个自变量水平一致时对因变量的影响，后者反映的是两个自变量水平不一致时对因变量的影响。① 响应面分析技术能够相对全面地反映出两个自变量水平匹配程度与因变量的联系，在发展心理学、管理学和社会学等多个领域有着广泛的应用。②

三 本研究中响应面模型的建构

根据 Edwards 和 Parry 提出的模型公式③，本研究建构的模型公式如下：

$$Z = b_0 + b_1X + b_2Y + b_3X^2 + b_4XY + b_5Y^2 + e$$

其中 X 表示原文化保留，Y 表示城市文化适应，XY 为两者交互项；b_0 代表了截距、$b_1 \sim b_5$ 分别为这些项的系数，e 为误差项。本研究首先对两个自变量 X 与 Y 进行尺度中心化处理，再将各项进行回归，并通过绘制三维图像呈现结果。为了探究原文化保留与城市文化适应一致时对进城老年人的影响，我们将 $X = Y$ 代入公式，得到 $Z = b_0 +（b_1 + b_2）X +（b_3 + b_4 + b_5）X^2 + e$，斜率 $a_1 = b_1 + b_2$，曲率 $a_2 = b_3 + b_4 + b_5$；为了探究原文化保留与城市文化适应不匹配时对进城老年人的影响，将 $X = -Y$ 代入公式，得到 $Z = b_0 +（b_1 - b_2）X +（b_3 - b_4 + b_5）X^2 + e$，斜率 $a_3 = b_1 - b_2$，曲率 $a_4 = b_3 - b_4 + b_5$。$a_1 \sim a_4$ 的值以及其显著性即为解释该响应面的参数（Myers et al.，2016），具体含义如下：

（1）a_1 表示两个自变量水平一致（$X = Y$）时因变量的变化情况。具体来说，当 a_1 显著为正时，则表明当原文化保留与城市文化适应一致且水平越高时，结果变量越高；相反，当 a_1 显著为负时，则表明当原文化保留与城市文化适应一致且水平越低时，结果变量越低。

（2）a_2 表示两个自变量水平一致（$X = Y$）时因变量的变化情况。具

---

① Edwards，Jeffrey R.，"Alternatives to Difference Scores：Polynomial Regression Analysis and Response Surface Methodology"，*Perspectives on Organizational Fit*，2002.

② Luo，Rui，et al.，"Parent-Child Discrepancies in Perceived Parental Favoritism：Associations with Children's Internalizing and Externalizing Problems in Chinese Families"，*Journal of Youth and Adolescence*，Vol. 49，No. 1，2020，pp. 60 – 73.

③ Parry，Edwards Mark E.，"On the Use of Polynomial Regression Equations As An Alternative to Difference Scores in Organizational Research"，*Academy of Management Journal*，Vol. 36，No. 6，1993，pp. 1577 – 1613.

体来说，当 a_2 显著为正时，说明当原文化保留与城市文化适应水平一致时，因变量随着两者水平的增加而增加，即存在正向非线性效应；当 a_2 显著为负时，说明当原文化保留与城市文化适应水平一致时，因变量随着两者水平的增加而减少，即存在负向非线性效应。

（3）a_3 表示两个自变量水平不一致（$X = -Y$）时因变量的变化情况。具体来说，当 a_3 显著为正时，说明在原文化保留与城市文化适应水平不一致时，因变量的水平随原文化保留水平的增加（城市文化适应水平的减少）而增加；当 a_3 显著为负时，说明在原文化保留与城市文化适应水平不一致时，因变量的水平随原文化保留水平的增加（城市文化适应水平的减少）而减少。

（4）a_4 表示两个自变量水平不一致（$X = -Y$）时因变量的变化情况。具体来说，当 a_4 显著为正时，说明在原文化保留与城市文化适应水平不一致时，因变量随着原文化保留水平的变化呈现出正向非线性效应。当 a_4 显著为负时，说明在原文化保留与城市文化适应水平不一致时，因变量随着原文化保留水平的变化呈现出负向非线性效应。①

在进行响应面分析之前，需要测量各自变量的方差膨胀因子（VIF）值。VIF 是用于评估回归分析中自变量之间多重共线性程度的统计指标，通常 VIF 值大于 10 时表明存在严重的多重共线性，说明该变量与其他自变量有较强的线性关系，此时应对自变量进行调整，以确保模型的稳定性和准确性。

四　本章研究问题

之前的研究尽管已经系统地关注了文化适应与进城老年人生活质量、情绪健康及其相关心理结构之间的关系，但没有考虑到进城老年人原文化保留与城市文化适应的相互作用。响应面分析能够探究原文化保留与城市文化适应的匹配性对进城老年人生活质量和情绪健康的影响。例如，高原文化保留与高城市文化适应的组合可能提升老年人的生活质量和情

① Shanock, Linda Rhoades, et al., "Polynomial Regression with Response Surface Analysis: A Powerful Approach for Examining Moderation and Overcoming Limitations of Difference Scores", *Journal of Business & Psychology*, Vol. 25, No. 4, 2010, pp. 543 - 554.

绪健康，而高原文化保留与低城市文化适应的组合可能导致生活质量和情绪健康下降。通过数学模型，响应面分析可以帮助识别这些不同文化适应情境下的具体影响。此外，响应面分析还可以研究文化保留与文化适应之间的交互效应。理论上，原文化保留与文化适应的交互作用对老年人的生活质量和情绪健康可能产生复杂的效应。响应面分析可以揭示这些交互效应，并帮助优化文化适应策略。总的来说，响应面分析提供了新的视角，帮助研究文化保留与文化适应的不同组合对进城老年人心理健康的影响，并为优化文化适应策略提供了科学依据。

为了检验原文化保留与城市文化适应相对关系对进城老年人生活质量和情绪健康等变量之间的关系，本章使用响应面分析技术构建了包含两个自变量和因变量的三维曲面图，系统地检验原文化保留和城市文化适应一致性与各后果变量之间的关系。在此基础上，本章还通过多项式各项的回归系数来构建原文化保留与城市文化适应一致的区集变量——块变量,[①]（block variable）进而以块变量为自变量进行调节效应分析来探讨原文化保留和城市文化适应一致性程度对进城老年人生活质量和情绪健康等相关指标的效应及其机制。本章研究主要关注以下几方面的内容：

第一，使用二次项响应面分析技术检验进城老年人原文化保留水平与城市文化适应水平的一致性及其交互项对情绪健康等指标的影响。

第二，利用符合一致性假设的响应面模型的回归系数构建块变量，以考察原文化保留与城市文化适应的一致性影响情绪健康等指标的内部机制。

第三，通过构建满足一致性假设的响应面模型的回归系数，生成块变量，进一步探讨进城老年人原文化保留与城市文化适应的一致性对情绪健康等指标的影响。同时，分析文化适应各指标与情绪健康等指标关系的边界条件。

---

① Edwards, Jeffrey R. and D. M. Cable.,"The value of value congruence", *Journal of Applied Psychology*, Vol. 94, No. 3, 2009, pp. 654 – 677.

第二节　原文化和城市文化匹配程度的心理效应

一　研究方法

（一）被试

被试为在北京和西安社区招募的307名进城老年人（同第八章第二节），年龄在55—84岁之间，平均年龄63.9（$SD=5.44$）岁，男性76人，女性229人。

（二）研究工具

本节变量的测量同第八章第二节。

（三）数据分析方法

本研究采用基于多项式的响应面分析来考察进城老年人原文化保留与城市文化适应对情绪健康等结果变量的影响。我们首先对原文化保留与城市文化适应进行尺度中心化处理，再将各项进行回归，并通过绘制三维图形呈现结果。在三维图形中，为了判断两个自变量对结果的效应，需要计算以下指标：①“原文化保留 = 城市文化适应（两种文化适应策略的一致性情境）”匹配曲线的斜率 $a_1=b_1+b_2$ 和曲率 $a_2=b_3+b_4+b_5$ 的值及其显著性；②“原文化保留 = - 城市文化适应（两种文化适应策略的不一致性情境）”匹配曲线的斜率 $a_3=b_1-b_2$ 和曲率 $a_4=b_3-b_4+b_5$ 的值及其显著性。

本节研究主要使用SPSS 26.0与Mplus统计软件对数据进行处理与分析。

二　结果

我们将原文化保留与城市文化适应的三个维度及其总分作为四组自变量，研究它们对进城老年人幸福感、抑郁、孤独、焦虑、希望感和生活质量的影响。具体而言，我们对进城老年人的原文化保留与城市文化适应的各维度及总分与生活质量、情绪健康各指标进行响应面分析（见表9-1）。结果显示，原文化保留的语言维度和城市文化适应的语言维度在解释进城老年人孤独感和希望感方面满足响应面分析的要求。同时，原文化保留的认同维度和城市文化适应的认同维度在解释希望感方面满足了响应面分析的要求。其他维度与变量之间的关系未能满足响应面分析的要求。因此，在后续分析中，我们将重点关注这些满足响应面分析条件的自变量与因变量之间的关系，深入探讨它们对进城老年人心理健康的影响。

表9-1 进城老年人原文化保留与城市文化适应各维度及总分的响应面分析

因变量	自变量	多项式回归							响应面分析			
		β	t	p	VIF	ΔR^2	F	p		β	t	p
孤独感	原语言保留	0.01	0.47	0.64	1.96				a_1	-0.02	-0.54	0.59
	城市语言适应	-0.03	-1.37	0.17	3.54				a_2	-0.02	-0.96	0.34
	原语言^2	-0.02	-2.23	0.03	1.85	0.041	4.15	0.007	a_3	0.04	1.73	0.09
	原语言×城市语言	0.01	1.18	0.24	3.56				a_4	-0.04	-3.25	0.001
	城市语言^2	-0.01	-0.92	0.36	1.42							
希望	原语言保留	-0.03	-0.13	0.90	1.96				a_1	-0.24	-0.55	0.58
	城市语言适应	-0.21	-0.81	0.42	3.48				a_2	0.20	1.03	0.30
	原语言^2	-0.10	-0.91	0.37	1.83	0.027	2.81	0.04	a_3	0.18	0.67	0.51
	原语言×城市语言	0.28	2.34	0.02	3.51				a_4	-0.37	-2.60	0.01
	城市语言^2	0.01	0.10	0.92	1.41							
希望	原文化认同	-0.17	-0.53	0.59	2.19				a_1	0.02	0.04	0.97
	城市文化认同	0.19	0.53	0.60	2.00				a_2	0.34	1.21	0.23
	原文化认同^2	0.12	0.85	0.40	1.20	0.044	4.47	0.004	a_3	-0.36	-0.96	0.34
	原×城市文化认同	0.58	2.64	0.01	2.77				a_4	-0.82	-2.82	0.01
	城市文化认同^2	-0.36	-2.21	0.03	1.79							

（一）语言匹配与进城老年人的孤独感

进城老年人的原语言保留和孤独感的联系不显著（$\beta=0.01$，$p=0.64$），城市语言适应和孤独感的联系也不显著（$\beta=-0.03$，$p=0.17$）。多重共线性诊断结果显示，对于原语言保留与城市语言适应，所有VIF值均低于10（1.42—3.56），表明不存在多重共线性问题。多项式回归的结果满足进一步响应面分析的要求（$\Delta R^2=0.041$，$p=0.007$）。响应面分析结果（见图9-1）显示，在一致性线上，斜率 a_1 不显著（$\beta = -0.01$，$p = 0.59$），曲率 a_2 也不显著（$\beta = -0.02$，$p = 0.34$）；在不一致性线上，斜率 a_3 为正且边缘显著（$\beta = 0.04$，$p = 0.09$），曲率 a_4 显著为负（$\beta = -0.04$，$p = 0.001$），表明在不一致线上，两者对进城老年人孤独感的影响为曲线关系，相较于原语言保留和城市语言适应不匹配时，两者一致时进城老年人的孤独感相对更高，且最高点所对应的原语言保留要略高于城市语言适应。

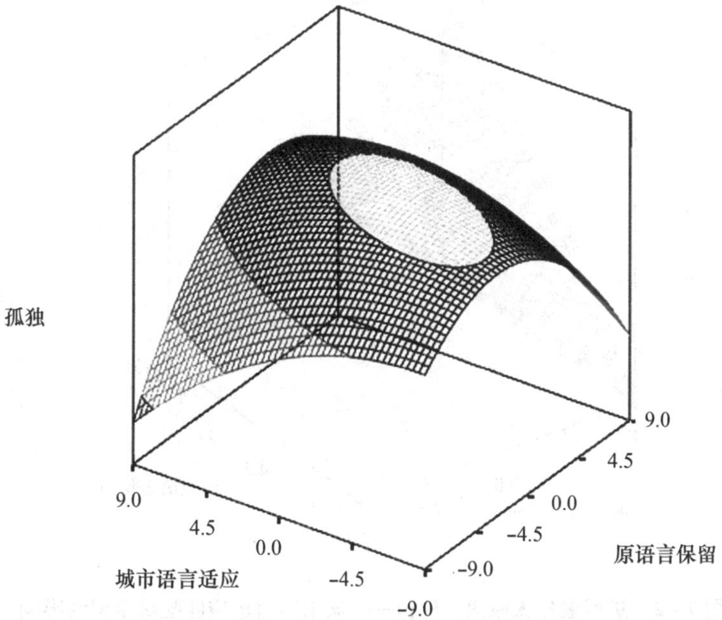

图9-1　进城老年人原语言保留——城市语言适应匹配对孤独感的影响

（二）语言匹配与进城老年人的希望

进城老年人的原语言保留和希望的联系不显著（$\beta = -0.03$，$p = 0.90$），城市语言适应和希望的联系也不显著（$\beta = -0.21$，$p = 0.42$）。多重共线性诊断结果显示，对于原语言保留与城市语言适应，所有 VIF 值均低于10（1.41—3.51），表明不存在多重共线性问题。多项式回归的结果满足进一步响应面分析的要求，$\Delta R^2 = 0.027$，$p = 0.04$。响应面分析结果显示（见图9-2），在一致性线上，斜率 a_1 不显著（$\beta = -0.24$，

$p=0.58$)，曲率 a_2 也不显著（$\beta=-0.20$，$p=0.30$）；在不一致性线上，斜率 a_3 不显著（$\beta=0.18$，$p=0.51$），曲率 a_4 显著（$\beta=-0.37$，$p=0.01$），表明在不一致线上，原文化保留语言维度和城市文化适应语言维度对进城老年人希望的影响为曲线关系，且相较于原语言保留水平和城市语言适应水平不一致时，两者水平一致（匹配）时进城老年人的希望相对更高。

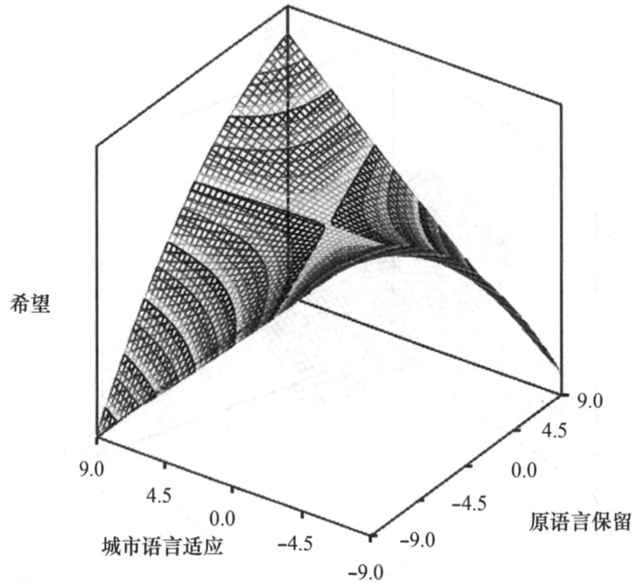

图9-2 进城老年人原语言保留——城市语言适应匹配对希望的影响

（三）文化认同匹配与进城老年人的希望

进城老年人的原文化认同维度和希望的联系不显著（$\beta=-0.17$，$p=0.59$），城市文化认同和希望的联系也不显著（$\beta=0.19$，$p=0.60$）。多重共线性诊断结果显示，对于原文化保留与城市文化适应，所有 VIF 值均低于 10（1.20—2.77），表明不存在多重共线性问题。多项式回归的结果满足响应面分析的要求，$\Delta R^2=0.044$，$p=0.004$。响应面分析结果显示（见图 9-3），在一致性线上，斜率 a_1 不显著（$\beta=-0.02$，$p=0.97$）；曲率 a_2 也不显著（$\beta=0.34$，$p=0.23$）。在不一致性线上，斜率

a_3 不显著（$\beta = -0.36$，$p = 0.34$）；曲率 a_4 显著（$\beta = -0.82$，$p = 0.01$），表明在不一致线上，两者对进城老年人希望的影响为曲线关系，且相较于原文化认同水平和城市文化认同水平不一致时，两者一致时进城老年人的希望相对更高。

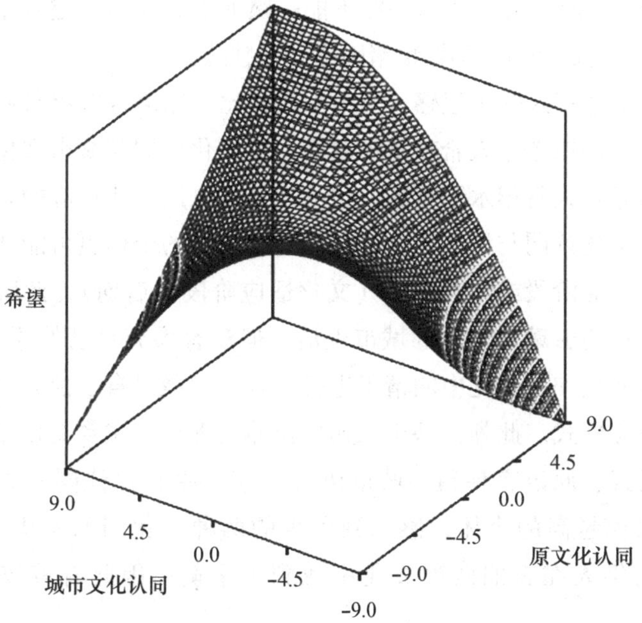

图 9－3　进城老年人原文化认同——城市文化认同匹配对希望的影响

三　讨论

通过上述结果我们可以发现，城市文化适应和原文化保留的总分及各维度（语言、行为和文化认同）不仅是流动老年人生活质量和情绪健康的主要影响因素，城市文化适应和原文化保留在其中还发挥着主要的作用。

关于进城老年人的孤独感，在原语言保留与城市语言适应不一致的情况下，与进城老年人孤独感呈“倒 U 形”关系，即两者越不一致，老年人的孤独感水平越低。本研究结果表明，与只使用一种语言（原语言或城市语言）的进城老年人相比，同时保留原语言和城市语言的个体孤独感水平更高。出现这一结果，可能是由于以下两方面的原因。一方面，需要保留原语言并适应城市语言的进城老年人面临更复杂的生活环境，这种复杂的生活环境对老年人提出更多的要求和挑战，在这种情况下，同时保留原语言和使用城市语言不是出于进城老年人的本意，而是由于客观环境“胁迫”，这会诱发进城老年人的情绪困扰（孤独感）；另一方面，找到城市语言和原语言之间的平衡点比单纯选择一种语言更复杂，达到城市语言和原语言之间的匹配不能一蹴而就，在这一过程中，进城老年人可能会遭遇挫折，加剧情绪困扰（孤独感）。

关于进城老年人的希望感，与不一致相比，原语言保留与城市语言适应越一致，进城老年人希望水平越高；原文化认同与城市文化认同越一致，进城老年人希望水平越高。这一现象可以用文化适应的阶段理论来解释：原文化认同与城市文化认同趋向于一致的个体更可能处于文化适应的基本适应阶段或整合阶段（文化适应阶段的后期），此阶段的进城老年人已经能够融入当地的城市生活，但没有丢弃自己的原母文化，他们将城市文化和原文化中的精华进行整合，发展出自己独有的文化体系和文化适应模式。此外，基于二元文化冲突理论，城乡文化充斥着对立和矛盾元素，原语言保留—城市语言适应、原文化认同—城市文化认同的一致性越高的个体，感知到更少的两种文化间的矛盾和冲突，说明进城老年人在新旧两种文化中找到了平衡，因此有着较高的希望感。

本节研究结论在理论上扩展了人们对进城老年人文化适应过程中原语言—城市语言、原文化认同—城市文化认同和心理健康关系的理解，揭示了文化认同的双重维度对心理健康的复杂作用。目前，鲜有研究者关注两种文化一致性对心理健康水平影响，同时关注二者之间关系的预测作用可以提供更有价值的信息。第八章的研究结果显示，原语言保留和城市语言适应单独对孤独感的预测作用并不显著，但本研究发现，二者之间的一致性会提升进城老年人的孤独感水平。这提示我们，单独考察其中一种文化对进城老年人的影响是存在局限的，文化适应不仅仅是个体持有的两种文化独立地发挥作用，更要看到文化间的作用关系及其对进城老年人心理健康的影响。

第三节　基于响应面分析的文化适应心理效应的调节机制

一　本节研究简介

第二节研究发现，语言匹配可以预测进城老年人的孤独感和希望感，文化认同的匹配可以预测进城老年人的希望感。本节在上述结果的基础上，将进城老年人原文化保留与城市文化适应以及其平方项与乘积项分别乘以其各自的回归系数并加总，形成块变量，再进行调节效应的检验，探讨文化适应原文化保留和城市文化适应一致性影响进城老年人生活质量与心理健康的复杂机制。

二　研究方法

（一）被试

被试同本章第二节。

（二）研究工具

本节对文化适应的测量同第八章第一节，对调节变量的测量同第八章第三节。

（三）数据分析

为了深入研究原文化保留和城市文化适应对进城老年人生活质量和情绪健康的影响机制，本节的研究计划将块变量（原文化保留和城市文化适应的一致程度）作为新的自变量，来探讨其影响进城老年人生活质量和情绪健康的内部机制以及边界条件。

在进行响应面的调节分析之前，首先需要对两个自变量进行一致性检验，以确定可以使用两个自变量的匹配程度——块变量作为新的自变量进行调节效应检验。响应面在大部分情况下存在两条主轴（principal axes），它们互相垂直并在驻点处相交。其中，第一主轴为：$Y = p_{10} + p_{11}X$，第二主轴为：$Y = p_{20} + p_{21}X$。[①] 如果响应面是凸面（$a_4 < 0$），则第一主

① Edwards, J. R. and Lambert, L. S., "Methods for Integrating Moderation and Mediation: A General Analytical Framework Using Moderated Path Analysis", *Psychological Methods*, Vol. 12, 2007.

轴（the first principal axis，FPA）截面曲率最大，第二主轴（the second principal axis，SPA）截面曲率最小；凹面（$a_4>0$）则反之。根据 Humberg 等人的研究，① 如果响应面满足 $a_4<0$，$a_3\approx 0$，且 $p_{10}\approx 0$，$p_{11}\approx 1$，则说明该两个自变量对因变量的影响通过了一致性假设，可以使用块变量进行后续检验。

本研究使用 Edwards 和 Cable 提出的块变量分析法进行调节效应检验。首先，生成块变量来表示进城老年人原文化保留与城市文化适应的匹配性，即将五项式 X、Y、X^2、XY 和 Y^2 的值分别乘以其在多项式回归中各自的回归系数并相加。后续调节效应的检验步骤同前一章。

三 结果

（一）一致性假设检验

对于原语言保留—城市语言适应影响希望的响应面中，a_4 显著小于 0（$\beta=-0.368$，$p=0.010$），a_3 不显著（$\beta=0.175$，$p=0.505$），且 $p_{10}\approx 0$（95% CI = [－1.964，1.131]），$p_{11}\approx 1$（95% CI = [－0.247，3.124]）；原语言保留—城市语言适应对孤独影响的响应面中，a_4 显著小于 0（$\beta=-0.039$，$p=0.001$），a_3 不显著（$\beta=0.039$，$p=0.085$），且 $p_{10}\approx 0$（95% CI = [－3.333，0.943]），$p_{11}\approx 1$（95% CI = [－2.621，7.336]），均满足一致性假设；而对于原文化认同—城市文化认同对希望影响的响应面中，a_4 显著小于 0（$\beta=-0.822$，$p=0.005$），a_3 不显著（$\beta=-0.356$，$p=0.337$），且 $p_{10}\approx 0$（95% CI = [－0.362，0.898]），$p_{11}\neq 1$（95% CI = [0.069，0.869]），不满足一致性假设。故我们将原语言保留、城市语言适应以及其平方项与乘积项分别乘以其各自的回归系数并加总，形成块变量。

（二）进城老年人文化适应一致性心理效应的调节机制

1. 主要人口学变量的调节效应检验

本研究检验了主要人口学变量、社会资源、心理资源在文化适应对

① Humberg, S., Kuper, N., Rentzsch, K., Gerlach, T., Back, M. D., & Nestler, S., "Investigating the Effects of Congruence Between Within-person Associations: A Comparison of Two Extensions of Response Surface Analysis", *Psychological Methods*, 2024.

生活质量、情绪健康的影响中的作用。结果表明，年龄与性别对语言一致性影响孤独感的调节作用不显著。

2. 社会资源的调节效应检验

领悟社会支持在文化适应语言维度一致性对孤独感的影响中起到调节作用（$\beta=-0.13$，$SE=0.05$，$t=-2.51$，$p<0.05$）。家庭功能在文化适应语言维度一致性对孤独感的影响中的调节作用不显著（$\beta=-0.08$，$SE=0.09$，$t=-0.84$，$p>0.05$）。

为了进一步了解领悟社会支持在文化适应语言维度一致性对进城老年人孤独感的影响中起到的调节效应，将领悟社会支持按照平均分加减1个标准差的方法，将其分为高分组和低分组，进行简单斜率检验。结果表明，在领悟社会支持水平低时，文化适应语言维度一致性对进城老年人孤独感的预测作用显著（$\beta=0.29$，$p<0.001$）；当领悟社会支持水平高时，文化适应语言维度一致性对进城老年人孤独感的预测作用不显著（$\beta=0.03$，$p>0.05$），即领悟社会支持是进城老年人的保护性因素，高水平的领悟社会支持能够使进城老年人的孤独感更不容易受到两种语言一致性的影响。

3. 心理资源的调节效应检验

结果表明，控制感在文化适应语言维度一致性对进城老年人孤独感的影响中起到调节作用（$\beta=-0.11$，$SE=0.05$，$t=-2.40$，$p<0.05$）。心理一致感在文化适应语言维度一致性对孤独感的影响中的调节作用不显著（$\beta=-0.02$，$SE=0.05$，$t=-0.37$，$p>0.05$）。

为了进一步了解控制感在文化适应语言维度一致性对进城老年人孤独感的影响中起到调节效应，将控制感按照平均分加减1个标准差的方法，将其分为高分组和低分组，进行简单斜率检验。结果表明，低控制感时，文化适应语言维度一致性对进城老年人孤独感的预测作用显著（$\beta=0.27$，$p<0.001$）；高控制感时，文化适应语言维度一致性对进城老年人孤独感的预测作用不显著（$\beta=0.05$，$p>0.05$），即控制感是进城老年人的保护性因素，高控制感能够使进城老年人的孤独感更不容易受到语言一致性的影响。

四 讨论

在主要的社会资源中，家庭功能在原语言保留与城市语言适应一致性对进城老年人孤独感的影响中的调节作用不显著。这表明无论家庭功能水平如何，老年人在语言适应一致性较高或较低时，其孤独感水平变化不明显。相比之下，领悟社会支持在这一关系中调节作用显著。其原因可能包括以下三个方面：第一，领悟社会支持代表了个体感知到的来自朋友和家人的关心与支持水平，[①] 这种支持在进城老年人面对新的语言和文化环境时，能够提供情感上的支持和安全感。当进城老年人感知到较高水平的社会支持时，他们更有可能获得来自社会网络的积极反馈和支持，有助于缓解因语言适应困难而产生的孤独感。第二，社会支持提供了老年人在城市生活中的重要情感依托。尤其是对于那些离开原有社交圈、与亲人分隔的老年人来说，家人和朋友的支持可以填补他们社交圈变小的空缺，减少了他们因社会孤立而产生的负面情绪。这种情感支持不仅在日常交流中起到实际的帮助作用，也在心理上增强了老年人对新环境适应的信心和能力。第三，高水平的社会支持可能意味着老年人更容易获得信息和资源，包括语言学习和文化适应所需的支持和指导。这些额外的资源和信息帮助老年人更有效地应对语言障碍，从而减少因语言适应不足而产生的负面情绪和孤独感。

此外，在心理资源中，心理一致感在原语言保留与城市语言适应一致性对进城老年人孤独感的影响中的调节作用不显著。这表明无论心理一致感得分如何，老年人在语言适应一致性较高或较低时，其孤独感水平变化不明显。相比之下，控制感在这一关系中显著发挥了调节作用。这说明控制感在老年人面对新的语言和文化环境时起着重要作用。控制感指个体对自己生活的控制程度感知，这种感觉在老年人面对新的语言和文化环境时，能够提升他们对自身能力的信心和适应新环境的积极性。当老年人感到自己拥有较高的控制感时，他们更有可能积极应对语言适应的挑战，减少因此而引发的孤独感。高水平的控制感意味着老年人更可能采取积极的行动来适应新的文化和语言环境。他们可能会更加努力

---

① 姜乾金:《领悟社会支持量表》,《中国行为医学科学》2001 年第 10 期。

地学习和应用新的语言技能，通过自我管理和主动参与社交活动来扩展社交圈，从而减少因语言障碍而导致的社会孤立感和孤独感。

本章的研究结论不仅在理论上扩展了人们对进城老年人文化适应过程中语言和文化认同双重维度对心理健康影响的理解，而且为优化文化适应策略提供了科学依据。研究结果提示我们，在关注进城老年人的文化适应时，不仅要看到个体持有的两种文化的作用，更要关注文化间的交互作用及其对心理健康的影响。调节作用的结果进一步提示我们，在支持老年人语言适应的同时，应特别关注其控制感和社会支持的提升，以增强其在新环境中的适应能力和幸福感。

第四节 本章小结

本章分析了原文化保留与城市文化适应之间的复杂联系及其对老年人心理健康的影响。首先，本章明确了原文化保留和城市文化适应的概念域及其相似性，并指出两者在概念意涵上的重叠性。基于 Berry 的文化适应双维度理论，本研究提出了四种可能的原文化保留与城市文化适应的组合情形，并探讨了这些不同组合对老年人心理健康的潜在影响。其次，基于响应面分析技术，本研究建构了一个包含原文化保留和城市文化适应作为自变量的响应面模型，深入探讨了进城老年人对两种文化的一致性表征对心理健康的影响。研究发现，原语言保留与城市语言适应的一致性在预测老年人的孤独感和希望感方面具有显著作用，文化认同的一致性则对希望感有显著影响。此外，本章结果还显示，领悟社会支持和控制感在文化适应语言维度一致性对进城老年人孤独感的影响中起到了显著的调节作用。具体来说，高水平的社会支持和控制感能够减轻因语言适应困难而产生的孤独感，表明这些心理资源是进城老年人适应新环境的重要保护性因素。

本章通过响应面分析技术，为理解进城老年人在文化适应过程中的心理健康提供了新的视角，并强调了社会和心理资源在促进老年人适应新环境、提高生活质量方面的重要作用。

第十章

不同城市生活时间进城老年人文化适应心理分析

第一节 背景与研究问题

一 文化适应发展趋势在进城时间上的差异

基于文化适应的阶段模型，处于不同城市生活时间的进城老年人文化适应水平应存在差异（详细论证见本书第二章第二节）。在文化适应初期，个体应该处于幸福感等各项心理指标的“动荡期”，此阶段，个体生活质量、幸福感、心理健康水平等指标变化较快；随着时间的推移，个体的对变化的感知阈限上升，幸福感等各项心理指标变化趋势稳定。基于此，为了更完整地揭示进城老年人文化适应的发展趋势及特征，需要探讨进城老年人在不同城市生活时间，其文化适应水平的变化趋势及其预测因子。以往研究揭示了大量外部因素（如生活变化、文化距离和社会支持等）、内部因素（如人格和应对资源等）以及人口统计学变量（如性别、年龄和学历等）都与个体的文化适应水平有关。然而，探究城市生活时间不同的老年人在文化适应上的差异和影响因素的研究还相对较少。

二 研究问题

我们根据在城市生活时间的分布特征，将进城老年人和城市间流动老年人在当前城市生活的时间分成四个阶段。对应不同的时间阶段，进城老年人和城市间流动老年人则可以被划分为四个群体，包括在当前城市生活一年内的老年人、在当前城市生活一年到两年的老年人、在当前城市生活两年到三年的老年人和在当前城市生活三年以上的老年人。研究文化适应水平在城市生活时间上的差异对更好地理解进城老年人文化适应的发展变化规律，提高进城老年人的文化适应水平、生活质量和身心健康水平具有重要意义。具体而言，本研究通过比较老年人类型（进城老年人、流动老年人）和城市生活时间影响文化适应的异同，以及进城老年人和流动老年人随着时间推移在原文化保留和城市文化适应不同维度上的差异，探讨不同城市生活时间对进城老年人文化适应的影响。同时，为了进一步揭示不同城市生活时间进城老年人随时间变化文化适应的变化趋势，我们参考了群组序列设计的思路，检验了不同城市生活时间进城老年人群体在各文化适应维度上反映出来的发展趋势及其相关特征。

此外，并没有研究关注城市生活时间或适应阶段影响老年人文化适应的因素是否相同。同时，没有研究关注每个适应阶段影响老年人文化适应的最敏感性因素有哪些。基于此，本章探讨了人口学变量、心理资源、城市居住时间等因素对不同城市生活时间的进城老年人文化适应水平的预测程度，以此揭示随着时间的推移，处于不同阶段进城老年人文化适应的风险性因素及保护性因素的异同。

第二节　进城老年人的城市生活时间对文化适应的影响

一　研究方法

（一）被试

以第一波数据中报告了最初到当前城市居住时间的进城老年人和城市间流动老年人为研究被试。经筛选后，共有448名老年人报告了在当前城市居住的最初时间。其中，进城老年人共270名，城市间流动老年人共178名。

使用第一波收集数据的时间减去被试在当前城市居住的最初时间，获得被试在当前城市生活的时间。根据收集第一波数据时被试在当前城市生活时间的分布特征，本研究将被试分成四类，第一类为在当前城市生活时间不足一年的老年人，共有54人（进城老年人32人），包括20名男性（进城老年人11人）和34名女性（进城老年人21人），平均年龄为64.91岁（$SD=7.64$）（进城老年人63.81岁，$SD=7.57$）；第二类为在当前城市生活时间在一年至两年的老年人，共有70人（进城老年人43人），包括28名男性（15名进城老年人）和42名女性（28名进城老年人），平均年龄为63.24岁（$SD = 5.76$）（进城老年人平均年龄为62.95岁，$SD = 4.94$）；第三类为在当前城市生活时间在两年至三年的老年人，共有52人（31名进城老年人），包括14名男性（男性进城老年人9名）和38名女性（女性进城老年人22名），平均年龄为63.69岁（$SD = 4.60$）（进城老年人平均年龄为62.97岁，$SD = 3.89$）；第四类为在当前城市生活时间在三年以上的老年人，共有272人（164人为进城老年人），包括83名男性（进城老年人39人）和189名女性（125名进城老年人），平均年龄为64.92岁（$SD = 5.85$）（进城老年人平均年龄为64.46岁，$SD = 5.37$）。

四组老年人的年龄差异不显著（$F = 1.89$，$p = 0.13$）。事后多重比较结果显示，四组老年人中任意两组的年龄差异也不显著。

（二）研究工具

使用进城老年人文化适应量表为研究工具。该量表由两个子量表组成，包括城市文化适应分量表（20个项目）和原文化保留分量表（19个项目）。其他信息详见第五章第二节。

二 结果

（一）城市文化适应的比较

以被试类型（进城老年人和城市间流动老年人）、在城市生活时间为自变量，以城市文化适应各维度（语言、行为、文化认同）及总分为因变量进行多元方差分析（MANOVA），结果见表10－1。

表10－1 老年人城市文化适应在不同城市生活时间和不同流动类型间的差异比较

变量		语言		行为		文化认同		总分	
	n	*M*	*SD*	*M*	*SD*	*M*	*SD*	*M*	*SD*
进城老年人									
一年内	32	11.94	4.68	23.06	5.80	32.72	4.84	67.72	13.44

续表

变量		语言		行为		文化认同		总分	
	n	*M*	*SD*	*M*	*SD*	*M*	*SD*	*M*	*SD*
一年至两年	43	10.56	4.47	23.19	3.67	31.53	5.27	65.30	10.73
两年至三年	31	12.06	4.84	25.06	3.85	32.48	3.97	69.61	9.17
三年以上	164	13.18	4.27	25.79	4.73	34.27	4.85	73.24	11.70
城市间流动老年人									
一年内	22	12.77	3.32	25.32	4.51	33.68	5.17	71.77	10.64
一年至两年	27	11.33	3.22	23.89	4.24	33.22	5.02	68.44	10.42
两年至三年	21	12.81	4.79	24.24	5.78	35.14	7.72	72.19	16.12
三年以上	108	12.31	3.76	24.66	4.13	34.35	4.86	71.32	10.43

结果表明，对于迁移老年人城市文化适应各维度，被试类型主效应边缘显著，F（3，438）$=2.29$，$p=0.08$，偏 $\eta^2=0.015$；城市生活时间主效应不显著，F（9，1066）$=1.59$，$p=0.11$，偏 $\eta^2=0.011$；被试类型和城市生活时间交互作用边缘显著，F（9，1066）$=1.77$，$p=0.07$，偏 $\eta^2=0.012$。

主体间效应检验表明，在城市文化适应各维度上，城市生活时间主效应均显著，F 值均大于2.78，p 均小于0.05；城市文化认同维度被试类型主效应显著，F（1，440）$=4.95$，$p=0.03$；在城市语言、行为维度及总分的被试类型主效应不显著，F 值均小于2.05，p 均大于0.1；城市文化适应行为维度的被试类型和城市生活时间的交互作用边缘显著，F（3，440）$=2.41$，$p=0.07$；城市语言、城市文化认同及总分的被试类型和城市生活时间的交互作用不显著，F 值均小于1.79，p 均大于0.1。

1. 不同当前城市生活时间进城老年人和城市间流动老年人城市文化适应的差异

进一步的单变量 F 检验表明，在城市文化适应的行为维度，当前城市居住时间为三年以上的进城老年人得分显著高于城市间流动老年人，F（1，440）$=4.03$，$p=0.045$；当前城市居住时间为一年内的进城老年人得分边缘显著低于城市间流动老年人，F（1，440）$=3.22$，$p=0.07$；在城市生活一年至两年、两年至三年的进城老年人和城市间流动老年人无显著差异，F 均小于0.41，p 均大于0.1。在城市文化适应的语言维度，当前城市居住时间为三年以上的进城老年人得分边缘显著高于城市间流动老年人，$F(1, 440) = 2.82$，$p = 0.09$；在城市生活一年内、一年至两年、两年至三年的进城老年人和城市间流动老年人无显著差异，F 均小于0.57，p 均大于0.1。在城市文化适应认同维度，当前城市居住时间为两年至三年的进城老年人得分边缘显著低于城市间流动老年人，$F(1, 440) = 3.50$，$p = 0.06$；在城市生活一年内、一年至两年、三年以上的进城老年人和城市间流动老年人无显著差异，F 均小于1.87，p 均大于0.1。在城市文化适应总分上，各组进城老年人和城市间流动老年人均无显著差异，F 均小于1.83，p 均大于0.1。

2. 不同当前城市生活时间进城老年人城市文化适应的差异

在城市文化适应的语言、认同维度上，城市生活三年以上的进城老年人得分显著高于一年至两年的进城老年人，MD 均大于2.63，p 均小于0.05，其他各组进城老年人得分无显著差异，MD 均小于1.78，p 均大于0.1。

在城市文化适应的行为维度上，在城市生活三年以上的进城老年人得分显著高于在城市生活一年内和一年至两年的进城老年人，MD 均大于2.60，p 均小于0.05，其他各组进城老年人得分无显著差异，MD 均小于2.00，p 均大于0.1。

在城市文化适应总分维度上，城市生活三年以上的进城老年人得分显著高于一年至两年的进城老年人，$MD = 7.96$，$p < 0.001$；城市生活三年以上的进城老年人得分边缘显著高于一年内的进城老年人，$MD = 5.52$，$p = 0.08$；其他各组进城老年人得分无显著差异，MD 均小于4.33，p 均大于0.1。

总之，在城市文化适应各维度及总分上，进城老年人的得分随着在城市生活的时间的增加呈上升趋势，说明在城市居住时间越长，进城老年人对城市文化的适应越好。

3. 不同当前城市生活时间的城市间流动老年人城市文化适应的差异

在城市文化适应各维度及总分上，各组城市间流动老年人之间均无显著差异，MD 均小于3.75，p 均大于0.1，说明城市间流动老年人对于城市文化适应的水平比较稳定，并没有随着在新的城市居住时间的变化而变化。这也进一步说明，不同城市之间的文化存在着一定程度的同质性，城市间的流动可能不会造成老年个体的文化适应不良等问题。

（二）不同城市生活时间进城老年人和城市间流动老年人原文化保留的差异

以流动类型（进城老年人和城市间流动的老年人）和在城市生活时间为自变量，以原文化保留各维度（语言、行为、文化认同）及其总分为因变量进行多元方差分析，平均数和标准差见表10－2。

表10－2　不同城市生活时间、不同流动类型老年人原文化保留的差异比较

变量		语言		行为		文化认同		总分	
	n	*M*	*SD*	*M*	*SD*	*M*	*SD*	*M*	*SD*
进城老年人									
一年内	32	16.63	2.31	23.31	3.01	33.81	4.47	73.75	7.21
一年至两年	43	16.30	2.46	23.51	2.77	33.35	4.74	73.16	7.78
两年至三年	31	17.00	2.10	23.29	3.19	32.55	4.32	72.84	7.70
三年以上	164	15.85	2.87	22.68	3.56	33.00	4.85	71.54	9.18
城市间流动老年人									
一年内	22	14.00	3.52	20.32	5.25	29.18	6.34	63.50	13.80
一年至两年	27	14.22	3.20	21.59	3.39	29.00	5.18	64.81	9.31
两年至三年	21	15.95	2.89	23.05	3.51	30.90	6.32	69.90	10.47
三年以上	108	13.85	3.39	20.44	5.56	29.63	5.29	64.29	11.33

结果表明，对于流动老年人的原文化保留总分以及各维度分数，流动类型主效应显著，$F(4, 437)=11.06$，$p<0.001$，偏 $\eta^2=0.092$；在城市生活时间主效应显著，$F(12, 1156)=1.99$，$p=0.02$，偏 $\eta^2=0.018$；流动类型和在城市生活时间交互作用不显著，$F(12, 1156)=0.57$，$p=0.87$，偏 $\eta^2=0.005$。

主体间效应检验表明，在原文化保留各维度上流动类型主效应均显著，F 均大于18.23，p 均小于0.001；城市生活时间的主效应只在原文化保留的语言和行为维度显著，F 均大于3.58，p 均小于0.05，在认同维度及总分上不显著，F 均小于1.82，p 均大于0.1；流动类型和城市生活时间交互作用在原文化保留三个维度及总分上均不显著，F 均小于1.43，p 均大于0.1。

1. 不同当前城市生活时间进城老年人和城市间流动老年人原文化保留的差异

进一步的单变量 F 检验表明，在原文化保留的语言、行为、认同维度及总分上，在城市生活一年内、一年至两年、三年以上的进城老年人得分均显著高于城市间流动老年人，F 值均大于4.72，p 均小于0.05；在城市生活两年至三年的进城老年人和城市间流动老年人得分差异不显著，F 值均小于1.58，p 均大于0.1。

2. 不同当前城市生活时间进城老年人原文化保留的差异

不同城市生活时间的进城老年人在原文化保留的各维度上无显著差异，MD 均小于2.21，p 均大于0.1。这些结果表明，进城老年人原文化保留的水平较稳定，没有随着在城市生活的时间推移而变化。

3. 不同当前城市生活时间城市间流动老年人原文化保留的差异

在原文化保留语言维度，在当前城市生活两年至三年的城市间流动老年人得分显著高于三年以上的城市间流动老年人，$MD = 2.10$，$p = 0.02$；其他各组得分无显著差异，MD 均小于1.95，p 均大于0.1。

在原文化保留行为维度，当前城市生活两年至三年的城市间流动老年人的得分显著高于三年以上的城市间流动老年人，$MD = 2.61$，$p = 0.02$；此外，在当前城市生活两年至三年城市间流动老年人得分边缘显著高于一年内城市间流动老年人，$MD = 2.73$，$p = 0.08$；其他各组得分无显著差异，MD 均小于1.46，p 均大于0.1。

在原文化保留认同维度，不同当前城市生活时间的城市间流动老年人得分均无显著差异，MD 均小于1.90，p 均大于0.1。

在原文化保留总分上，当前城市生活两年至三年的城市间流动老年人得分边缘显著高于三年以上的城市间流动老年人，$MD = 5.62$，$p = 0.097$；其他各组城市间流动老年人得分无显著差异，MD 均小于6.41，p 均大于0.1。

总之，原文化保留在不同组的老年人之间也存在一定的差异。在当前城市生活两年到三年的城市间流动老年人对原文化的保留水平更高。

这可能是城市间流动老年人在新的城市中生活两至三年后失去了对新城市和新环境的新奇感，以至开始怀念原来的生活环境。

三　讨论

本节研究结果表明，进城老年人文化适应随着在当前城市生活时间的不同而存在显著差异。具体来说，本节的研究发现主要有以下几点：

首先，进城老年人在原文化保留所有维度均高于城市间流动老年人。结果显示，在当前城市生活一年内、一年至两年、三年以上的进城老年人，其在语言、行为、文化认同及原文化保留总分上均显著高于城市间流动老年人。这可能是因为相比于城市间流动老年人，进城老年人面临的新旧文化差异更大，因而需要更多的时间和努力以改变原来的文化认同。

其次，随着在当前城市生活时间的增加，进城老年人对城市文化的适应水平逐渐提高。在城市生活三年以上的进城老年人在语言、文化认同以及城市文化适应总分上显著高于在城市生活一年至两年的进城老年人，并且在城市生活三年以上的进城老年人在文化适应的行为维度上显著高于在城市生活两年内的进城老年人。这个结果表明，随着时间的推移，进城老年人的城市文化适应水平总体上呈现出了上升的趋势。这很可能是由于进城老年人对当前城市文化的不适感逐渐改善，适应性行为会逐渐增加；在城市生活三年后，适应水平显著提高，基本达到了稳定的适应水平。

再次，在城市生活一年到两年的时间段是进城老年人文化适应水平最低的阶段。出现这一现象的原因可能是进城老年人在经历短暂的好奇阶段后，马上就会经历社交网络的瓦解、价值观念的冲击以及新城市文化生活习惯的挑战，表现出适应困难，造成新的城市文化适应的水平较低。也就是说，在这个时间段，进城老年人接触到城市文化内容的机会越来越多，原有的文化观念受到更大的冲击，内心的矛盾和焦虑体验水平也较高，因此文化适应的水平往往最低。相对而言，城市间流动老年人在城市文化适应各维度上随着迁移时间的变化，差异并不显著，说明城市间流动老年人的城市文化适应水平随着迁移时间的变化具有一定的稳定性。这可能是因为城市间流动老年人在流动之前就在城市生活，而城市之间的生活方式、价值观念等具有一定的相似性，所以并不像进城老年人一样需要较长的适应过程。

复次，进城老年人的行为适应略好于城市间流动的老年人。在城市文化适应的行为维度，在城市生活三年以上的进城老年人得分显著高于城市间流动老年人，在城市生活三年以下的进城老年人得分与城市间流动老年人的差异不显著。这个结果表明，进城老年人随着适应水平的不断提高，会做出比城市间流动老年人更好的城市文化适应行为。这可能是因为进城老年人在城市文化适应的过程中，最先感受到的是行为上的变化，也更加注重行为上的适应，如生活方式的培养等，所以在成功适应之后，城市文化的行为适应会得到更明显提升。

最后，进城老年人原文化保留的水平并没有随着城市生活时间的增加而显著下降，并且显著高于城市间流动的老年人。这可能是因为城市间文化同质性较高，也可能是因为进城老年人大多保持着农村环境中的淳朴观念，重视乡土情怀，因此对家乡的文化会更加难以割舍。当然，也有可能是因为老年人更难改变长期形成的人格特征，从而表现出了对原文化内容更多的依赖和保持。

综上，流动类型和在城市生活时间都会影响老年人的文化适应水平。进城老年人在进入城市生活的三年内，对城市文化的适应水平不断提高。在时间因素上，进城老年人在城市生活一年至两年的期间更容易发生文化适应困难。未来的社区工作应重视对这一群体的特殊性，以更有效的措施应对他们在城市生活中可能面对的挑战，积极促进他们的城市文化适应水平和生活质量提升。

第三节 不同城市生活时间老年人文化适应的发展趋势

一 研究方法

（一）被试

使用三波数据中的进城老年人和城市间流动老年人为被试。采用群组序列设计数据的分析方法，对在当前城市生活不同时间老年人的数据分别进行纵向分析。追踪时间及其他信息见第五章第三节。

本研究中，三次都参与的有效被试的问卷共有135份。收集第一波数据时，在当前城市生活一年以内的老年人有10人，一年至两年的老年人有24人，两年至三年的老年人有16人，三年以上的老年人有85人。

（二）研究工具

使用老年人文化适应量表为研究工具。该量表由两个子量表组成，包括原文化保留分量表和城市文化适应分量表。该量表的详细介绍见第五章第二节。

（三）数据分析

由于前三个时间群组的被试量过少，被试误差可能对结果产生影响，因此将在城市生活一年内、一年至两年、两年至三年的老年人合并为在城市生活三年内的流动老年人。至此，最终用于分析的有效被试可以分为两组，一组为在当前城市生活初始时间少于三年的流动老年人，另一组为在当前城市生活初始时间多于三年的流动老年人。采用Mplus 8.3构建线性无条件潜变量增长模型来检验两种不同初始城市生活时间老年人原文化保留和城市文化适应在随后一年时间的变化趋势。

二　结果

（一）城市文化适应的变化趋势

为了检验两组流动老年人城市文化适应各维度及其总分的变化趋势，我们同样构建了多组潜变量增长模型。结果显示，在城市文化适应分量表中，除文化认同维度外，其他维度的多组潜变量增长模型拟合指数均较理想。然而，两组老年人各个维度和总分的截距、斜率均未达到显著水平。具体结果如下。

1. 语言维度

多组模型拟合指数：$\chi^2 = 55.23$，$df = 6$，$p < 0.001$，CFI = 1.00（> 0.90），RMSEA = 0.00（< 0.08），SRMR = 0.03（< 0.05），表明该模型拟合指数良好。两组老年人城市语言适应的截距分别为2.866和3.103，斜率分别为0.050和0.081，p均大于0.05，表明两组流动老年人的语言适应总分在一年的追踪期内无明显变化。

2. 行为维度

行为维度多组增长模型拟合指数：$\chi^2 = 34.77$，$df = 6$，$p < 0.001$，

CFI = 0.88，RMSEA = 0.16，SRMR = 0.08，由于与部分拟合指标在可接受范围内，表明该模型拟合尚可。进一步分析发现，两组老年人城市行为适应的截距分别为 3.519 和 3.659，斜率分别为 -0.069 和 -0.039，p 均大于 0.05，表明两组老年人的城市行为适应在一年的追踪期内无明显变化。

3. 文化认同维度

文化认同维度多组增长模型拟合指数：$\chi^2 = 34.17$，$df = 6$，$p < 0.001$，CFI = 0.74，RMSEA = 0.23，SRMR = 0.13，表明该模型拟合指数未达到理想水平。

4. 城市文化适应总分

城市文化适应总分多组增长的拟合指数：$\chi^2 = 47.60$，$df = 6$，$p < 0.001$，CFI = 0.90，RMSEA = 0.18，SRMR = 0.09，这些指数表明该模型拟合指数在可接受范围。两组老年人城市文化适应的截距分别为 3.360 和 3.534，斜率分别为 -0.014 和 -0.003，p 均大于 0.05，表明两组老年人城市适应总分在一年的追踪期内无明显变化。

综上，在城市文化适应分量表上，两类流动老年人城市文化适应的发展趋势不存在异质性。这部分的结果表明，无论在城市生活最初不足三年还是三年以上的进城老年人和城市间流动老年人对新的城市文化的适应在随后的一年时间里一直保持稳定，并没有明显的变化。

（二）原文化保留的变化趋势

为了检验两组流动老年人原文化保留各维度及其总分的变化趋势，我们分别以原文化保留的语言、行为、原文化认同三个维度和原文化保留总分为因变量，构建了多组潜变量增长模型。多组潜变量增长模型需要分别估计各组在每个变量上的截距和斜率。其中，截距代表原文化保留发展趋势的起始水平，斜率代表原文化保留发展趋势的变化速度。

模型拟合结果表明，原文化保留各维度及其总分的多组潜变量增长模型拟合指数良好。

1. 语言维度

语言维度群组模型拟合指数：$\chi^2 = 58.62$，$df = 6$，$p < 0.001$，CFI = 1.00（>0.90），RMSEA = 0.00（<0.08），SRMR = 0.02（<0.05），表明该模型拟合指数良好。进一步的分析发现，两组老年人语言保留维度的截距

分别为3.824和3.881，斜率分别为-0.062和0.008，p均大于0.05，语言维度的截距和斜率均不显著，表明两组老年人原语言保留维度在一年的追踪期内无明显变化。

2. 行为维度

行为维度群组模型拟合指数：$\chi^2=30.15$，$df=6$，$p<0.001$，CFI=1.00，RMSEA=0.00，SRMR=0.02，表明该模型拟合指数良好。两组老年人行为保留维度的截距分别为3.70和3.77，斜率分别为-0.052和0.003，p均大于0.05，行为维度的截距和斜率均不显著，表明两组老年人原行为保留维度在一年的追踪期内无明显变化。

3. 文化认同维度

文化认同维度群组模型拟合指数：$\chi^2=69.89$，$df=6$，$p<0.001$，CFI=1.00，RMSEA=0.00，SRMR=0.02，表明该模型拟合指数良好。进一步分析发现，在城市生活三年以内的老年人在原文化认同维度的截距为3.536，$p<0.001$，斜率为-0.074，$p=0.04$。其原文化认同的初始水平较高，后呈现显著的下降趋势。

与此不同，在城市生活初始时间为三年以上的老年人原文化认同的截距为3.528，斜率为0.039，p均大于0.05，表明该组老年人原文化认同维度在一年的追踪期内无明显变化。

4. 原文化保留总分

原文化保留总分群组模型拟合指数：$\chi^2=65.56$，$df=6$，$p<0.001$，CFI=1.00，RMSEA=0.00，SRMR=0.014，表明该模型拟合指数良好。两组老年人原文化保留总分的截距分别为3.681和3.729，斜率分别为-0.061和0.017，p均大于0.05，原文化保留总分的截距和斜率均不显著。这些结果表明整体原文化保留总分在一年的追踪期内无明显变化。

综上，在原文化保留分量表上，两组老年人原文化保留认同维度的变化存在异质性，在城市生活初始时间为三年内的老年人原文化认同随着当前生活时间的增加而逐渐下降。

三 讨论

本节研究分别构建了原文化保留和城市文化适应的多组潜变量增长模型。研究结果表明，大多数模型拟合良好。从增长模型的参数来看，两类城市生活初始时间的老年人在一年追踪的时间内原文化保留的语言维度和行为维度没有明显变化。但在原文化保留分量表的原文化认同维度上，在城市生活初始时间为三年内的老年人文化认同维度和总分呈下降趋势。这一结果表明，在城市生活初始时间较短的老年人，随着新居住地新文化的不断冲击，对自己原文化的认同度会逐渐下降。然而，老年人的原语言和原行为保留较好，并未在新的居住地生活后发生明显变化。这部分验证了 Yoon 等人（2020）的观点，即语言是文化适应的内部维度，更难发生改变。这说明随着年龄的增长，老年人往往更不愿意去学习一门新的语言。同样，老年人多年形成的行为模式很难随着居住地的变迁而发生明显变化。此外，文化适应本质上是一个动态的、发展的过程，原文化的保留会随着时间的推移而增加、减少或保持稳定（Berry，1997；Yoon et al.，2020）。我们的研究结果发现，在城市生活初始时间为三年内的老年人原文化认同下降，而对于在城市生活初始时间为三年以上的老年人，随着在城市生活时间的推移其原文化保留趋于稳定，在较短的时间内是不会发生变化的。

在城市文化适应方面，在城市生活初始时间不同的两类流动老年人（进城老年人和城市间流动老年人）对城市文化的适应水平在追踪的一年时间里保持了稳定，没有明显的变化，这与相关领域研究的结果并不一致。这可能是因为本节研究各时间群组的被试量过少，分组所依据的在城市生活初始时间可能并没有反映出老年人文化适应发展变化最敏感的时间点。也就是说，所有被试可能都已经经历了文化适应发展变化最快的时期，文化适应水平达到了一个相对稳定的状态，导致在随后的一年时间里并不能观察到较为明显的变化。未来研究可以尝试关注在城市生活更短（如一年以内或半年以内）的进城老年人或流动老年人对城市文化适应的变化趋势。

此外，原文化保留和城市文化适应的无条件线性增长模型结果表明，进城老年人的原文化保留和城市文化适应的发展存在一定的个体差异，这与以往研究结果相似。以往研究表明，在新的城市居住时间少于一年的老人更易出现社会适应不良，农村的老年人比城镇的老年人对于城市文化的适应更差。在心理适应维度，农村进城老年人与城镇之间流动老年人之间的差距则更加明显。①② 出现这一现象的原因，很可能是对进城老年人而言，城市中的楼宇生活局限了农村老人的交往和出行，乡村式的亲朋邻里的交往方式不复存在。同时，子女因工作繁忙无暇照顾父母，导致进城老人的幸福感下降，对居住小区缺乏归属感，从心理上不能很好地适应城市社会生活。③

第四节　不同城市生活时间老年人城市文化适应的影响因素

一　研究方法

（一）被试

同本章第二节。

（二）研究工具

同第六章第二节。

（三）数据分析

采用 SPSS23.0 统计软件对数据进行处理和分析。分别以各类不同城市生活时间的进城老年人城市文化适应总分及各维度得分为因变量，以人口学变量因素、家庭和社会关系变量、心理资源变量、年龄相关变量为自变量创建多元线性回归模型，以验证相关变量对各类不同城市生活时间进城老年人城市文化适应总分和各维度，以及原文化保留总分及各维度的预测作用。

二　结果

（一）语言维度的影响因素

分别以在城市生活时间不同的四类进城老年人城市文化适应语言维

---

① 李春映、秦艳霞、朱蓝玉：《移居对社区老年人心理健康的影响》，《中国老年学杂志》2020 年第 9 期。

② 王建平、叶锦涛：《大都市老漂族生存和社会适应现状初探——一项来自上海的实证研究》，《华中科技大学学报》（社会科学版）2018 年第 2 期。

③ 张新文、杜春林、赵婕：《城市社区中随迁老人的融入问题研究——基于社会记忆与社区融入的二维分析框架》，《青海社会科学》2014 年第 6 期。

度得分为因变量，各类影响因素为自变量进行多元回归分析，回归分析的结果如下：

在当前城市生活一年内的进城老年人中，与子女同住是其城市文化适应语言维度的积极影响因素，$\beta=0.39$，$SE=1.28$，$t=2.09$，$p<0.05$。

在当前城市生活两年至三年的进城老年人中，共情是其城市文化适应语言维度的消极影响因素，$\beta=-0.49$，$SE=0.29$，$t=-2.34$，$p<0.05$。

在当前城市生活三年以上的进城老年人中，城市文化适应语言维度的影响因素有性别（$\beta=-1.82$，$SE=0.77$，$t=-2.34$，$p<0.05$）、与子女同住（$\beta=0.27$，$SE=0.45$，$t=2.10$，$p<0.01$）、家庭情感卷入（$\beta=-0.22$，$SE=0.10$，$t=-2.68$，$p<0.01$）、心理一致感（$\beta=-0.18$，$SE=0.03$，$t=-1.97$，$p<0.05$）、共情（$\beta=-0.19$，$SE=0.11$，$t=-2.06$，$p<0.05$）、观点采择（$\beta=0.23$，$SE=0.11$，$t=2.21$，$p<0.01$），其中与子女同住和观点采择是该组老年人城市文化适应语言维度的保护性因素，性别、心理一致感和共情是该组老年人城市文化适应语言维度的风险因素。

（二）行为维度的影响因素

分别以在城市生活时间不同的四类进城老年人城市文化适应行为维度得分为因变量，各类影响因素为自变量进行多元回归分析，回归分析的结果如下：

在当前城市生活一年至两年的进城老年人中，自尊是其城市文化适应行为维度的消极影响因素，$\beta=-0.45$，$SE=2.40$，$t=-2.03$，$p<0.05$。

在当前城市生活两年至三年的进城老年人中，主观年龄是其城市文化适应行为维度的消极影响因素，$\beta=-0.73$，$SE=0.25$，$t=-3.18$，$p<0.05$。

在当前城市生活三年以上的进城老年人中，城市文化适应行为维度的影响因素有与子女同住（$\beta=0.18$，$SE=0.52$，$t=2.01$，$p<0.05$）、家庭情感卷入（$\beta=-0.37$，$SE=0.10$，$t=-4.68$，$p<0.001$）、领悟社会支持（$\beta=0.23$，$SE=0.08$，$t=2.83$，$p<0.01$）和观点采择（$\beta=0.35$，$SE=0.11$，$t=3.98$，$p<0.001$），其中与子女同住、领悟社会支持和观点采择是该组老年人城市文化适应行为维度的保护性因素，家庭情感卷入是该组老年人城市文化适应行为维度的风险因素。

（三）认同维度的影响因素

分别以在城市生活时间不同的四类进城老年人城市文化适应认同维度得分为因变量，各类影响因素为自变量进行多元回归分析，回归分析的结果如下。

在当前城市生活一年内的进城老年人中，与子女同住是其城市文化适应认同维度的积极影响因素，$\beta = 0.51$，$SE = 1.39$，$t = 2.68$，$p < 0.05$。

在当前城市生活一年至两年的进城老年人中，城市文化适应认同维度的影响因素有领悟社会支持（$\beta = 0.44$，$SE = 0.23$，$t = 2.38$，$p < 0.05$）和老年刻板印象（$\beta = -0.74$，$SE = 0.27$，$t = -2.65$，$p < 0.05$），其中领悟社会支持是该组进城老年人城市文化适应认同维度的保护性因素，老年刻板印象是该组进城老年人城市文化适应认同维度的风险因素。

在当前城市生活两年至三年的进城老年人中，主观年龄是其城市文化认同维度的消极影响因素，$\beta = -0.64$，$SE = 0.30$，$t = -2.46$，$p < 0.05$。

在当前城市生活三年以上的进城老年人中，城市文化适应认同维度的影响因素有家庭情感卷入（$\beta = -0.35$，$SE = 0.10$，$t = -4.51$，$p < 0.001$）、领悟社会支持（$\beta = 0.31$，$SE = 0.09$，$t = 3.86$，$p < 0.001$）、共情（$\beta = -0.19$，$SE = 0.12$，$t = -2.10$，$p < 0.05$）和观点采择（$\beta = 0.43$，$SE = 0.12$，$t = 5.11$，$p < 0.001$），其中领悟社会支持和观点采择是该组老年人城市文化适应认同维度的保护性因素，家庭情感卷入和共情是该组老年人城市文化适应认同维度的风险因素。

（四）城市文化适应总分的影响因素

分别以在城市生活时间不同的四类进城老年人城市文化适应总分及各维度为因变量，各类影响因素为自变量进行多元回归分析，回归分析的结果如下：

在当前城市生活一年内的进城老年人中，与子女同住是其城市文化适应总分的积极影响因素，$\beta = 0.47$，$SE = 4.11$，$t = 2.48$，$p < 0.05$。

在当前城市生活两年至三年的进城老年人中，主观年龄是其文化适应总分的消极影响因素，$\beta = -0.72$，$SE = 0.31$，$t = -2.73$，$p < 0.05$。

在当前城市生活三年以上的进城老年人中，城市文化适应总分的影响因素有与子女同住（$\beta = 0.19$，$SE = 1.27$，$t = 2.10$，$p < 0.05$）、家庭情感卷入（$\beta = -0.38$，$SE = 0.25$，$t = -4.87$，$p < 0.001$）、领悟社会支

持（$\beta = 0.29$，$SE = 0.21$，$t = 3.55$，$p < 0.001$）、共情（$\beta = -0.21$，$SE = 0.31$，$t = -2.26$，$p < 0.05$）、观点采择（$\beta = 0.41$，$SE = 0.28$，$t = 4.64$，$p < 0.001$），其中与子女同住、领悟社会支持和观点采择是该组老年人城市文化适应总分的保护性因素，家庭情感卷入和共情是该组老年人城市文化适应总分的风险因素。

三 讨论

本节通过回归分析分别探讨了人口学变量、家庭和社会关系变量、心理资源变量，以及年龄相关变量对在城市生活不同时间进城老年人城市文化适应总体水平和各维度得分的影响，结果发现在城市生活不同时间进城老年人群体城市文化适应影响因素的差异。

在人口学变量中，影响老年人文化适应的因素有年龄、子女数量、与子女同住。其中，与子女同住是在城市生活时间为一年内和三年以上的进城老年人城市文化适应的保护性因素，即与子女同住的这两类进城老年人城市文化适应水平更高。这说明进城老年人刚进城市一年内以及到城市三年后，与子女同住可以更好地对抗适应带来的压力，对城市文化适应得更好。

在家庭和社会关系变量中，影响文化适应的因素包括与子女关系、家庭沟通、家庭情感卷入、领悟社会支持。其中，领悟社会支持对在城市生活一年至两年以及三年以上的进城老年人产生了积极的影响，这说明在这个时间段的进城老年人得到的社会支持对进城老年人起到了保护作用，社会支持越高，进城老年人的压力越小，越能更从容地适应城市文化，进而提高其城市文化适应水平。

在心理资源变量中，共情、观点采择、心理一致感和自尊是进城老年人城市文化适应的影响因素，其中，心理一致感是在城市生活三年以上进城老年人文化适应的风险因素。心理一致感通过促进进城老年人对压力的良好适应，能够缓和老年人孤独、抑郁、感知压力等负性情感并提升其幸福感①，进而对老年人的文化适应起到促进作用。但是本研究得

① 钟灵、陶慧、孙娅娇等:《老年人心理一致感的研究进展》，《全科护理》2021 年第 29 期。

到了不同的结果，具体原因还需要进一步研究。观点采择是在城市生活三年以上进城老年人城市文化适应的保护性因素，共情是在城市生活两年至三年以及三年以上进城老年人城市文化适应的保护性因素，这说明观点采择和共情都是在进城老年人在城市生活一段时间之后，才对其文化适应产生了积极的影响。这可能是因为，当进城老年人在城市生活一段时间之后，开始慢慢了解当地的文化、生活习惯、价值观等，更愿意去理解当地人的观点，而随着与本地人交往的增多，也更愿意去感受他人的情感，进而能更快地融入城市文化中。自尊是在城市生活一年至两年的进城老年人文化适应的风险性因素，这可能是因为在城市生活一年之后，进城老年人开始意识到新旧文化之间的差异，在进城一年至两年这段时间，高自尊的个体会更倾向于减少城市文化的适应。

在年龄相关变量中，老年刻板印象是在城市生活一年至两年的进城老年人城市文化适应的风险因素，这与其他进城老年人的结果不一致。可能是因为在城市生活一年至两年这个特殊的时间段，老年刻板印象容易导致老年刻板印象威胁的发生，对心理健康产生消极的影响，进城老年人也更不愿意接近本地人，导致对新的环境的适应较差。

本节内容揭示了在城市生活不同时间进城老年人城市文化适应的影响因素的异同，所得结果有利于针对性地干预不同进城时间老年人的城市文化适应，具有一定的理论意义和实践意义。在下一节中，将继续探讨在城市生活不同时间进城老年人文化适应另一重要方面——原文化保留的影响因素异同。

第五节　不同城市生活时间老年人原文化保留的影响因素

一　研究方法

（一）研究对象

同本章第二节。

（二）研究工具

同第六章第二节。

（三）数据分析

同本章第四节。

二 结果

（一）原文化保留语言维度的影响因素

分别以在城市生活时间不同的四类进城老年人原文化保留语言维度得分为因变量，各类影响因素为自变量进行多元回归分析，回归分析的结果如下。

在当前城市生活一年至两年的进城老年人中，原文化保留语言维度的影响因素有家庭情感卷入（$\beta = 0.46$，$SE = 0.14$，$t = 2.87$，$p < 0.05$）和观点采择（$\beta = -0.41$，$SE = 0.14$，$t = -2.44$，$p < 0.05$），其中家庭情感卷入是该组老年人原文化保留语言维度的保护性因素，观点采择是其风险因素。

在当前城市生活两年至三年的进城老年人中，原文化保留语言维度的影响因素有子女数量（$\beta = 0.46$，$SE = 0.57$，$t = 2.09$，$p < 0.05$）、自尊（$\beta = -0.45$，$SE = 1.31$，$t = -2.19$，$p < 0.01$）和控制感（$\beta = 0.48$，$SE = 1.09$，$t = 2.34$，$p < 0.05$），其中子女数量和控制感是原文化保留语言维度的保护性因素，自尊和心理一致感是其风险因素。

在当前城市生活三年以上的进城老年人中，原文化保留语言维度的影响因素有年龄（$\beta = -0.20$，$SE = 0.05$，$t = -2.32$，$p < 0.05$）和老年自我刻板印象（$\beta = 0.41$，$SE = 0.10$，$t = 2.23$，$p < 0.05$），其中老年自我刻板印象是该组老年人原文化保留语言维度的保护性因素，年龄是该组老年人原文化保留语言维度的风险因素。

（二）原文化保留行为维度的影响因素

分别以在城市生活时间不同的四类进城老年人原文化保留行为维度得分为因变量，各类影响因素为自变量进行多元回归分析，回归分析的结果如下：

在当前城市生活一年内的进城老年人中，老年刻板印象是该组老年人原文化保留行为维度的积极影响因素，$\beta = 1.61$，$SE = 0.17$，$t = 3.20$，$p < 0.05$。

在当前城市生活一年至两年的进城老年人中，共情是该组老年人原文化保留行为维度的积极影响因素，$\beta = 0.38$，$SE = 0.16$，$t = 2.18$，$p < 0.05$。

在当前城市生活两年至三年的进城老年人中，原文化保留行为维度的影响因素有性别（$\beta = -0.48$，$SE = 1.42$，$t = -2.37$，$p < 0.05$）和子女数量（$\beta = 0.63$，$SE = 0.77$，$t = 3.20$，$p < 0.01$），其中子女数量是该组老年人原文化保留行为维度的保护性因素，性别是该组老年人原文化保留行为维度的风险因素。

在当前城市生活三年以上的进城老年人中，受教育水平（$\beta = 0.22$，$SE = 0.23$，$t = 2.62$，$p < 0.01$）和观点采择（$\beta = 0.30$，$SE = 0.09$，$t = 3.36$，$p < 0.001$）是该组老年人原文化保留行为维度的积极影响因素。

（三）原文化保留认同维度的影响因素

分别以在城市生活时间不同的四类进城老年人原文化保留认同维度得分为因变量，各类影响因素为自变量进行多元回归分析，回归分析的结果如下：

在当前城市生活一年内的进城老年人中，原文化保留认同维度的影响因素有老年刻板印象（$\beta = 1.97$，$SE = 0.30$，$t = 4.70$，$p < 0.01$）和老年自我刻板印象（$\beta = -1.67$，$SE = 0.49$，$t = -4.16$，$p < 0.05$），其中老年刻板印象是该组进城老年人原文化保留认同维度的保护性因素，老年自我刻板印象是其风险因素。

在当前城市生活两年至三年的进城老年人中，观点采择是该组进城老年人原文化保留认同维度的积极影响因素，$\beta = 0.55$，$SE = 0.27$，$t = 2.33$，$p < 0.05$。

在当前城市生活三年以上的进城老年人中，该组进城老年人原文化保留认同维度的影响因素有年龄（$\beta = -0.17$，$SE = 0.08$，$t = -2.03$，$p < 0.05$）、家庭情感卷入（$\beta = -0.22$，$SE = 0.11$，$t = -2.68$，$p < 0.01$）、心理一致感（$\beta = -0.20$，$SE = 0.04$，$t = -2.19$，$p < 0.05$）和观点采择（$\beta = 0.27$，$SE = 0.12$，$t = 3.00$，$p < 0.01$），其中观点采择是其保护性因素，年龄、家庭情感卷入和心理一致感是其风险因素。

（四）原文化保留总分的影响因素

分别以在城市生活时间不同的四类进城老年人原文化保留总分为因变量，各类影响因素为自变量进行多元回归分析，回归分析的结果如下：

在当前城市生活一年内的进城老年人中，原文化保留总分的影响因素有老年刻板印象（$\beta=1.78$，$SE=0.50$，$t=4.76$，$p<0.01$）和老年自我刻板印象（$\beta=-1.39$，$SE=0.81$，$t=3.84$，$p<0.05$），其中老年刻板印象是该组老年人原文化保留总分的保护性因素，老年自我刻板印象是其风险因素。

在当前城市生活两年至三年的进城老年人中，子女数量（$\beta=0.54$，$SE=2.01$，$t=2.51$，$p<0.05$）和观点采择（$\beta=0.55$，$SE=0.46$，$t=2.41$，$p<0.05$）是该组进城老年人原文化保留总分的积极影响因素。

在当前城市生活三年以上的进城老年人中，原文化保留总分的影响因素有性别（$\beta=-0.18$，$SE=1.81$，$t=-2.15$，$p<0.05$）、年龄（$\beta=-0.21$，$SE=0.14$，$t=-2.44$，$p<0.05$）、家庭情感卷入（$\beta=-0.20$，$SE=0.21$，$t=-2.35$，$p<0.05$）和观点采择（$\beta=0.29$，$SE=0.23$，$t=3.21$，$p<0.05$），其中观点采择是该组老年人城市原文化保留总分的保护性因素，性别、年龄和家庭情感卷入是该组老年人原文化保留总分的风险因素。

三 讨论

本节通过回归分析分别探讨了人口学变量、家庭和社会关系变量、心理资源变量，以及年龄相关变量对城市生活不同时间进城老年人原文化保留总体水平和各维度得分的影响，结果与第六章进城老年人原文化保留影响因素有较大的差异。在第六章，对进城老年人不依据在当前城市生活时间进行分类时，进城老年人原文化保留总体水平和各维度水平均不受各类型因素的影响。然而，本节研究结果显示，在城市生活不同时间的老年人原文化保留影响因素略有不同。

首先，在人口学变量中，影响进城老年人文化适应的因素有性别、年龄、受教育水平和子女数量。其中，性别是在城市生活两年至三年及三年以上的进城老年人原文化保留的风险因素，即在城市生活两年以上，男性比女性的原文化保留水平更高，这可能是因为男性相比于女性，对故土文化更加依恋，传统价值观在他们身上表现得更加明显。年龄是在城市生活三年以上进城老年人原文化保留的风险因素，即在城市生活三年以上的进城老年人，年龄越大，原文化保留程度越低，这说明进城老年人随着年龄的增长，伴随着城市文化的适应，逐渐脱离原文化，这与城市间流动老年人的发展状况一致。受教育水平是在城市生活三年以上进城老年人原文化保留的保护性因素，这说明进城老年人的受教育水平越高，对原乡土文化有更强的依恋，对原文化的态度更难发生改变。子女数量是在城市生活两年至三年的进城老年人原文化保留的保护性因素，即在两年至三年这一时间段内，进城老年人子女数量越多，其原文化保留程度越高，可能的原因与城市间流动老年人类似，即子女数量越多可能意味着得到的原文化家庭支持越多，因此与原文化联系会更密切。

其次，在家庭与社会关系变量中，家庭情感卷入是在城市生活一年至两年进城老年人原文化保留的保护性因素，其对在城市生活三年以上进城老年人原文化保留则是风险因素，即对在城市生活一年至两年的进城老年人，家庭情感卷入程度越高，原文化保留程度越高，对于在城市生活三年以上的老年人，家庭情感卷入程度越高，原文化保留越低。出现这一结果，可能的解释是，在进城老年人进城一年后的一段时间，家庭对于城市老年人的情感支持导致他们会更加依赖原文化，但是在三年以后，家庭情感卷入对老年人的影响越来越小，老年人对原文化保留的程度也越来越低。

再次，在心理资源变量中，影响进城老年人原文化保留的因素包括自尊、共情、控制感、心理一致感和观点采择。其中，自尊是在城市生活两年至三年的进城老年人原文化保留的风险因素，即在进城两年至三年这个时间段内，进城老年人自尊越强，原文化保留程度越低。共情是在城市生活一年至两年的进城老年人原文化保留的保护因素，在这个时间段，共情越强的老年人可能更倾向于与原文化群体进行交流，因此对原文化的联系会更加密切。控制感是在城市生活两年至三年的进城老年人原文化保留的保护性因素，控制感更强的进城老年人，可能更喜欢沿用过去的生活习惯、价值观等，因此更喜欢原文化而不愿做出改变。心理一致感是在城市生活三年以上的老年人原文化保留的风险因素，即在城市生活三年以上的老年人，心理一致感越高，原文化保留程度越低。而心理一致感同时是在城市生活三年以上进城老年人城市文化适应的风险因素，即在城市生活三年以上的进城老年人，心理一致感越高，城市文化适应程度越低。这一结果进一步验证了第六章的假设，即心理一致感积极效应可能缺乏稳定性与普遍性，甚至会在一些个体中起到相反的作用。观点采择是在城市生活一年至两年的进城老年人原文化保留的风险性因素，但对在城市生活两年至三年及三年以上的进城老年人的原文化保留是保护性因素，即进城老年人在城市生活一年至两年这段时间，观点采择得分越高，原文化保留程度越低，在两年以上的时间里，越理解他人观点、立场，原文化保留程度越低。

最后，在年龄相关变量中，影响进城老年人原文化保留的因素有老年刻板印象和老年自我刻板印象。老年刻板印象是在城市生活一年内的进城老年人原文化保留的保护性因素，即进城老年人在初入城市一年内，对老年人的刻板印象越深，原文化保留程度越高。而老年自我刻板印象是在城市生活一年内的进城老年人的风险因素，但对于三年以上的进城老年人，老年自我刻板印象是保护性因素，这可能说明进城老年人对老年人的刻板印象与对自我的刻板印象可能有所差异，进而导致对原文化保留的影响也有所差异。

第五节和第六节两节内容探讨了在城市生活不同时间进城老年人城市文化适应和原文化保留的影响因素，以及这些影响因素在不同群体中的共性和差异，将这些结果与第六章研究总体老年人的结果进行比较，有助于为干预不同时间进城老年人文化适应提供更多的依据，帮助我们理解进城老年人文化适应的特征变化，促进进城老年人更好地融入新的城市文化。

第六节　不同城市生活时间老年人文化适应的心理效应

一　研究方法

（一）研究对象

以第一波数据中报告了最初到当前城市居住时间的进城老年人为研究对象。经筛选后，共有270名进城老年人报告了最初在当前城市居住的时间。男性74名，女性196名，平均年龄63.97岁（$SD = 5.48$）。依据进城老年人在当前城市生活的时间将被试分成四组，各组被试详细信息见本章第二节。

（二）研究工具

同第八章第二节。

（三）数据分析

采用 SPSS23.0 统计软件对数据进行处理和分析。首先在 SPSS 中采用 EM 算法填补缺失值。然后以城市文化适应和原文化保留各维度及总分为自变量，以情绪幸福感等指标（幸福感、抑郁、孤独等）为因变量创建回归模型，考虑到不同维度（语言、行为和文化认同）之间可能存在共线性问题，我们依次以原文化保留的维度及总分和城市文化适应的维度及总分为自变量，建立一元回归模型，以检验城市文化适应和原文化保留对情绪幸福感等指标的影响。

二　结果

（一）城市文化适应各维度及总分的预测效应

1. 城市生活一年至两年的进城老年人

不同城市生活时间进城老年人城市文化适应各维度及总分预测效应的分析结果显示，对于在城市生活一年至两年的进城老年人，语言维度是生活质量的消极预测指标（$\beta = -0.45$，$SE = 0.22$，$t = -2.49$，$p < 0.05$），即城市文化的语言适应水平越高，该组进城老年人生活质量越低；此外，城市文化适应的语言维度（$\beta = 0.41$，$SE = 0.08$，$t = 2.90$，$p < 0.01$）、行为维度（$\beta = 0.34$，$SE = 0.09$，$t = 2.34$，$p < 0.01$）和城市文化适应的总分（$\beta = 0.35$，$SE = 0.03$，$t = 2.40$，$p < 0.05$）是焦虑感的积极预测指标，即城市文化适应中的语言、行为适应程度越高，总分越高，该组进城老年人焦虑水平越高。

2. 城市生活两年至三年的进城老年人

对于在城市生活两年至三年的进城老年人，生活质量（$\beta = 0.11$，$SE = 1.08$，$t = 0.51$，$p > 0.05$）和焦虑（$\beta = 0.06$，$SE = 7.82$，$t = -0.29$，$p > 0.05$）对城市文化适应总分的预测作用不显著。

3. 城市生活三年以上的进城老年人

对于在城市生活三年以上的进城老年人，城市文化认同是孤独感（$\beta = -0.19$，$SE = 0.01$，$t = -2.44$，$p < 0.05$）和焦虑感（$\beta = -0.20$，$SE = 0.05$，$t = -2.50$，$p < 0.05$）的消极预测指标，即城市文化认同水平

越高，该组进城老年人孤独感越低，焦虑水平越低；此外，城市文化认同是幸福感的积极预测指标（$\beta = 0.25$，$SE = 0.15$，$t = 3.13$，$p < 0.01$），即城市文化适应程度越高，该组进城老年人的幸福感越高；城市文化的行为适应程度是孤独感的消极预测指标（$\beta = -0.16$，$SE = 0.01$，$t = -2.02$，$p < 0.05$），即城市文化行为适应程度越高，该组进城老年人孤独感水平越低；城市文化适应总分是孤独感（$\beta = -0.16$，$SE = 0.002$，$t = -2.07$，$p < 0.05$）和焦虑感（$\beta = -0.17$，$SE = 0.02$，$t = -2.16$，$p < 0.05$）的消极预测指标，即城市文化适应总分越高，孤独感越低，焦虑水平越低。

（二）原文化保留各维度及总分的预测效应

1. 城市生活一年以内的进城老年人

数据分析的结果显示，对于在当前城市生活一年内的进城老年人，原语言保留是抑郁（$\beta = 0.36$，$SE = 0.22$，$t = 2.01$，$p < 0.05$）和希望感（$\beta = 0.40$，$SE = 0.35$，$t = 2.34$，$p < 0.05$）的积极预测指标，即对原文化中的语言保留程度越高，在城市生活一年内的进城老年人抑郁水平越高，希望感水平越高。原文化语言保留同时是孤独感的负向预测指标（$\beta = -0.37$，$SE = 0.02$，$t = -2.11$，$p < 0.05$），即对原文化中的语言保留程度越高，在城市生活一年内的进城老年人孤独感越低。

2. 城市生活一年至两年的进城老年人

对于在城市生活一年至两年的进城老年人，原文化保留的行为维度和原文化保留的总分是生活质量（行为：$\beta = 0.53$，$SE = 0.29$，$t = 3.12$，$p < 0.01$；原文化保留总分：$\beta = 0.50$，$SE = 0.12$，$t = 2.92$，$p < 0.01$）的积极预测指标，即原文化中的行为保留程度越高，总分越高，该组进城老年人生活质量越高。

此外，原语言保留是生活质量的积极预测指标（$\beta = 0.42$，$SE = 0.40$，$t = 2.33$，$p < 0.05$），即原文化中的语言保留程度越高，在城市生活一年至两年的进城老年人生活质量水平越高。

3. 城市生活三年以上的进城老年人

对于在城市生活三年以上的进城老年人，原文化认同是焦虑感的积极预测指标（$\beta = 0.17$，$SE = 0.05$，$t = 2.18$，$p < 0.05$），即原文化认同程度越高，该组进城老年人焦虑水平越高。

三 讨论

通过上述结果我们可以发现，原文化保留和城市文化适应总分及各维度（语言、行为和文化认同）是进城老年人生活质量和情绪健康的重要影响因素，且在城市生活不同时间的进城老年人文化适应的心理效应存在一定差异。

总体而言，进城一到两年是关键时期，在城市生活一年至两年的进城老年人原文化保留总分、行为和认同维度得分越高，生活质量越高，这可能是说明进城一年到两年的时间段，是进城老年人依赖原文化的重要阶段。在经过一年城市适应的新鲜期后，进城老年人更明显地察觉到原文化的语言、生活方式、价值观等与城市文化之间的差异，因此会更加怀念原文化。对原文化的保留水平越高，越容易对原文化产生积极情感，其生活质量就越高。也就是说，在这个阶段，接近原文化的语言、生活方式等有益于提高进城老年人的生活质量。

在城市生活一年至两年的进城老年人的城市文化语言适应则会负向预测其生活质量，很可能是由于进城老年人在城市生活一年至两年这个阶段会更明显地感受到新旧文化语言之间的差异，越是倾向于刻意改变自己原有的语言风格并适应新的语言，越容易感觉到压力进而对其生活质量造成消极影响。此外，对于在城市已经生活三年以上的进城老年人，对城市文化的认同会正向预测其幸福感。可能的解释是，随着进城老年人对城市文化越认同，归属感就会越强，幸福感水平就会越高。然而，由于刻意认同新的城市文化，进城老年人就会在城市生活的方方面面刻意做出改变。在这一过程中，进城老年人需要有意识地控制自己的行为去迎合新环境的需求，城市生活从而变得不像原来那么随意。这些变化会在一定程度上增加老年人的心理压力，影响进城老年人的生活质量。

在情绪健康方面，进城老年人在文化适应初期，原文化保留的语言维度可以显著预测其情绪健康，具体而言，在城市生活一年内的进城老年人原文化保留语言维度会显著正向预测其抑郁感和希望感，且负向预测其孤独感，这可能是因为进城老年人刚刚进入新环境时，无法短时间内熟练掌握新环境的语言，因此会更倾向于使用原语言与使用原语言的家人朋友进行交流，所以体验到较少的孤独感。而家人、朋友的支持能促使流动老人持有更乐观的自我老化态度，有效避免其产生年老不中用的消极想法，在一定程度上维持了进城老年人的希望感。[①] 然而，越是依赖原语言，就越容易排斥新的城市语言。这就导致在新的环境中与人沟通存在一定程度的障碍，难以认识新的朋友和更容易在社会生活情境中遭遇挫折，产生抑郁感。

最后，进城老年人在文化适应初期城市文化适应的水平能够正向预测焦虑感，但是在城市生活超过三年后，文化适应的水平能够负向预测孤独感和焦虑感。具体而言，在城市生活一年至两年的进城老年人文化适应总分及语言和行为维度可以显著正向预测其焦虑感，在城市生活三年以上的进城老年人的文化适应总分及文化认同维度得分则会显著负向预测其孤独感和焦虑感。这可能是因为，进城老年人在迁移一年至两年的时间段内，对城市的文化适应更多的是出于刻意追求的行为，需要意志努力和意识控制。在这种情况下，适应的水平越高，个体付出的意志努力就越多，压力就越大，焦虑等负性情绪水平就越高。但是在三年后，随着城市文化适应水平逐渐趋于稳定，对城市文化的认同逐渐提高，进城老年人逐渐融入城市文化，城市文化的适应就成了不需要意识参与的自动化的行为。也就是说，时间越长，城市文化内容就越容易内化成进城老年人自身的行为模式，对进城老年人的消极影响就越小。在城市生活三年以后，城市文化适应成为一种自动化行为，不需要意识参与。在这个阶段，对城市文化越适应，越能感受到城市生活的优越之处，越不容易产生焦虑等负性情绪。

综上，对于在城市生活一年内的进城老年人，原文化保留的语言维度对进城老年人的情绪健康是一个很重要的保护性因素。对于在城市生活一年至两年的进城老年人，原文化保留的水平可以提高其生活质量。当在城市生活一到两年时，进城老年人对城市文化的适应会显著预测其焦虑感，但是当在城市生活超过三年以后，进城老年人对城市文化的适应会与较低水平的孤独感和焦虑感相联系。因此，我们通过文化适应对进城老年人生活质量和情绪健康进行干预时，要根据在城市生活时间对

---

① 张慧、唐莉、戴冰：《社会支持对流动老人积极老化的影响：有调节的中介作用》，《现代预防医学》2022 年第 3 期。

进城老年人分类，针对不同类进城老年人的不同特点进行针对性的干预，如此才能产生更好的效果。

第七节　本章小结

本章探讨了不同城市生活时间对进城老年人文化适应特征的影响。研究发现，进城老年人在城市生活的时间越长，他们的城市文化适应水平越高，特别是在语言、行为和文化认同等维度上表现出显著的提高。此外，原文化保留和城市文化适应对进城老年人的生活质量和情绪健康有着复杂的影响。原语言保留在城市生活初期对进城老年人的抑郁感和希望感有正向预测作用；对于城市生活三年以上的老年人，城市文化的认同感正向预测了他们的幸福感。本研究还考察了影响进城老年人文化适应的多种因素，包括人口统计学变量、家庭和社会关系、心理资源等。结果显示，与子女同住、领悟社会支持和观点采择是促进进城老年人文化适应的保护性因素，而性别、年龄、家庭情感卷入和共情等因素可能成为风险因素。原文化保留和城市文化适应对情绪健康的影响随时间而变化。在城市生活初期，原文化的语言保留对减少孤独感和提高希望感有积极作用，但也可能增加抑郁感。随着时间的推移，城市文化适应水平的提高有助于降低孤独感和焦虑感。

研究提出了针对性的干预建议，强调了根据进城老年人在城市中的生活时间来定制不同的适应策略的重要性。对于新进城的老年人，重点在于提供语言和文化培训，增强社交网络；对于已经居住一段时间的老年人，则需要更多地关注其心理状态和生活质量的提升。

第十一章

文化适应指标的网络结构分析

第一节 网络分析及其可行性

一 基本概念

近年来，网络分析在发展心理学、精神病理学、社会心理学和人格心理学等领域都有着广泛的应用，已经成为心理学领域研究的一种重要方法。[①②] 然而，在老年心理行为健康领域，网络分析并未得到研究者的充分重视。尽管传统的数据处理方法在快速了解老年人心理结构之间关系模式方面存在着明显优势，但在需要寻找老年人相关心理结构核心表现指标，为精准心理干预寻找更加有效的靶点时，传统的研究方法略显策驽砺钝，事倍功半。例如，在探讨老年人文化适应的研究中，研究者大多使用心理测量手段来探讨文化适应的心理机制以及相关因素对文化适应影响的边界条件（范舒茗等，2021；张何雅婷等，2020）。尽管此类研究可以发现一般意义上老年人文化适应的整体状况及其相关的变量，却无法揭示老年人文化适应的核心指标，以及文化适应核心指标的发展变化规律。事实上，进入城市并在城市生活一段时间后，进城老年人无论在语言、行为，抑或文化认同等方面都会有不同程度的调整。那么，究竟哪一种适应表现或行为才是城市文化适应的核心指标？这一问题的

---

① Cramer, A. O., Waldorp, L. J., Van Der Maas, H. L., et al., "Comorbidity: A Network Perspective", *Behavioral and Brain Sciences*, Vol. 33, 2010, pp. 137 – 150.

② Cramer, A. O., Van der Sluis, S., Noordhof, A., et al., "Dimensions of Normal Personality as Networks in Search of Equilibrium: You Can't Like Parties If You Don't Like People", *European Journal of Personality*, Vol. 26, No. 4, 2012, pp. 414 – 431.

解决需要通过使用网络分析技术予以实现。

网络分析是将某一心理结构的特征或维度以网络的形式呈现。在这一呈现形式中，网络由节点（node）和连线（edge）组成。一般而言，在网络中，节点类似于神经网络中的神经元，连线则类似于连接神经元的突触（蔡玉清等，2020）。在传统神经网络分析中，节点和连线通常代表着具有实际意义的实体。而在数据驱动的网络分析中，节点代表着态度、行为和人格等心理结构的观测变量，连线则代表节点（心理结构）之间的联系。此外，联系也可以被称为加权相关，既可以显示观测变量之间有无相关，也能够标示出相关程度的强弱（Borsboom，2008）。因此，网络分析不仅可以体现心理结构系统中诸多变量间纵横交错的复杂关系，还能揭示复杂网络中的核心节点，为影响或干预相关心理结构提供较为精准的靶点指标，有助于提高干预方案的效果。

在具体操作横断数据网络分析的过程中，高斯图论模型是研究者主要使用的方法之一。该模型在控制其他变量的条件下，估计两个变量间的相关性，并基于相关进一步形成网络。① 然而，一般而言，心理测量问卷中变量（问卷中的测量项目）通常较为繁多，很容易造成“虚假相关”。具体来说，就是当两个变量与第三个变量相关时，即使这两个变量无直接联系，在统计上仍然可能呈显著相关。为了避免这些虚假的结果，研究者对网络分析技术又进行了改进。首先，使用偏相关系数来表征节点之间的相互联系，以此来排除在单独考虑两个节点之间的关系时可能存在的其他节点的影响；②③ 其次，引入惩罚因子，删除联系较弱的连线，使得网络结构的预测更准确，图像也更美观。④ 通过上述改进，网络分析

① Epskamp, S., Waldorp, L. J., Mõttus, R., et al., “The Gaussian Graphical Model in Cross-sectional and Time-series Data”, *Multivariate Behavioral Research*, Vol. 53, No. 4, 2018, pp. 453 – 480.

② Pourahmadi, M., “Covariance Estimation: The GLM and Regulal rization Perspectives”, *Statistical Science*, Vol. 26, No. 3, 2011, pp. 369 – 387.

③ McNally, R J., Robinauh, D. J., Wu, G. W., et al., “Mental Disorders as Causal Systems: A Network Approach to Posttraumatic Stress Disorder”, *Clinical Psychological Science*, Vol. 3, No. 6, 2015, pp. 836 – 849.

④ Friedman, J., Hastie, T. and Tibshirani, R., “Sparse Inverse Covariance Estimation with the Graphical Lasso”, *Biostatistics*, Vol. 9, *No.* 3, 2008, pp. 432 – 441.

技术的效率和结果的准确性得到了显著提升。

二 可行性分析

使用网络分析研究进城老年人文化适应问题具有重要的理论价值和实践意义。首先，它能帮助研究者甄别文化适应“难”在哪儿。研究者可以参考网络分析的结果开发切实可行的方案，对症下药，有针对性地对进城老年人文化适应的核心指标进行精准干预。基于高斯图论模型，网络分析方法可以得到传统潜变量模型难以捕获的对变量间关联进行描述的指标，即中心性（centrality）。[①] 变量的中心性越高，它在整个网络结构中的地位就越关键。[②] 在精神病理学的网络分析研究中，中心性最高的变量被称为核心症状，它与网络中的其他症状具有深度关联。核心症状的激活可以引起网络中与之相关联的其他症状不同程度的激活。基于此，相关领域的研究者认为，识别核心症状有助于了解精神障碍发展的核心机制，并可以为开发更精确、更有效的干预措施提供依据。[③] 对于进城老年人而言，网络分析同样能找出他们在语言、行为和文化认同等适应方面的核心指标或变量。因此，在本研究中，我们参考了“核心症状”这一概念，将主导进城老年人适应状况的观测变量或指标称为“核心适应指标”。

其次，网络分析可以揭示不同老年人群体的文化适应网络结构是否存在差异以及如何存在差异。这方面的研究可以通过网络比较测试（Network Comparision Test）来实现。网络比较测试可以检验两个或多个网络在网络结构（网络中节点的连接方式）、全局强度（网络中所有连线的强度总和）和连线强度（特定连线的强度）等指标上是否存在显著差异。[④] 基于上述优势，网络分析可以用于比较不同类别老年人多个心理结构关

① Costantini, G., Epskamp, S., Borsboom, D., et al., “State of the ARt Personality Research: A Tutorial on Network Analysis of Personality Data in R”, *Journal of Research in Personality*, Vol. 54, 2015, pp. 13 –29.

② Borsboom, D. and Cramer, A. O. J., “Network Analysis: An Integrative Approach to the Structure of Psychopathology”, *Annual Review of Clinical Psychology*, Vol. 9, No. 1, 2013, pp. 91 –121.

③ Borsboom, D., “A Network Theory of Mental Disorders”, *World Psychiatry*, Vol. 16, *No.* 1, 2017, pp. 5 –13.

④ Van Borkulo, C., Boschloo, L., Borsboom, D., et al., “Association of Symptom Network Structure with the Course of Depression”, *JAMA Psychiatry*, Vol. 72, No. 12, 2015, pp. 1219 –1226.

系模式的差异。例如，我们可以使用网络分析技术检验不同性别老年人多个心理结构关系模式的差异，即从性别角度看，男性老年人和女性老年人是否在核心适应指标上存在差异。根据差异检验的结果，研究者在开展相关心理结构的干预时就可以决定是否需要依据不同的性别开发不同的方案。又如，我们还可以使用网络分析技术分析进城老年人与城市间流动的老年人在核心适应指标方面的差异，即与城市间流动的老年人相比，进城老年人可能会有哪些不同的核心适应指标。

三　研究问题

与传统的研究理论驱动的方法不同，网络分析是一种数据驱动的方法，因此我们无法得出明确的研究假设。但毋庸置疑，网络分析在文化适应领域仍然具有较大的应用潜力。具体而言，本章拟探究的研究问题如下：

首先，流动老年人（包括进城老年人和城市间流动老年人）原文化保留以及城市文化适应指标的网络结构和相应的核心适应指标是什么。

其次，老年男性和老年女性的原文化保留和城市文化适应指标的网络结构与各自对应的核心适应指标是否存在性别差异。

最后，聚焦于进城老年人，他们的城市文化适应指标的网络结构和核心指标是什么，与城市本地老年人之间是否存在差异。

第二节　城市文化适应的网络结构

一　研究方法

（一）被试

本研究以第一波招募的1212位老年人为被试。在这些被试中，进城老年人307名，城市间流动老年人212名，城市本地老年人693名。男性403名，女性805名。其他人口统计学信息见第五章第二节。

（二）研究工具

采用老年人文化适应量表的城市文化适应分量表对老年人文化适应进行测量。该量表的详细介绍见第五章第二节。根据前文的研究，该量表具有良好的信度和结构效度。在本章的研究中，该量表的 Cronbach's α

系数为0.87，可以有效反映老年人文化适应的水平。

（三）网络分析

1. 网络及中心性估计

首先，采用 SPSS 23.0 中的 EM 算法填补缺失值。其次，使用 R qgraph 包中的 EBICglasso 函数进行网络结构估计。① 在本研究中，使用中介中心性（betweenness）、接近中心性（closeness）以及点度中心性（degree）等三种参数来检验老年人城市文化适应指标（各条测量项目）的中心性，各参数越高，表明该适应指标越重要，中心性最高的项目即为老年人在城市文化适应过程中的核心适应指标。节点的中介中心性越高，表明该节点出现在任意两个节点的最短路径中的次数越多；节点的接近中心性越高，表明网络中所有其他节点到该节点的最短路径距离之和的倒数最大；节点的点度中心性越高，则意味着与该节点直接相连的其他节点的数量越多，即强度（strength）越高（蔡玉清等，2020）。依据前人研究，本研究以整体中心性排名前4位的项目作为核心适应指标。②

2. 其他指标估计

为了从网络结构中挖掘更大的数据价值，本节研究也对节点的可预测性（predictability）进行了评估。可预测性值表示节点与其相邻节点关联的程度。平均可预测性越高，说明网络结构受外部因素影响越小。

3. 网络稳定性检验

研究中使用 R bootnet 包对网络稳定性进行检验。分别计算中心性、边权值的相关稳定性（correlation stability，CS）系数。CS 系数大于0.25 表示可以接受，但最好高于0.5。①

4. 网络比较

本研究使用 R Network Comparision Test 包检验不同性别以及不同流动类型老年人城市文化适应网络的网络结构不变性（network invariance）、

---

① Epskamp, S., Waldorp, L. J., Mõttus, R., et al., "The Gaussian Graphical Model in Cross-sectional and Time-series Data", *Multivariate Behavioral Research*, Vol. 53, No. 4, 2018, pp. 453 – 480.

② Mullarkey, M. C., Marchetti, I. and Beevers, C. G., "Using Network Analysis to Identify Central Symptoms of Adolescent Depression", *Journal of Clinical Child and Adolescent Psychology*, Vol. 48, No. 4, 2019, pp. 656 – 668.

网络整体连接强度（global strength，GS）不变性和中心性不变性（centrality invariance）是否存在差异。①

二　结果

（一）城市文化适应网络

为了解老年人总体样本的城市适应网络结构，本研究首先估算了一个包含所有老年人城市文化适应分量表项目的正则化网络，得到190条连线（20＊（20－1）/2）。由图11－1可知，该网络中共有20个节点，分别代表老年人城市适应分量表的20个项目。节点之间的连线表示节点之间的相关性，相关越强则连线越粗，颜色越深。实线代表节点之间相关为正，虚线则代表相关为负。连线中共有126条权重不为0，占所有可能存在连线的66.32%（126/190）。因此，每个适应表现的内部联系十分紧密，且同一维度下的适应表现往往聚集在一起。

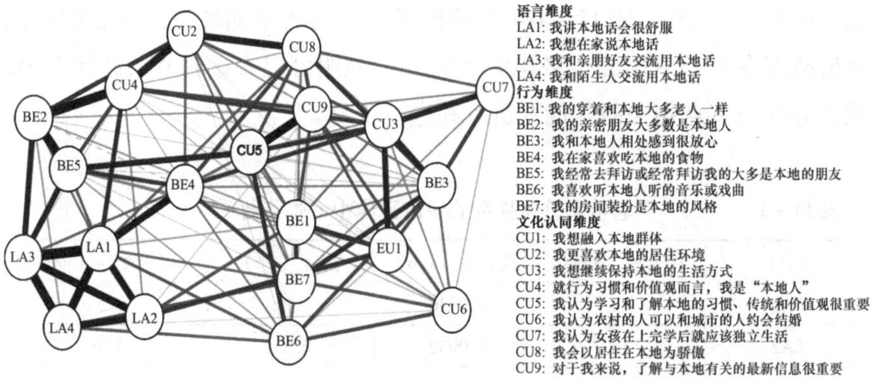
CU2
CU8
CU4
CU7
BE2
CU9
CU3
CU5
BE5
BE4
BE3
BE1
LA1
EU1
LA3
BE7
CU6
LA2
LA4
BE6
语言维度
LA1: 我讲本地话会很舒服
LA2: 我想在家说本地话
LA3: 我和亲朋好友交流用本地话
LA4: 我和陌生人交流用本地话
行为维度
BE1: 我的穿着和本地大多老人一样
BE2: 我的亲密朋友大多数是本地人
BE3: 我和本地人相处感到很放心
BE4: 我在家喜欢吃本地的食物
BE5: 我经常去拜访或经常拜访我的大多是本地的朋友
BE6: 我喜欢听本地人听的音乐或戏曲
BE7: 我的房间装扮是本地的风格
文化认同维度
CU1: 我想融入本地群体
CU2: 我更喜欢本地的居住环境
CU3: 我想继续保持本地的生活方式
CU4: 就行为习惯和价值观而言，我是“本地人”
CU5: 我认为学习和了解本地的习惯、传统和价值观很重要
CU6: 我认为农村的人可以和城市的人约会结婚
CU7: 我认为女孩在上完学后就应该独立生活
CU8: 我会以居住在本地为骄傲
CU9: 对于我来说，了解与本地有关的最新信息很重要

图11－1　老年人总体样本的城市适应网络结构

值得注意的是，网络中一些项目之间的联系程度比起其他项目之间的连接要更加紧密。例如，LA1（“我讲本地话会很舒服”）和LA3（“我和亲朋好友交流用本地话”）、BE2（“我的亲密朋友大多数是本地人”）

① Van Borkulo, C., Boschloo, L., Borsboom, D., et al., “Association of Symptom Network Structure with the Course of Depression”, *JAMA Psychiatry*, Vol. 72, No. 12, 2015, pp. 1219－1226.

和 BE5（“我经常去拜访或经常拜访我的大多是本地朋友”）、BE2 和 CU4（“就行为习惯和价值观而言，我是本地人”）之间的连接程度较高，其边权值分别为 0.26、0.22 和 0.23。

（二）中心性估计

表 11－1 显示了老年人城市文化适应量表中每一个项目的中心性指标和可预测性值。由表 11－1 可知，强度最高的项目是 LA1（“我讲本地话会很舒服”）和 LA3（“我和亲朋好友交流用本地话”），因此这两个项目对老年人的影响最大。接近中心性最高的项目是 LA1 和 CU3（“我想继续保持本地的生活方式”），表明它们的影响会迅速扩散到其他适应表现。中介中心性最高的项目是 LA1 和 LA3，故它们在整个网络中起着桥梁的作用，使得不同适应表现之间建立了重要的联系。

综合来看，中心性指标整体排名前 4 的分别为 LA1（Bet＝22，Clo＝0.0036，Str＝1.26）、LA3（Bet＝14，Clo＝0.0034，Str＝1.05）、BE4（Bet＝14，Clo＝0.0035，Str＝0.91）以及 CU3（Bet＝24，Clo＝0.0036，Str＝0.97）。此外，表 11－1 中也给出了节点的可预测性值。节点的可预测值范围在 0.11～0.55，平均值为 0.30，说明可以直接对节点进行干预，或者寻找与节点相关的其他变量对其进行干预。

表 11－1　　　老年人总体样本的城市适应中心性指标

项目	中介性（Bet）	接近性（Clo）	强度（Str）	可预测性（Pre）
LA1	22	0.0036	1.26	0.55
LA2	9	0.0032	0.81	0.36
LA3	14	0.0034	1.05	0.50
LA4	4	0.0033	0.82	0.41
BE1	3	0.0027	0.74	0.22
BE2	6	0.0033	0.94	0.40
BE3	11	0.0031	0.91	0.26
BE4	14	0.0035	0.91	0.34
BE5	12	0.0034	0.92	0.37
BE6	4	0.0028	0.61	0.17
BE7	6	0.0029	0.84	0.24

续表

项目	中介性（Bet）	接近性（Clo）	强度（Str）	可预测性（Pre）
CU1	6	0.0031	0.67	0.20
CU2	5	0.0031	0.78	0.28
CU3	24	0.0036	0.97	0.30
CU4	11	0.0035	0.99	0.40
CU5	14	0.0034	0.90	0.29
CU6	0	0.0022	0.52	0.11
CU7	0	0.0026	0.48	0.13
CU8	4	0.0031	0.80	0.26
CU9	7	0.0031	0.86	0.27

注：LA 为城市适应分量表的语言维度、BE 为行为维度、CU 为文化认同维度。

（三）网络稳定性检验

研究还对该网络的稳定性进行了检验。中介中心性、接近中心性以及强度的 CS 系数分别为 0.13、0.59 和 0.75。除中介中心性之外，其他指标的相关稳定性系数均大于 0.50，说明当被试量发生变化时，节点的接近中心性和强度能够保持稳定，而中介中心性会产生某种程度上的变化。因此，本研究主要以接近中心性和强度为依据对网络分析结果进行解释。

三　小结与讨论

研究发现，老年人城市适应的核心表现为“我讲本地话会很舒服”“我和亲朋好友交流用本地话”“我在家喜欢吃本地的食物”“我想继续保持本地的生活方式”。其中，两个来自语言适应方面的表现，即“我讲本地话会很舒服”和“我和亲朋好友交流用本地话”的强度和中介中心性最高，且前者的接近中心性也最高。这一结果突出了语言适应在城市文化适应中的核心地位，也与以往对移民和难民文化适应的研究结论相一致。正如 Jia（2016）指出，对迁入国本地语言的学习和了解能有效预测移民的文化适应动机。此外，以难民为对象的研究也发现，难民对迁入文化的压力感知与他们对迁入国语言的熟悉程度呈负相关（Nwadiora and McAdoo，1996）。因此，本地语言技能发展更快的个体，其对当地文化适应的水平越高。这些研究结果可以从文化适应功能的角度加以解释，即文化适应实际上是个体建立和完善当地社会网络的过程，只有熟悉和学习当地语言，才能增加其与城市文化环境中成员的人际互动，进而发展高质量的人际关系（Ward and Kennedy，1999）。对于老年人来说，能够舒服地讲本地话，并且和自己的亲朋好友通过讲本地话建立良好的人际关系，才是城市适应最重要的方面。

此外，“我在家喜欢吃本地的食物”和“我想继续保持本地的生活方式”也发挥了重要作用，尤其是后者的接近中心性最高。对于进城老年人来说，他们的生活方式相对比较简单；与年轻人相比，进城老年人也缺乏充足的兴趣爱好，因此很容易被排斥在社会主流文化之外。[①] 在这种情况下，一旦老年人接受城市在服饰搭配上的个性化、业余休闲的多样化、日常膳食的营养性等生活方式和饮食习惯上的改变，就会影响其言语交流、行为习惯、思维方式的方方面面。

第三节　原文化保留的网络结构

一　研究方法

（一）被试

以第一波招募被试中的进城老年人和城市间流动老年人为被试。其中，进城老年人 307 名，城市间流动老年人 212 名。男性 161 名，女性 355 名。其他人口统计学信息见前面章节相关内容。

（二）研究工具

使用老年人文化适应量表的原文化保留分量表。该量表的详细介绍见第五章第二节。在本章的研究中，原文化保留分量表的 Cronbach's α 系数为 0.89。

（三）网络分析

参数及各种分析方法均与本章第二节相同。

① 周相君：《关于中国随迁老人相关问题的文献分析》，《社会与公益》2020 年第 10 期。

二　结果

（一）流动老年人原文化保留网络

为了了解进城老年人以及城市间流动老年人的原文化保留网络结构，本节研究对二者的原文化保留分量表项目进行估算，得到一个正则化网络，共包括171条连线（19 * （19 - 1）/2）。由图11 - 2可知，该网络中共有19个节点，分别代表流动老年人原文化保留分量表的19个项目。与上节相同，节点之间的连线表示节点之间的相关性，相关越强则连线越粗，颜色越深。连线中共有96条权重不为0，占所有可能存在连线的56.14%（96/171）。因此，分量表内部各适应表现之间的联系较为紧密，并且同一维度下的适应表现通常聚集在一起。

在图11 - 2所示的网络中，连接强度最高的边为BE2（“我的亲密朋友大多数是来自家乡的人”）和BE5（“我经常去拜访或经常拜访我的大多是来自家乡的朋友”），LA2（“我想在家说家乡方言”）和LA3（“我和亲朋好友交流会用家乡方言”）以及BE4（“我在家喜欢吃家乡的食物”）和CU3（“我能够接受或者采用家乡人的生活方式”），其边权值分别为0.42、0.35和0.22。在网络中，所有边之间均为正相关。

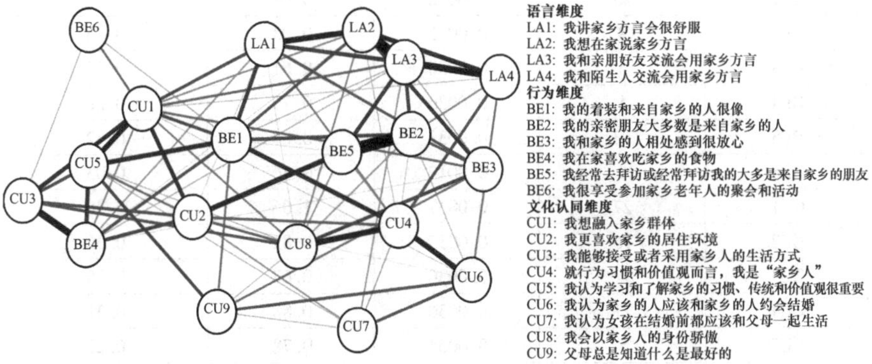

BE6
LA1
LA2
LA3
LA4
CU1
BE1
BE2
BE5
BE3
CU5
CU3
CU2
CU4
BE4
CU8
CU6
CU9
CU7
语言维度
LA1: 我讲家乡方言会很舒服
LA2: 我想在家说家乡方言
LA3: 我和亲朋好友交流会用家乡方言
LA4: 我和陌生人交流会用家乡方言
行为维度
BE1: 我的着装和来自家乡的人很像
BE2: 我的亲密朋友大多数是来自家乡的人
BE3: 我和家乡的人相处感到很放心
BE4: 我在家喜欢吃家乡的食物
BE5: 我经常去拜访或经常拜访我的大多是来自家乡的朋友
BE6: 我很享受参加家乡老年人的聚会和活动
文化认同维度
CU1: 我想融入家乡群体
CU2: 我更喜欢家乡的居住环境
CU3: 我能够接受或者采用家乡人的生活方式
CU4: 就行为习惯和价值观而言，我是“家乡人”
CU5: 我认为学习和了解家乡的习惯、传统和价值观很重要
CU6: 我认为家乡的人应该和家乡的人约会结婚
CU7: 我认为女孩在结婚前都应该和父母一起生活
CU8: 我会以家乡人的身份骄傲
CU9: 父母总是知道什么是最好的

图11 - 2　流动老年人原文化保留的网络结构

（二）中心性估计

由表11 - 2可知，中介中心性和接近中心性最高的项目是BE1（“我

的着装和来自家乡的人很像”）和 CU1（“我想融入家乡群体”），表明他们对网络的变化有着重要的影响。强度最高的项目为 LA3（“我和亲朋好友交流会用家乡方言”）和 CU1。这表明原文化认同维度在原文化保留网络占据了重要地位。

从总体上看，中心性指标排名前 4 位的是 LA2（Bet = 11，Clo = 0.0033，Str = 1.05）、LA3（Bet = 16，Clo = 0.0034，Str = 1.14）、BE1（Bet =25，Clo =0.0038，Str =0.95）以及 CU1（Bet =27，Clo =0.0037，Str =1.06）。此外，表 11 －2 中也给出了节点的可预测性，其范围在 0.10 ~0.53，平均值为 0.30。该结果提示我们，原文化保留网络的可控性较低，其他节点对核心节点的影响有限。基于此，在对原文化保留进行干预时，除了重点关注核心节点外，还需要寻找与网络核心节点相关的主要变量进行协同控制。

表 11 －2　　流动老年人的原文化保留中心性指标及可预测性

项目	中介性（Bet）	接近性（Clo）	强度（Str）	可预测性（Pre）
LA1	3	0.0033	0.84	0.36
LA2	11	0.0033	1.05	0.49
LA3	16	0.0034	1.14	0.53
LA4	4	0.0030	0.69	0.36
BE1	25	0.0038	0.95	0.35
BE2	8	0.0032	0.93	0.45
BE3	4	0.0030	0.61	0.23
BE4	1	0.0030	0.77	0.28
BE5	13	0.0033	0.87	0.42
BE6	0	0.0019	0.16	0.03
CU1	27	0.0037	1.06	0.38
CU2	16	0.0035	0.82	0.32
CU3	4	0.0030	0.67	0.25
CU4	21	0.0036	0.88	0.31
CU5	5	0.0034	0.78	0.27
CU6	8	0.0028	0.52	0.16
CU7	0	0.0021	0.34	0.10
CU8	7	0.0032	0.76	0.25
CU9	0	0.0026	0.42	0.10

注：LA 为城市适应分量表的语言维度、BE 为行为维度、CU 为文化认同维度。

（三）网络稳定性检验

稳定性检验结果显示，中介中心性、接近中心性和强度的 CS 系数分别为 0.13、0.36 以及 0.52，其中接近中心性和强度的 CS 系数达到 0.25 的临界值，而中介中心性低于 0.25。因此，本研究应该依据强度和接近中心性为参考，对网络分析结果进行进一步分析和解释。

三　小结与讨论

网络分析结果显示，流动老年人（包括进城老年人和城市间流动老年人）原文化保留的核心表现指标为“我想在家说家乡方言”“我和亲朋好友交流会用家乡方言”“我的着装和来自家乡的人很像”“我想融入家乡群体”。其中，“我的着装和来自家乡的人很像”和“我想融入家乡群体”的中介中心性和接近中心性最高。核心表现指标体现了文化认同维度在原文化保留中的重要地位。此外，“就行为习惯和价值观而言，我是‘家乡人’”的强度和接近中心性较高，在网络中也起到了重要的作用。

由于流动老年人（进城老年人和城市间流动老年人）的绝大多数时间都生活在原文化环境中，形成了对原生活环境的认同和依恋，产生了归属感和情感依附。[①] 因此，老年人融入家乡群体的动机较强，不仅在穿着上与家乡人保持一致，在价值观上也更认同自己是当地人。另外，由于在原文化环境中的生活时间较长，关于原文化环境的印象会牢牢储存于老年人的记忆中。在遇到相关线索时相关印象的记忆就能够很快地被提取出来。随着年龄的增长，老年人会有意或无意地主动回忆过去的经历[②]（尤其是童年或青少年时期的经历[③]），并产生怀旧情绪。以往研究文献显示，怀旧能够增强归属感和认同感，让老年人保持年轻和活力，

---

① 王敏、叶丹晨、王红枫：《环境心理学视角下中国跨境流动人口的国家感研究》，《人文地理》2022 年第 2 期。

② 吴捷、徐晟、马伟栋等：《中国老年人怀旧感量表的编制》，《心理与行为研究》2019 年第 2 期。

③ Hepper, E. G., Ritchie, T. D., Sedikides, C., et al., “Odyssey's End: Lay Conceptions of Nostalgia Reflect Its Original Homeric Meaning”, *Emotion*, Vol. 12, No. 1, 2012, pp. 102 – 119.

增强对未来健康生活的信心。[1][2][3] 通过怀旧，老年人加强了对原文化的认同，也在某种程度上获得了应对城市生活挑战的信心。同时，怀旧情绪作为一种应对机制，能够在个体感到心理不适时为其提供社会支持，缓解其焦虑和不安全感，[4] 帮助老年人应对生活变化和异文化带来的压力。研究者指出，在社会支持中，由原文化群体所提供的支持可以为个体提供宣泄情感的途径，进而保护个体情感。[5] 使用原文化的语言与家人朋友交流能够使老年人与社会网络中的其他成员保持联系，穿着相似的服饰使老年人与家乡群体保持行为上的一致，由此获得的情感支持能够减轻老年人由于文化适应困难产生的压力。

此外，语言作为文化的载体和区域文化的标识，在某种程度上能够反映区域心理。[6] 当对原文化身份产生认同时，老年人会倾向于使用原文化的方言进行交流，因此，老年人原文化保留的核心表现中包括了“我和亲朋好友交流会用家乡方言”以及“我想在家说家乡方言”。

第四节　老年人文化适应网络的性别差异分析

一　研究方法

被试、测量工具、数据分析等同本章第二节和第三节。

---

① Abeyta, A. A. and Routledge, C., “Fountain of Youth: Ihe impact of Nostalgia on Youthfulness and Implications for Health”, *Self and Identity*, Vol. 15, No. 3, 2016, pp. 356 – 369.

② Juhl, J., Routledge, C., Arndt, J., et al., “Fighting the Future with the Past: Nostalgia Buffers Existential Threat”, *Journal of Research in Personality*, Vol. 44, No. 3, 2010, pp. 309 – 314.

③ Smeekes, A., Jetten, J., Verkuyten, M., et al., “Regaining in-group Continuity in Times of Anxiety About the Group's Future”, *Social Psychology*, Vol. 49, No. 6, 2018, pp. 311 – 329.

④ Lasaleta, J. D., Werle, C. O. and Yamim, A. P., “Nostalgia Makes People Eat Healthier”, *Appetite*, 2021, p. 162.

⑤ 夏天成、马晓梅、克力比努尔：《文化适应及其影响因素探析》，《山西高等学校社会科学学报》2014 年第 7 期。

⑥ 张海钟、姜永志：《方言与老乡认同的区域跨文化心理学解析》，《中北大学学报》（社会科学版）2010 年第 4 期。

二　结果

（一）城市文化适应网络

1. 不同性别老年人城市文化适应网络

为了比较老年男性和老年女性在城市适应表现中的异同，本研究分别估算了老年男性和老年女性相应的正则化网络，它们都有 190 条连线，权重不为零的连线在男性网络和女性网络中分别为 126 条和 114 条，各占所有可能存在边的 66.32% 和 60.00%。如图 11－3 所示，虽然整体结构相似，但各网络中节点的连接方式和连线的强度各不相同。

图 11－3 中左侧为男性城市适应网络结构。由图可知，LA1（“我讲本地话会很舒服”）和 LA4（我和陌生人交流用本地话）、LA2（“我想在家说本地话”）和 LA3（“我和亲朋好友交流用本地话”）、CU2（“我更喜欢本地的居住环境”）和 CU8（“我会以居住在本地为骄傲”）之间的连接程度较高，其边权值分别为 0.25、0.24 和 0.24。

图中右侧为女性城市适应网络结构。由图可知，相关程度最高的三条边为 LA1 和 LA3、CU5（“我认为学习和了解本地的习惯、传统和价值观很重要”）和 CU9（“对于我来说，了解与本地有关的最新信息很重要”）以及 BE2（“我的亲密朋友大多是本地人”）和 BE5（“我经常去拜访或经常拜访我的大多是本地的朋友”），其边权值分别为 0.27、0.26 和 0.23。

2. 中心性估计

表 11－3 显示了老年人城市适应表现在老年男性和老年女性中的中心性指标和可预测性值。在男性城市适应网络中，强度最高的项目是 LA1（“我讲本地话会很舒服”）和 CU3（“我想继续保持本地的生活方式”）；接近中心性最高的项目是 LA2（“我想在家说本地话”）和 CU3；中介中心性最高的项目是 CU3 和 CU4（“就行为习惯和价值观而言，我是本地人”）。中心性指标整体排名前 4 的分别为 LA1（Bet = 12，Clo = 0.0036，Str = 1.23）、LA2（Bet = 23，Clo = 0.0039，Str = 0.92）、CU3（Bet = 29，Clo = 0.0039，Str = 1.10）以及 CU4（Bet = 24，Clo = 0.0038，Str = 1.00）。此外，表 11－3 中也给出了节点的可预测性值。节点的可预测值范围为 0.14—0.56，平均值为 0.34。该结果表明，男

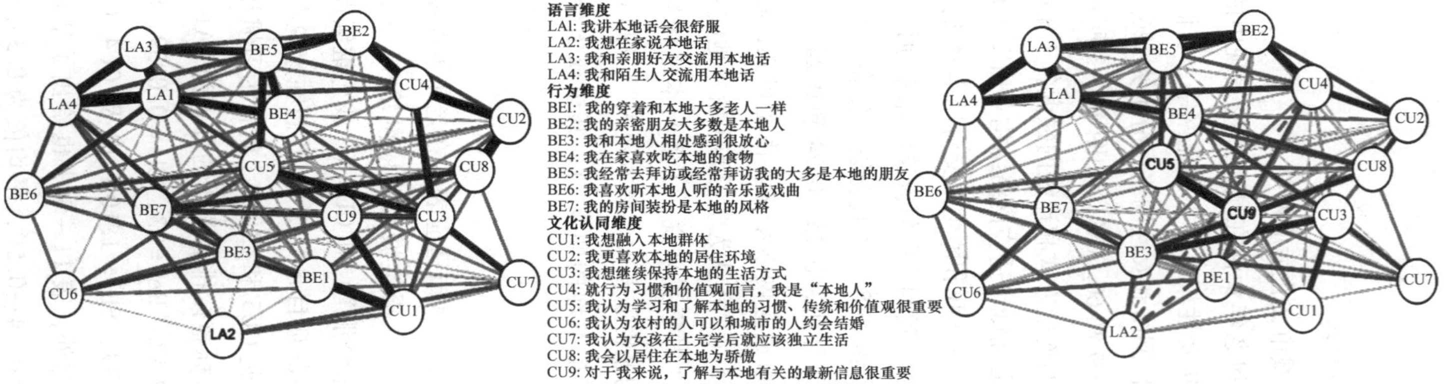

语言维度
LAl: 我讲本地话会很舒服
LA2: 我想在家说本地话
LA3: 我和亲朋好友交流用本地话
LA4: 我和陌生人交流用本地话
行为维度
BEI: 我的穿着和本地大多老人一样
BE2: 我的亲密朋友大多数是本地人
BE3: 我和本地人相处感到很放心
BE4: 我在家喜欢吃本地的食物
BE5: 我经常去拜访或经常拜访我的大多是本地的朋友
BE6: 我喜欢听本地人听的音乐或戏曲
BE7: 我的房间装扮是本地的风格
文化认同维度
CU1: 我想融入本地群体
CU2: 我更喜欢本地的居住环境
CU3: 我想继续保持本地的生活方式
CU4: 就行为习惯和价值观而言，我是“本地人”
CU5: 我认为学习和了解本地的习惯、传统和价值观很重要
CU6: 我认为农村的人可以和城市的人约会结婚
CU7: 我认为女孩在上完学后就应该独立生活
CU8: 我会以居住在本地为骄傲
CU9: 对于我来说，了解与本地有关的最新信息很重要

图11-3　老年男性和老年女性城市适应网络结构

注：图中左侧为老年男性城市适应网络结构图，右侧为老年女性城市适应网络结构图，中间为网络节点对应的项目。

性城市文化适应的可控性较低，其他节点对核心节点的影响有限。基于此，在对男性城市文化适应进行干预时，为了达到良好的效果，除了重点关注核心节点外，还需要寻找与网络核心节点相关的主要变量进行协同控制。

在女性城市适应网络中，强度最高的项目是LA1（“我讲本地话会很舒服”）和LA3（“我和亲朋好友交流用本地话”）；接近中心性最高的项目是LA1和BE4（“我在家喜欢吃本地的食物”）；中介中心性最高的项目是LA1。中心性指标整体排名前4的分别为LA1（Bet = 27，Clo = 0.0036，Str = 1.25）、LA3（Bet = 10，Clo = 0.0033，Str = 1.08）、BE4（Bet = 9，Clo = 0.0037，Str = 0.98）以及CU4（Bet = 12，Clo = 0.0033，Str = 0.96）。节点的可预测值范围为0.12～0.55，平均值为0.30，表明女性城市文化适应的可控性较低，其他节点对核心节点的影响有限。

表11－3　　不同性别老年人城市适应中心性指标

项目	男性（n = 402）				女性（n = 805）			
	中介性（Bet）	接近性（Clo）	强度（Str）	可预测性（Pre）	中介性（Bet）	接近性（Clo）	强度（Str）	可预测性（Pre）
LA1	12	0.0036	1.23	0.56	27	0.0036	1.25	0.55
LA2	23	0.0039	0.92	0.46	4	0.0030	0.72	0.34
LA3	10	0.0038	0.94	0.49	10	0.0033	1.08	0.52
LA4	8	0.0035	0.95	0.48	2	0.0031	0.74	0.38
BE1	6	0.0033	0.80	0.31	3	0.0026	0.69	0.21
BE2	5	0.0033	0.71	0.34	7	0.0033	0.98	0.43
BE3	6	0.0032	0.79	0.26	14	0.0031	0.91	0.29
BE4	3	0.0034	0.76	0.32	9	0.0037	0.98	0.36
BE5	17	0.0037	0.95	0.43	6	0.0031	0.85	0.36
BE6	0	0.0029	0.60	0.22	2	0.0027	0.58	0.18
BE7	4	0.0031	0.74	0.26	15	0.0030	0.81	0.25
CU1	10	0.0032	0.79	0.31	5	0.0029	0.57	0.17

续表

项目	男性（$n=402$）				女性（$n=805$）			
	中介性（Bet）	接近性（Clo）	强度（Str）	可预测性（Pre）	中介性（Bet）	接近性（Clo）	强度（Str）	可预测性（Pre）
CU2	11	0.0032	0.87	0.37	4	0.0030	0.68	0.25
CU3	29	0.0039	1.10	0.42	19	0.0033	0.90	0.27
CU4	32	0.0038	1.00	0.44	12	0.0033	0.96	0.39
CU5	23	0.0038	0.93	0.34	13	0.0033	0.83	0.29
CU6	0	0.0025	0.40	0.14	0	0.0023	0.47	0.13
CU7	0	0.0028	0.45	0.14	0	0.0026	0.43	0.12
CU8	2	0.0028	0.63	0.23	8	0.0035	0.85	0.29
CU9	7	0.0031	0.69	0.25	15	0.0033	0.92	0.31

注：LA 为城市适应分量表的语言维度、BE 为行为维度、CU 为文化认同维度。

3. 网络稳定性检验

男性城市适应的中介中心性、接近中心性以及强度的 CS 系数分别为 0.21、0.36 和 0.44；女性城市适应的中介中心性、接近中心性以及强度的 CS 系数分别为 0.13、0.28 和 0.67。除中介中心性之外，其他指标的相关稳定性系数均大于 0.25，属于可接受的范围，这表明当被试量发生变化时，接近中心性和强度能够保持一定的稳定性，而中介中心性会产生某种程度上的变化。因此，本研究主要以接近中心性和强度为依据对网络分析结果进行解释。

4. 比较结果

对不同性别的网络进行比较发现，二者在网络结构（$M=0.176$，$p>0.05$）、整体连接强度（GS（男）$=8.119$，GS（女）$=8.084$，$S=0.035$，$p>0.05$）、中介中心性（$p>0.05$）以及强度（$p>0.05$）上不存在显著差异。但二者在 BE6（“我喜欢听本地人的音乐或戏曲”）、CU1（“我想融入本地群体”）、CU7（“我认为女孩在上完学后就应该独立生活”）以及 CU8（“我以居住在本地为骄傲”）的接近中心性上存在显著差异（$p<0.05$），即男性在 BE6、CU1 和 CU7 的接近中心性上显著高于女性，在 CU8 上显著低于女性。

（二）原文化保留网络

1. 原文化保留网络的性别差异

在进行性别差异比较之前，本研究首先构建了流动老年男性和女性的原文化保留网络。网络中共包括 19 个节点，171 条连线（图 11－4）。其中，老年男性和老年女性网络中分别有 4 条和 75 条连线权重不为 0，分别占所有可能存在连线的 2.34% 和 43.86%。由于流动老年男性被试数量过少，导致网络内部各节点间的关系网络无法建立，因此下文仅针对老年女性网络进行分析。由图 11－4 可知，在老年女性的原文化保留网络中，连接程度最强的边为 BE2（“我的亲密朋友大多数是来自家乡的人”）和 BE5（“我经常去拜访或经常拜访我的大多是来自家乡的朋友”）、LA2（“我想在家说家乡方言”）和 LA3（“我和亲朋好友交流会用家乡方言”）、LA3 和 LA4（“我和陌生人交流会用家乡方言”），其边权值分别为 0.38、0.29 和 0.27。

2. 中心性估计

老年女性（$n=355$）原文化保留网络中节点的中心性指标和可预测性见表 11－4 所示。其中，中介中心性最高的项目是 BE1（“我的着装和来自家乡的人很像”）和 CU4（“就行为习惯和价值观而言，我是‘家乡人’”），表明他们对网络的变化有着重要的影响。接近中心性最高的项目为 BE1 和 CU1（“我想融入家乡群体”），表明其在网络中占据了重要的地位。此外，强度最高的项目是 LA2（“我想在家说家乡方言”）和 LA3（“我和亲朋好友交流会用家乡方言”）。

从总体上看，中心性指标排名前 4 位的是 LA2（Bet = 16，Clo = 0.0029，Str = 0.94）、LA3（Bet = 26，Clo = 0.0031，Str = 1.10）、CU1（Bet = 30，Clo = 0.0032，Str = 0.88）以及 CU4（Bet = 32，Clo = 0.0030，Str = 0.90）。节点的可预测性（表 11－4）范围为 0.10 ~ 0.53，平均值为 0.30，说明网络受外部影响较大，可以在网络外部寻找与网络节点相关的变量进行干预。

语言维度
LA1: 我讲家乡方言会很舒服
LA2: 我想在家说家乡方言
LA3: 我和亲朋好友交流会用家乡方言
LA4: 我和陌生人交流会用家乡方言
行为维度
BE1: 我的着装和来自家乡的人很像
BE2: 我的亲密朋友大多数是来自家乡的人
BE3: 我和家乡的人相处感到很放心
BE4: 我在家喜欢吃家乡的食物
BE5: 我经常去拜访或经常拜访我的大多是来自家乡的朋友
BE6: 我很享受参加家乡老年人的聚会和活动
文化认同维度
CU1: 我想融入家乡群体
CU2: 我更喜欢家乡的居住环境
CU3: 我能够接受或者采用家乡人的生活方式
CU4: 就行为习惯和价值观而言，我是“家乡人”
CU5: 我认为学习和了解家乡的习惯、传统和价值观很重要
CU6: 我认为家乡的人应该和家乡的人约会结婚
CU7: 我认为女孩在结婚前都应该和父母一起生活
CU8: 我会以家乡人的身份骄傲
CU9: 父母总是知道什么是最好的

图11-4　老年男性和老年女性原文化保留网络结构

注：图中左侧为老年男性原文化保留网络结构图，右侧为老年女性原文化保留网络结构图，中间为网络节点对应的项目。

表 11－4　　　　　　　　老年女性原文化保留量表

项目	中介性（Bet）	接近性（Clo）	强度（Str）	可预测性（Pre）
LA1	11	0. 0029	0. 82	0. 39
LA2	16	0. 0029	0. 94	0. 49
LA3	26	0. 0031	1. 10	0. 55
LA4	5	0. 0028	0. 60	0. 36
BE1	32	0. 0033	0. 80	0. 37
BE2	9	0. 0026	0. 79	0. 44
BE3	1	0. 0023	0. 42	0. 20
BE4	4	0. 0026	0. 64	0. 30
BE5	2	0. 0026	0. 77	0. 42
BE6	0	0. 0008	0. 02	0. 02
CU1	30	0. 0032	0. 88	0. 38
CU2	6	0. 0028	0. 68	0. 33
CU3	0	0. 0024	0. 51	0. 24
CU4	32	0. 0030	0. 90	0. 36
CU5	29	0. 0030	0. 73	0. 33
CU6	3	0. 0024	0. 32	0. 16
CU7	0	0. 0016	0. 15	0. 09
CU8	2	0. 0026	0. 58	0. 23
CU9	0	0. 0018	0. 14	0. 18

3. 网络稳定性检验

稳定性检验结果显示，中介中心性、接近中心性以及强度的 CS 系数分别为 0. 05、0. 18 以及 0. 36。除强度外，其他中心性指标均未达到 CS 系数的临界值，这意味着当被试人数发生变化时，网络结构也可能产生一定的改变。因此，本研究主要以强度为依据进行分析和解释。网络分析的结果仅作为参考。

4. 网络比较

由于样本中男性样本过少，不能获得男性流动老年人的原文化保留的网络结构。因此，为了比较原文化保留网络结构的性别差异，我们将女性网络结构与全部流动老年人（包括男性流动老年人和女性流动老年人）的网络结构进行了比较。由于全部流动老年人包括男性流动老年人和女性流动老年人，那么女性流动老年人原文化保留网络结构与全部流动老年人原文化保留网络结构差异的来源主要是男性样本的贡献导致的。通过这种方式在一定程度上可以间接地揭示原文化保留网络结构的性别差异。

对老年女性原文化保留网络和流动老年人总体原文化保留网络进行比较发现，二者在网络结构（$M=0.073$，$p>0.05$）、整体连接强度（GS（总体）=5.895，GS（女）=7.122，$S=1.227$，$p>0.05$）、接近中心性（$p>0.05$）以及强度（$p>0.05$）上不存在显著差异，只在节点 CU5 的中介中心性上存在显著差异（$p<0.05$）。这些结果说明女性流动老年人样本与流动老年人总体样本的原文化保留的网络结构之间不存在显著差异。这表明男性样本对流动老年人原文化保留网络结构的变异贡献较低。这一结果可以间接地说明老年人原文化保留网络结构不存在性别差异。

三　总结与讨论

（一）城市文化适应网络的性别差异

研究结果发现，老年男性和老年女性在城市文化适应网络的核心适应表现既有相同之处，也存在着一定的差异。具体来说，老年男性和老年女性城市文化适应的核心适应指标都有“我讲本地话会很舒服”和“就行为习惯和价值观而言，我是‘本地人’”，且前者无论在强度、接近中心性还是中介中心性都最高。这些结果都说明熟练应用本地语言的能力是文化适应的核心。但在语言适应方面，老年男性和老年女性有一点不同，表现为男性的核心适应指标为“我想在家说本地话”，女性则为“我和亲朋好友交流用本地话”。可能的原因在于，老年女性比老年男性的孤独感水平更高。[①②] 因此，老年女性建立社交网络的动机意愿可能更

① 刘志荣、倪进发：《老年人孤独及其相关因素研究》，《中国公共卫生》2003 年第 3 期。

② 陈琪尔、黄俭强：《社区老年人孤独状况与生存质量的相关性研究》，《中国康复医学杂志》2005 年第 5 期。

强，即她们更乐于使用本地话与亲朋好友交流，从而获得社会支持，进而减轻其孤独感（吴捷，2008）。同时，相比于老年男性，女性更加重视自身的认知健康。[①] 为此，她们可能倾向于参加社交活动，构建社交网络，获得社会支持，保护其认知功能。[②③]

此外，老年男性的"我想继续保持本地的生活方式"也不同于老年女性的"我在家喜欢吃本地的食物"。一个可能的原因是，尽管老年期的味觉减退，老年女性还是比老年男性在用餐上更加讲究，注重更健康的饮食习惯。[④] 另外，老年男性和老年女性在网络结构、整体连接强度、中介中心性以及强度上不存在显著差异，只在一些非核心适应指标上的接近中心性存在显著差异。因此，老年人城市适应网络结构具有跨性别的稳定性。在未来对老年人适应性的干预中，研究者除了需要关注不同性别老年人的共性问题外，更要在几个核心适应指标上（如男性的核心适应指标"我想在家说本地话"以及"我想继续保持本地的生活方式"，女性的核心适应指标"我和亲朋好友交流用本地话"以及"我在家喜欢吃本地的食物"）针对不同性别老年人的干预方案做出相应调整。

（二）原文化保留网络的性别差异

本研究将老年女性原文化保留网络与流动老年人总体原文化保留网络进行对比，结果发现，两者在网络结构和整体连接强度上不存在显著差异。但在核心节点上，二者既有相同之处，又存在一定的差异。老年女性和总体流动老年人原文化保留的核心节点均包括"我想在家说家乡方言""我和亲朋好友交流会用家乡方言""我想融入家乡群体"，体现

① Wu, B., Goins, R. T., Laditka, J. N., et al., "Gender Differences in Views About Cognitive Health and Healthy Lifestyle Behaviors Among Rural Older Adults", *The Gerontologist*, Vol. 49, No. S1, 2009, pp. S72 – S78.

② Kelly, M. E., Duff, H., Kelly, S., et al., "The Impact of Social Activities, Social Networks, Social Support and Social Relationships on the Cognitive Functioning of Healthy Older Adults: A Systematic Review", *Systematic Reviews*, Vol. 6, No. 1, 2017, pp. 1 – 18.

③ Oremus, M., Konnert, C., Law, J., et al., "Social Support and Cognitive Function in Middle-and Older-aged Adults: Descriptive Analysis of CLSA Tracking Data", *European Journal of Public Health*, Vol. 29, No. 6, 2019, pp. 1084 – 1089.

④ Chen, P. L., Tsai, Y. L., Lin, M. H., et al., "Gender Differences in Health Promotion Behaviors and Quality of Life Among Community-dwelling Elderly", *Journal of Women & Aging*, Vol. 30, No. 3, 2018, pp. 259 – 274.

了语言维度在原文化保留中的重要地位。但相比于流动老年人总体的核心节点"我的着装和来自家乡的人很像"，老年女性的核心节点表现为"就行为习惯和价值观而言，我是'家乡人'"。这一结果的出现很可能是因为女性在身体形象上感受到的社会压力更大，[①] 因此她们具有更高水平的社交外表焦虑，更害怕他人对其外表进行负面评价。[②] 具体而言，在适应现居住地的文化时，由于害怕与之进行社会交往的人对其外表进行消极评价，老年女性可能会选择改变自己的穿着打扮，逐渐与城市本地人保持一致。此外，有研究者曾指出，女性的幸福感水平较高，更有可能保持愉快的感觉，[③] 因此她们会更容易回忆起过去的事件及其相关的积极记忆和情绪。[④] 由于不断地回忆与过去相关的事件，老年女性可能会产生更多的怀旧情绪，进而增强了对原居住地的归属感和认同感，所以老年女性原文化保留的核心节点就包括了"就行为习惯和价值观而言，我是'家乡人'"。

第五节　不同类型老年人城市文化适应网络的差异检验

由于城市间流动老年人数量不足，无法形成有效网络，同时，城市本地老年人不涉及原文化保留的问题，因此本节仅针对进城老年人和城市本地老年人的城市文化适应网络结构进行分析比较。

---

① Turel, T., Jameson, M., Gitimu, P., et al., "Disordered Eating: Influence of Body Image, Sociocultural Attitudes, Appearance Anxiety and Depression-a Focus on College Males and a Gender Comparison", *Cogent Psychology*, Vol. 5, No. 1, 2018.

② Sanlier, N., Pehlivan, M., Sabuncular, G., et al., "Determining the Relationship Between Body Mass Index, Healthy Lifestyle Behaviors and Social Appearance Anxiety", *Ecology of Food and Nutrition*, Vol. 57, No. 2, 2018, pp. 124-139.

③ Easterlin, R. A., "Happiness of Women and Men in Later Life: Nature, Determinants, and Prospects", in S. Joseph, ed. *Advances in the Quality-of-Life Theory and Research*, Springer US, 2003, pp. 13-25.

④ Singh, R., Sharma, Y. and Kumar, J., "A Road Less Traveled in Nostalgia Marketing: Impact of Spiritual Well-being on Effects of Nostalgic Advertisements", *Journal of Marketing Theory and Practice*, Vol. 29, No. 3, 2021, pp. 289-307.

一　研究方法

被试为第一波招募的进城老年人和城市本地老年人。其中进城老年人307名，城市本地老年人693名。被试其他详细信息见第五章第二节。

测量工具、数据分析等同本章第二节。

二　结果

（一）不同迁移类型老年人的城市文化适应网络

图11－5显示了不同老年人城市文化适应的网络结构图。左侧为进城老年人城市文化适应网络结构图。同上，网络中共有20个节点，连线中共有98条权重不为0，占所有可能存在连线的51.58%。其中，CU5（“我认为学习和了解本地的习惯、传统和价值观很重要”）和CU9（“对于我来说，了解与本地有关的最新信息很重要”）、LA1（“我讲本地话会很舒服”）和LA4（“我和亲朋好友交流用本地话”）、CU2（“我更喜欢本地的居住环境”）和CU8（“就行为习惯和价值观而言，我是‘本地人’”）之间的连接程度最高，其边权值分别为0.32、0.30和0.25。此外，LA3（“我和亲朋好友交流用本地话”）和CU6（“我认为家乡的人可以和城市的人约会结婚”）之间的连线相关为负，其边权值为－0.01。

右侧为城市本地老年人城市适应网络结构图。在网络结构中，连线共有118条权重不为0，占所有可能存在连线的62.11%。其中，相关程度最高的三条边为CU2和CU4（“就行为习惯和价值观而言，我是‘本地人’”）、LA1和LA3以及BE2（“我的亲密朋友大多数是本地人”）和CU2，其边权值分别为0.28、0.24和0.20。

（二）城市文化适应网络指标

中心性指标结果见表11－5。由表11－5可知，在进城老年人城市适应网络中，中心性指标整体排名前4的分别为LA1（Bet＝18，Clo＝0.0031，Str＝1.27）、LA3（Bet＝22，Clo＝0.0033，Str＝1.18）、BE4（Bet＝17，Clo＝0.0034，Str＝0.92）以及CU2（Bet＝30，Clo＝0.0037，Str＝1.05）。节点的可预测值范围为0.14～0.63，平均值为0.34，说明网络结构受外部因素影响较大。

在城市本地老年人的城市适应网络中，中心性指标为LA1（Bet＝27，

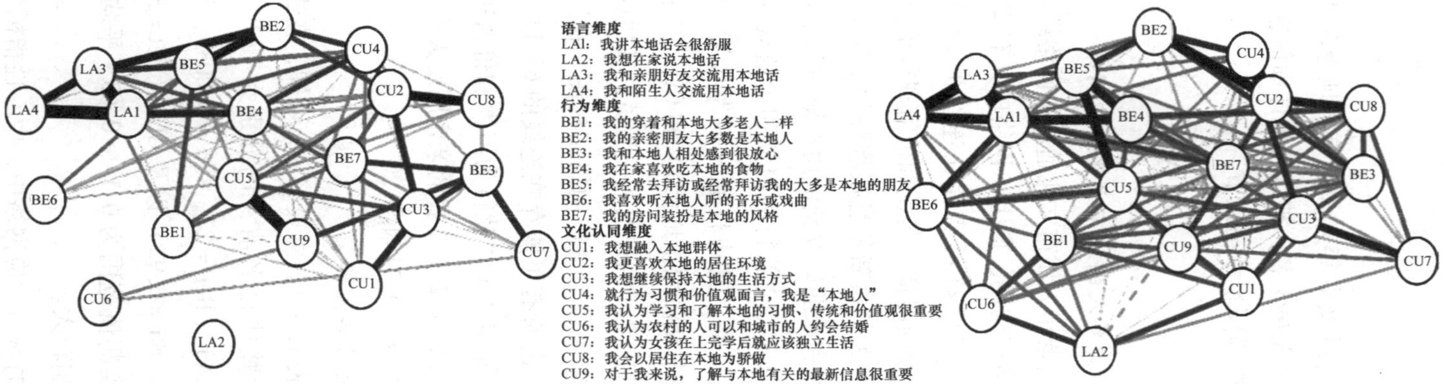
语言维度
LA1：我讲本地话会很舒服
LA2：我想在家说本地话
LA3：我和亲朋好友交流用本地话
LA4：我和陌生人交流用本地话
行为维度
BE1：我的穿着和本地大多老人一样
BE2：我的亲密朋友大多数是本地人
BE3：我和本地人相处感到很放心
BE4：我在家喜欢吃本地的食物
BE5：我经常去拜访或经常拜访我的大多是本地的朋友
BE6：我喜欢听本地人听的音乐或戏曲
BE7：我的房间装扮是本地的风格
文化认同维度
CU1：我想融入本地群体
CU2：我更喜欢本地的居住环境
CU3：我想继续保持本地的生活方式
CU4：就行为习惯和价值观而言，我是“本地人”
CU5：我认为学习和了解本地的习惯、传统和价值观很重要
CU6：我认为农村的人可以和城市的人约会结婚
CU7：我认为女孩在上完学后就应该独立生活
CU8：我会以居住在本地为骄傲
CU9：对于我来说，了解与本地有关的最新信息很重要

图11-5 不同迁移类型老年人城市适应的网络结构

注：图中左侧为进城老年人城市文化适应网络结构图，右侧为城市本地老年人城市文化适应网络结构图，中间为网络节点对应的项目。

Clo = 0.0036，Str = 1.23）、LA3（Bet = 14，Clo = 0.0034，Str = 0.93）、BE5（Bet = 13，Clo = 0.0035，Str = 0.93）以及 CU3（Bet = 26，Clo = 0.036，Str = 1.00）。节点的可预测值范围为0.14～0.48，平均值为0.31，说明通过其相邻节点对某一节点进行控制的可能性较低，但可以直接对节点进行干预，或者寻找与节点相关的其他变量对其进行干预。

表 11－5　进城老年人和城市本地老年人城市文化适应网络的中心性指标

项目	进城老年人				城市本地老年人			
	中介性（Bet）	接近性（Clo）	强度（Str）	可预测性（Pre）	中介性（Bet）	接近性（Clo）	强度（Str）	可预测性（Pre）
LA1	18	0.0031	1.27	0.63	27	0.0036	1.23	0.48
LA2	3	0.0028	0.70	0.45	17	0.0033	0.85	0.34
LA3	22	0.0033	1.18	0.63	14	0.0034	0.93	0.41
LA4	0	0.0028	0.65	0.44	2	0.0032	0.86	0.37
BE1	5	0.0030	0.56	0.23	2	0.0028	0.75	0.23
BE2	22	0.0036	0.83	0.41	7	0.0033	0.80	0.32
BE3	16	0.0031	0.80	0.28	0	0.0030	0.97	0.33
BE4	17	0.0034	0.92	0.38	4	0.0034	0.82	0.34
BE5	15	0.0033	0.87	0.39	13	0.0035	0.93	0.36
BE6	0	0.0024	0.37	0.14	0	0.0031	0.73	0.25
BE7	5	0.0029	0.66	0.27	1	0.0029	0.80	0.28
CU1	0	0.0028	0.61	0.22	1	0.0029	0.67	0.25
CU2	30	0.0037	1.05	0.42	7	0.0033	1.00	0.40
CU3	31	0.0037	0.78	0.33	26	0.0036	1.00	0.33
CU4	6	0.0037	0.92	0.37	9	0.0033	0.94	0.38
CU5	13	0.0031	0.88	0.36	13	0.0034	0.90	0.32
CU6	0	0.0021	0.30	0.16	1	0.0026	0.55	0.16
CU7	9	0.0028	0.45	0.16	0	0.0027	0.47	0.14
CU8	0	0.0031	0.59	0.25	8	0.0034	0.80	0.29
CU9	16	0.0031	0.80	0.34	2	0.0030	0.76	0.24

（三）网络稳定性检验

进城老年人城市适应的中介中心性、接近中心性以及强度的 CS 系数分别为 0.13、0.13 和 0.28；城市本地老年人城市适应的中介中心性、接近中心性以及强度的 CS 系数分别为 0.21、0.36 和 0.60。进城老年人城市适应网络的中介中心性和强度中心性的相关稳定性系数小于 0.25，意味着当被试量发生变化时，中介中心性和强度中心性会产生变化。同时，城市本地老年人城市适应的中介中心性小于 0.25，可能预示着网络结构的变化。因此，在对城市本地老年人的城市文化适应进行分析时，应以接近中心性和强度为主要依据，以中介中心性作为参考指标。

（四）比较结果

对进城老年人和城市本地老年人的城市适应网络进行比较发现，二者在整体连接强度（GS（进城）＝7.598，GS（本地）＝8.37，$S=0.77$，$p>0.05$）、强度（$p>0.05$）上不存在显著差异，但在网络结构（$M=0.17$，$p<0.05$）上存在显著差异。此外，进城老年人在 BE1、BE3、BE7、CU3、CU7 和 CU9 的接近中心性上显著高于城市本地老年人，在 BE6、CU1、CU5、CU6 和 CU8 的接近中心性上显著低于城市本地老年人，在 CU2 和 CU7 的中介中心性上显著高于城市本地老年人。

三　小结与讨论

对进城老年人和城市本地老年人的城市适应网络进行比较发现，“我讲本地话会很舒服”和“我和亲朋好友交流用本地话”均属于核心文化适应指标，且前者的强度最高，进一步验证了语言维度在城市适应网络中的关键性作用。然而，二者在核心表现上也存在不同之处。在行为维度上，进城老年人的核心适应表现为“我在家喜欢吃本地的食物”，城市本地老年人则为“我经常去拜访或经常拜访我的大多是本地的朋友”。对于进城老年人而言，他们的生活重心主要侧重于工作和照料家庭，缺乏时间和精力构建属于自己的城市社交网络。[①] 因此，在这种情况下，适应

---

① 罗恩立、梅士伟、吴可锐等：《“老漂族”的新朋友圈：随迁老人的城市社会网络构建模式研究》，《城市观察》2023 年第 1 期。

当地的饮食文化或许是一种较好地融入城市文化的途径。饮食文化作为社会文化适应的一个重要组成部分，对社会文化适应起到至关重要的作用。① 接受城市的饮食，可以增进进城老年人对城市文化的理解，提升文化适应能力，② 促进融入城市生活，提高主观幸福感（叶宝娟、方小婷，2017）。在文化认同维度上，进城老年人的核心适应表现为“我更喜欢本地的居住环境”，城市本地老年人则为“我想继续保持本地的生活方式”。先前的研究显示，社区环境因素对移居老年人社会适应有显著的影响。良好的社区环境可以为老年人提供更多的公共资源以及与城市本地老年人进行社会交往的机会。对社区环境满意的老年人，更容易形成对社区的认同，产生归属感，逐渐适应当地文化。③ 叶继红（2011）关于农民文化适应的研究也证实了居住环境对文化适应的影响。④

此外，网络比较结果显示，进城老年人和城市本地老年人在网络结构上存在显著差异，并且进城老年人网络核心症状 CU2（“我更喜欢本地的居住环境”）的中介中心性显著高于城市本地老年人，而城市本地老年人网络核心症状 CU3（“我想继续保持本地的生活方式”）的接近中心性显著低于进城老年人。这表明，在对进城老年人的城市文化适应进行干预时，应结合进城老年人的网络结构，考虑进城老年人文化适应的核心指标以及可以对核心指标产生影响的其他变量，开发有针对性的、有效的干预方案。

第六节 本章小结

基于网络分析在文化适应领域的巨大应用潜力，本研究分别探索了城市文化适应和原文化保留的网络结构，得到了文化适应网络的核心指

① 朴美玉：《中亚留学生跨文化适应及其影响因素的实证研究——以北京高校中亚留学生为例》，《文化学刊》2015 年第 7 期。

② 陈慧、车宏生、朱敏：《跨文化适应影响因素研究述评》，《心理科学进展》2003 年第 6 期。

③ 刘庆、陈世海：《移居老年人社会适应的结构、现状与影响因素》，《南方人口》2015 年第 6 期。

④ 叶继红：《农民集中居住、文化适应及其影响因素》，《社会科学》2011 年第 4 期。

标。本研究还探索了文化适应网络的在不同性别和迁移类型人群的差异，得到了不同人群文化适应网络的差异。这一探索在文化适应领域具有创新性。

本章的研究结果发现，语言相关条目和生活适应相关条目在原文化保留网络和城市文化适应网络均处于重要地位。这启示我们，语言和生活适应能力是跨文化适应的关键因素，与原文化保持联系的同时学习城市语言和生活方式对进城老年人至关重要。此外，在性别和迁移类型上，文化适应网络之间也存在差异。这启示我们，在应用和推广研究结论时，应考虑到老年人的特质（性别和迁移类型），对不同特质的老年人提出符合其特质和需求的文化适应提升方案。

第十二章

进城老年人文化适应干预

第一节 背景与研究问题

一 文化适应干预必要性

Sam 和 Berry（2010）指出，不同文化之间的接触会导致个体在心理和社会文化方面做出适应性的调整，在这个过程中，迁入新环境的个体会接受主流文化的行为、信仰和价值观（Schwartz et al.，2010）。成功的文化适应会提升个体的幸福感，并为个体将日常生活与主流文化成功对接提供必要的基础（Ward and Kennedy，1993）。然而，由于涉及日常生活的变化和与各种复杂压力因素的接触，文化适应并不是一个简单的过程。[①] 以往研究发现，到异国他乡学习后，国际留学生既要面对学业方面的压力（如理解语言障碍和不同的教育模式），也要受到日常生活中压力（如经济压力、出行交通的不便以及饮食上的不适应等）的挑战。[②③] 除此之外，由于在建立新的社交圈子时往往会遇到一定困难，留学生无法有效参与当地的社会文化，由此而引发的孤独感和对家乡的思念之情也

---

① Smith, R. A. and Khawaja, N. G., "A Group Psychological Intervention to Enhance the Coping and Acculturation of International Students", *Advances in Mental Health*, Vol. 12, No. 2, 2014, pp. 110－124.

② Poyrazli, S. and Grahame, K. M., "Barriers to Adjustment: Needs of International Students Within a Semi-urban Campus Community", *Journal of Instructional Psychology*, Vol. 34, 2007, pp. 28－45.

③ Zhang, J. and Goodson, P., "Predictors of International Students' Psychosocial Adjustment to Life in the United States: A Systematic Review", *International Journal of Intercultural Relations*, Vol. 35, 2011, pp. 139－162.

会对个体的身心健康产生一定的消极影响。[①]

与留学生的处境类似，进城老年人也会经历一定程度的文化适应困难。进城老年人往往是在孩子无暇照顾子女的情况下来到城市负责照顾孙辈的老年人。[②③] 他们虽然大多生活在城市，却没有城市户籍。[④] 在面对自己孩子组建的家庭时，他们往往要处理婆媳、翁婿之间相处的难题。此外，由于城市文化与农村文化所存在的巨大差异，进城老年人在参与城市文化和适应城市文化需求时也往往会表现出一定程度的困难。研究者对城市社区的调查研究发现，包括进城老年人在内的流动老年人在经济、文化、社会、心理等各个层面都存在着不同程度的适应不良，包括收入过低（甚至没有收入），以及与其他老年人之间缺乏交流。此外，由于他们主要的任务就是“带娃”，无法形成自己的社交圈子，所以对城市社区的心理融入度过低。[⑥]为了帮助进城老年人快速适应城市文化，有效应对新异文化中所遇到的各种压力，对他们的城市文化适应进行心理干预十分必要。

二 文化适应干预研究现状

在国外，研究者对本国移民文化适应进行了大量的干预研究。例如，有研究者发现道家认知疗法可以有效减少华裔移民的广泛性焦虑障碍[⑤]。也有研究发现基于艺术疗法的干预策略可以缓解西班牙裔移民的抑郁水平和压力体验[⑥]。根据 Allport 等人（1954 年）提出的接触假说，[⑦] 当某一

---

① McLachlan, D. A. and Justice, J., “A Grounded Theory of International Student Well-being”, *The Journal of Theory Construction and Testing*, Vol. 13, No. 1, 2009, pp. 27 – 32.

② 李立、张兆年、张春兰：《随迁老人的精神生活与社区融入状况的调查研究——以南京市为例》，《法制与社会》2011 年第 31 期。

③ 易丹：《随迁老人：一个亟需社会关注的群体》，《兰州教育学院学报》2014 年第 2 期。

④ 陈盛淦：《随迁老人的城市适应问题研究》，《南京航空航天大学学报》（社会科学版）2014 年第 3 期。

⑤ Chang, D. F., Ng, N., Chen, T., et al., “Let Nature Take Its Course: Cultural Adaptation and Pilot Test of Taoist Cognitive Therapy for Chinese American Immigrants with Generalized Anxiety Disorder”, *Frontiers in Psychology*, Vol. 11, 2020.

⑥ Mateos-Fernández, R. and Saavedra, J., “Designing and Assessing of an Art-based Intervention for Undocumented Migrants”, *Arts & Health*, Vol. 14, No. 2, 2021, pp. 1 – 14.

⑦ Allport, G. W., Clark, K. and Pettigrew, T., *The Nature of Prejudice*, Cambridge, MA: Addison, 1954.

群体对另一群体缺乏充足信息或存在错误信息而产生群际偏见时，群际接触为获得新信息和澄清错误信息提供了机会。而减少群际偏见的主要方式就是与外群体（自己所不属于的群体）在合适的条件下进行接触。基于接触假说，研究者开发了来自不同群体组成的同伴支持小组心理干预策略和团体心理干预策略，这些团体干预满足了群际接触的两个最佳条件：第一个是接触群体之间拥有平等的地位。具体地说，在群际接触中，接触的群体双方都希望能够拥有平等的地位，① 在平等的氛围下与外群体进行的接触会更有成效。② 此外，接触也有助于平等地位的形成③，二者互相促进。第二个是接触的双方拥有共同的目标，即通过接触来减少偏见。这就需要接触的双方共同努力，且态度积极、目标明确。相关研究结果发现，基于接触假说的团体辅导策略也可以有效地减少移民的社会隔离感和抑郁症状水平，④ 这表明充分的群体间接触既可以减少对外群体的偏见，⑤ 也可以让移民有更多的机会接触到所在地区的文化。⑥ 此外，充分的内部群体成员之间的接触也可以为移民提供更多交流沟通的机会，进而缓冲移民个体在面对异文化时所产生的压力。⑦

在国内，尽管城市中存在着大量的流动人口，城乡文化之间也存在

---

① Cohen, E. G. and Lotan, R. A., "Producing Equal-status Interaction in the Heterogeneous Classroom", *American Educational Research Journal*, Vol. 32, No. 1, 1995, pp. 99 – 120.

② Brewer, M. B. and Kramer, R. M., "The Psychology of Intergroup Attitudes and Behavior", *Annual Review of Psychology*, Vol. 36, 1985, pp. 219 – 243.

③ Moody, J., "Ace, School Integration, and Friendship Segregation in America", *American Journal of Sociology*, Vol. 107, No. 3, 2001, pp. 679 – 716.

④ Page-Reeves, J., Murray-Krezan, C., Regino, L., et al., "A Randomized Control Trial to Test a Peer Support Group Approach for Reducing Social Isolation and Depression Among Female Mexican Immigrants", *BMC Public Health*, Vol. 21, No. 1, 2021, pp. 1 – 18.

⑤ Finseraas, H. and Kotsadam, A., "Does Personal Contact with Ethnic Minorities Affect Anti - immigrant Sentiments? Evidence from a Field Experiment", *European Journal of Political Research*, Vol. 56, No. 3, 2017, pp. 703 – 722.

⑥ Cameron, L., Erkal, N., Gangadharan, L., et al., "Cultural Integration: Experimental Evidence of Convergence in Immigrants' preferences", *Journal of Economic Behavior & Organization*, Vol. 111, 2015, pp. 38 – 58.

⑦ Sandel, T. L., " 'Oh, I' m here!': Social Media's Impact on the Cross-cultural Adaptation of Students Studying Abroad", *Journal of Intercultural Communication Research*, Vol. 43, No. 1, 2014, pp. 1 – 29.

着显著的差异，但是很少有针对流动人群的文化适应问题进行心理干预的研究，更没有研究者针对适应能力更差的进城老年人的文化适应进行干预。在社会学领域，研究者从社会工作的角度对进城老年人表现出的主要心理行为问题的干预理论与实践进行了一些探讨。如邓万春根据进城老年人可能面对的问题和挑战，结合现有养老模式的局限，从家庭养老、机构养老、社区（居家）养老三个层面提出了针对进城老年人社会工作干预的目标和方向。① 此外，吴兰花等人设计了系列的心理讲座、心理沙龙和团体心理辅导，对城市空巢老年人和流动老年人的心理弹性进行了系统干预。② 吴兰花等人研究的结果发现心理干预能有效提升流动老人、空巢老人的心理弹性。然而，该研究也存在着明显的不足，即他们并未进一步区分干预方案对空巢老年人和流动老年人心理弹性效果的差异。

综上，尽管国内外研究者都发现了流动人口会面临各种文化适应的问题，国外也针对移民群体的文化适应开展了大量的干预研究，然而，国内并没有研究者针对进城老年人的文化适应问题进行系统的心理干预。

三 干预目标

根据我们前期系列研究的结果，与城市本地老年人和城市间流动老年人相比，进城老年人在文化适应的多数维度上的表现较差，表明进城老年人对城市文化适应水平较差，需要采用一定的策略对进城老年人的文化适应进行干预，提升进城老年人的城市生活质量和幸福感。

基于以上原因，为了提高进城老年人的文化适应水平，我们拟从以下五个方面对进城老年人的文化适应进行系统干预。

第一，帮助进城老年人了解所在城市的语言、就医、饮食、居住、出行等方面的情况，促进其对居住城市社会文化特征的了解。

第二，辅导进城老年人应对家庭矛盾的技巧，完善其家庭支持网络，提高家庭关系质量。

第三，辅导进城老年人社会交往技能，扩展在城市的交往对象，强

① 邓万春：《农村老年人进城养老：挑战及社会工作干预》，《社会工作》2011 年第 12 期。

② 吴兰花、薛将、许倩：《城市社区 3 类老人心理弹性与社会支持、气质性乐观、自我效能的关系》，《中国健康心理学杂志》2021 年第 12 期。

化社会支持网络。

第四，对进城老年人进行认知能力训练和情绪调节训练，提高其认知效率和情绪调控能力。

第五，开展自我肯定训练和生活意义感训练，帮助其建立正确的自我认识，挖掘进城老年人自身的潜能，增强其生活自我效能感以及生命意义感，从而提高生活质量和情绪幸福感水平。

四　干预方案概述

本项目采用团体心理辅导的形式进行干预，以期通过人际交互作用和团体动力的影响改善进城老年人适应不良的状况。基于干预目标，干预方案分别围绕老年人在本地生活中语言、就医、饮食、居住、出行中存在的问题开展讲座和举办活动，并在每次干预活动的当天晚上要求老年人完成相关的作业。通过系列的干预，我们希望进城老年人能够学会一些有效融入城市文化的技巧，提高进城老年人城市文化适应水平，并改善其身心健康状况。具体地说，我们的心理干预主要以下活动：

首先，在第一次活动中，研究者向老年人介绍他们目前居住的城市，让他们了解这座城市，使他们形成对其居住地的大致印象。

其次，在第二次与第三次的活动中，研究者向进城老年人介绍他们所居住的社区，并且教会他们在当前城市生活所必需的一些生活技能。具体来说，通过展现当地特色美食和教老年人一些常用方言引导老年人深入了解本地文化特色。在生活技能方面，指导老年人认识并学会使用智能手机中与日常生活相关的一些主要功能，包括导航定位功能、购物支付功能、检索信息功能、娱乐功能等。同时，教会老年人识别网络诈骗的一些常见的技巧。此外，研究者还向老年人介绍社区养老资源，激发老年人社区主人翁意识和增强老年人的城市归属感。

再次，在第四次与第五次活动中，研究者对老年人在当地人际交往中所需要的技能进行了训练，教会进城老年人学习使用当下常用的社交软件“微信”，然后通过微信来巩固已有的朋友圈和扩大社交范围。此外，我们还通过培训社交技能的方式来改善进城老年人的同辈关系和家庭关系。在这一主题的训练中，我们主要基于观看相关主题小品并对小品内容进行反思的方式来改善进城老年人的人际交往技能。有研究表明，要求老年人在观看电视节目和录像带等音像资料后思考和回答相关问题，可以激发他们对现实问题的反思。[①②] 因此，我们预期通过本主题的干预能够促进老年人应对同辈关系及家庭关系中的常见的亲子关系、隔代关系、婆媳关系和翁婿关系问题的能力。在干预活动中，我们要求进城老年人在观看反映人际关系矛盾的小品后反思人际矛盾根源，以此改善共情能力，进而提高进城老年人的处理和改善人际关系的能力。

复次，在第六次与第七次的活动中，我们以埃利斯合理情绪疗法的理论为基础，对进城老年人由不合理信念导致的不良情绪进行了辅导和训练。在该主题的活动中，研究者邀请老年人完成“信念挑战”任务，让老年人慢慢掌握负面情绪的合理认知方式。在之后的活动中，我们也通过一系列的心理活动帮助进城老年人认识到老年期并非完全是悲观无望的，而完全可以是一个充满意义与价值的时期。

最后，在第八次的活动中，研究者对过去七次活动进行了回顾和梳理，并在此基础上做一个简短的活动总结。

五 干预效果的评估

为了评估对进城老年人文化适应干预的效果，研究者使用进城老年人文化适应问卷测量了进城老年人接受干预前和干预后文化适应的水平，通过比较干预组和控制组进城老年人干预前后文化适应的水平，检验文化适应干预方案的效果。

另外，以往的研究也表明，对居住城市的语言掌握良好的流动老年人的焦虑和抑郁症状水平更低。[③] 同理，如果流动老年人进行了成功的文

① Acierno, R., Rheingold, A. A., Resnick, H. S., et al., “Preliminary Evaluation of a Video-based Intervention for Older Adult Victims of Violence”, *Journal of Traumatic Stress: Official Publication of The International Society for Traumatic Stress Studies*, Vol. 17, No. 6, 2004, pp. 535 – 541.

② Donlon, M. M., Ashman, O. and Levy, B. R., “Re-vision of Older Television Characters: A Stereotype-awareness Intervention”, *Journal of Social Issues*, Vol. 61, No. 2, 2005, pp. 307 – 319.

③ Alizadeh-Khoei, M., Mathews, R. M. and Hossain, S. Z., “The Role Af Acculturation in Health Status and Utilization of Health Services Among the Iranian Elderly in Metropolitan Sydney”, *Journal of Cross-Cultural Gerontology*, Vol. 26, No. 4, 2011, pp. 397 – 405.

化适应，也会对自身幸福感带来积极影响。① 因此，为了全面评估干预的效果，我们除了测量了被试的文化适应水平，还测量了进城老年人的焦虑、幸福感及老年刻板印象等变量，以全面反映文化适应的干预效果。

六　研究问题

基于以往文献，国外研究者较多地关注本国移民的文化适应，并针对其适应问题进行了大量干预研究，而未涉及与进城老年人的文化适应相关的问题。国内研究者虽然关注了进城老年人的心理行为问题，并制定了一些可能的干预方案，但并未对进城老年人文化适应问题进行系统的干预研究。

基于上述局限，本章在先前研究的基础上，采用团体心理辅导的形式，结合埃利斯合理情绪疗法理论，设计干预方案，分别围绕老年人在本地生活中语言、就医、饮食、居住、出行中存在的问题开展讲座和举办活动，对进城老年人的文化适应问题进行系统的干预研究。同时，在干预前后分别对进城老年人文化适应水平进行评估，以期对文化适应的干预效果进行科学评估，并为文化适应干预方案的有效性提供支持。

第二节　干预方案

一　研究方法活动名称

我在××市（进城老年人居住的城市）挺好的。

二　活动意义

“我在××市挺好的”系列活动由浅入深地从饮食、居住、出行、就医、人际交往和个案心理辅导等方面展开，在丰富进城老年人日常生活内容的同时，增强了进城老年人的社会适应和文化适应能力。同时，由于关注了人际关系技能、情绪调节能力和自我认知等能力的训练和培养，

---

① Kim, B. J., Sangalang, C. C. and Kihl, T., “Effects of Acculturation and Social Network Support on Depression Among Elderly Korean Immigrants”, *Aging & Mental Health*, Vol. 16, No. 6, 2012, pp. 787 – 794.

干预活动对进城老年人的家庭关系、人际关系、心理幸福感和自我效能感都具有一定的积极意义。

三 具体活动安排

（一）第一次活动：初次见面，请多关照

1. 建立团体规则（10 分钟）

活动材料：团体被试契约书、笔。

活动内容：介绍团体规则，引导小组组员订立团体契约书，讲解小组请假制度、小组活动中的纪律等。

2. 你眼中的 × × 市（20 分钟）

活动材料：× × 市宣传片视频。

活动内容：要求小组组员聊聊 × × 市的优缺点，随后观看 × × 市宣传片视频，看完之后再谈谈对 × × 市新的认识。

3. 总结（5 分钟）

活动内容：小组导师对组员的表现给予积极评价；指导大家如何完成作业；预告下次活动。

4. 作业

作业内容：请组员根据生活中的观察和感受，每天晚上写下两点对 × × 市的积极认识。

（二）第二次活动：吃喝玩乐在 × ×（进城老年人居住的城市）

1. 回顾和导入（5 分钟）

活动内容：查看作业情况；引入本次活动安排。

2. × × 市美味（15 分钟）

活动材料：《× ×（进城老年人居住城市所在省）美食》歌曲、笔和纸张。

活动内容：

（1）播放歌曲《× ×（进城老年人居住城市所在省）美食》，给小组组员发放纸笔，让他们记录自己在歌曲中听到的美食名称。

（2）歌曲播放结束后集体提问歌曲一共出现了几种当地美食，并以接龙形式分享歌曲中出现的美食（回答不上来时给予适当的线索提示）。

（3）分享结束后，再次播放歌曲，并搭配视频展示歌曲中出现的当

地美食。

3. 分享活动感受，拉近距离（20 分钟）

活动材料：美食视频、图片。

活动内容：

（1）引导组员讨论居住地美食，分享自己吃到的当地美食。

（2）讨论当地的美食和家乡的差别，邀请组员推荐自己喜欢的当地美食和风味地道的小餐馆。

（3）选择其中几种主要的食物，向组员提问食物起源，猜测食物背后隐藏的历史文化。用 PPT 或者视频展示食物起源，加深对居住城市文化的认识。

（4）介绍一些深受居住城市年轻人喜爱的食物，增加组员对后辈生活的融入。

4. 制作菜谱（10 分钟）

活动材料：食物制作视频、图片。

活动内容：

（1）选择一道特色菜品，提问组员是否会烹饪，引导大家讨论菜品制作方式，用什么材料、什么烹饪方式等。

（2）观看食物制作视频，一起制作一个菜谱，鼓励大家回家制作（拍照或者录视频反馈，下节课上课可以策划一个展示环节）。

5. 城市出行（手机基本使用指导）（15 分钟）

活动材料：智能手机、手机使用教程。

活动内容：指导组员简单使用手机的基本功能。

（1）掌握使用二维码乘坐公交车（70 岁以上老人可以办理老年公交卡）。

（2）利用地图规划出行路线，准备几个地点让组员实际操作练习，并指导操作。

（3）手机操作附近的医院挂号预约。

（4）邀请组员上台展示，并请大家提出想要掌握的手机操作，进行对应的指导教学。

6. 总结（2 分钟）

活动内容：邀请组员分享此次活动的感受，对活动进行评估，倾听组员对活动的建议，预告下次活动安排。

7. 作业

作业内容：要求组员每天晚上写下当天经历的三件好事（进展顺利的事情，或感到开心、幸福的事情），这三件事情可以是无关紧要的，也可以是个人觉得很重要的事情。在每件好事的下面，都要写清楚这件好事为什么会发生。

（三）第三次活动：我的社区我了解

1. 回顾和导入（5 分钟）

活动内容：查看作业完成情况；小组导师引导组员回顾上节活动内容，是否还记得如何使用手机、最喜欢的当地美食是什么、展示自己制作的美食等。随后介绍本次活动主要安排。

2. 热身活动："你比我猜"（10 分钟）

活动材料：小奖品和卡片。

活动内容：将上一次团体活动中使用的主题（如肉夹馍）作为关键词。两人为一组，由一人用语言或肢体描述白板上的内容，但不能透露关键词，另一个人猜其是什么，猜得最多最快的一组获胜，猜得最慢的小组说说自己在游戏中的感受。根据游戏中组员的表现导入本节活动内容——语言不通影响了平日与人沟通的效率。

3. 熟悉××省方言（20 分钟）

活动材料：方言讲解 PPT。

活动内容：

（1）给不懂本地话的外地组员介绍一些日常当地方言，帮助他们日常与人打交道；对于本身讲当地方言的组员，引导他们通过古诗词了解当地话的历史渊源，感受当地话的韵味，提升他们对所居住城市语言的自豪感。

（2）PPT 展示过程中根据现场情况开展有奖竞猜，比如"克里马擦"是什么意思？小组导师及时关注发言不积极的组员。

（3）两人一组，进行当地语言模拟对话。

4. 休息与自由交流（10 分钟）

活动材料：方言歌曲。

活动内容：自由交流，播放当地方言红色歌曲或戏曲。

5. 介绍社区养老资源（15 分钟）

活动材料：社区宣传视频。

活动内容：

（1）播放社区宣传片及历年社区大型活动视频，加深小组组员对社区的良好印象与自豪感。

（2）向组员介绍和讲解当地养老政策和本社区的养老助老资源，帮助他们梳理社区周边社区活动场所及医疗机构，享受社区医疗福利所需程序，让他们获取和掌握与自己切身利益相关的信息，增强心理支持。

6. 手机使用防诈骗讲解（10 分钟）

活动材料：智能手机、防诈骗视频宣传材料和宣传手册。

活动内容：

（1）展示防诈短视频、漫画，总结常见的电信诈骗类型。

（2）引导组员一起朗读防诈骗顺口溜。

（3）指导有智能手机的组员下载国家反诈应用软件（APP）。

7. 总结（5 分钟）

活动内容：

（1）总结本次活动内容，评估组员在活动中的表现，鼓励组员踊跃表达自己在活动中的感受，引导大家给予掌声。

（2）介绍下节活动安排，提前通知组员下次活动需要准备的材料。

8. 作业

作业内容：要求组员每天晚上写下当天经历的三件好事（如进展顺利的事情，或感到开心、幸福的事情），这三件事情可以是无关紧要的，也可以是个人觉得很重要的事情。在每件好事的下面，都要写清楚这件好事为什么会发生。

（四）第四次活动："微"联你我他

1. 回顾和导入（5 分钟）

活动内容：查看作业完成情况；小组导师引导组员回顾上次活动内容，是否还记得学过的当下居住城市的方言、防诈骗的要点是什么等。随后介绍本次活动主要安排。

2. 微信使用（15 分钟）

活动材料：智能手机。

活动内容：指导组员使用微信的基本功能，如聊天、语音、视频等。邀请组员上台展示，并请大家提出想要掌握的微信操作，进行对应的指导教学。

3. 同辈关系重构活动（15 分钟）

活动材料：笔、纸张、小奖品。

活动内容：

（1）让组员写下自己的优缺点，向大家介绍自己的优缺点和爱好（可以用一种动物或者植物来形容自己，描述自己的优缺点）。

（2）集体讨论“我喜欢有什么样特质的朋友”，对生活中的经验进行分享；讨论“互助”这一主题，通过对生活场景的回顾，讨论个人在生活中对同辈群体支持的需求和对同辈群体支持的重要性。

4. 总结（5 分钟）

活动内容：总结本次活动内容，评估组员在活动中的表现，鼓励组员踊跃表达自己在活动中的感受，引导大家给予掌声。随后，介绍下次活动安排，通知组员下次活动需要准备的材料。

5. 作业

作业内容：请组员思考一个想感谢的人（可以是家人、朋友，也可以是陌生的对你提供帮助的人），写出想对他说的话，以及为什么要感谢他，在下次活动前完成。同时鼓励组员鼓起勇气，当面对他/她诉说自己的心里话，表达感恩之情。

（五）第五次活动：相亲相爱一家人

1. 回顾与导入（5 分钟）

活动内容：查看作业完成情况；小组导师引导组员回顾上节活动内容，是否还记得如何使用手机微信。介绍本次活动主要安排。

2. 热身游戏（5 分钟）

活动内容：

（1）要求所有组员围成一圈，再向同一方向侧身，以 8 拍节奏拍打前面组员的肩膀、背部、腰部。

（2）之后所有组员向后转，后面的组员再拍打前面组员的肩膀、背部和腰部。

（3）告诉组员如果在活动中感觉到被人故意“捉弄”，可以在下次拍打中还给对方。

（4）此活动可以告诉组员在人际交往中，付出什么就会收获什么。

3. 家庭关系处理："家庭关系 AB 面"（25 分钟）

活动材料：视频材料。

（1）小品《婆婆妈妈》（体现婆媳矛盾：消费观念、媳妇不干活、使唤儿子）。

（2）电视剧中的婆媳矛盾片段剪辑（体现生活习惯差异以及缺乏沟通交流造成的矛盾）。

（3）电影《囧妈》片段（体现亲子矛盾、父母的控制感）。

活动内容：

（1）观看小品《婆婆妈妈》的矛盾部分。让组员体验到家庭关系之间也是存在 AB 面的。A 面可能是幸福，B 面可能是苦恼。

（2）交流分享。组员互相分享在家庭人际关系中遇到的令人愉快的事情（A 面），以及自己家庭生活中的人际矛盾问题（B 面）。

（3）播放家庭矛盾情景的视频，让组员明白家庭矛盾必不可少。

（4）引导组员思考：冲突带来的伤害、关系冲突的来源（如观念冲突、习惯差异、权力资源争夺、付出与回报不对等）。

（5）引导组员思考如何解决家庭冲突问题，介绍几种解决问题的方法，如换位思考和沟通的技巧（注意语气、乐于赞美、把握边界、开放包容的心态等）

4. 总结（5 分钟）

活动内容：分享本次活动的感受和收获。

5. 作业

作业内容：要求组员思考一个想感谢的人（可以是家人、朋友，也可以是陌生的对你提供帮助的人），写出想对他说的话，以及为什么要感谢他，在下次上课前完成。鼓励组员可以鼓起勇气，当面对他/她诉说心里话，表达感恩之情。

（六）第六次活动：样样我能行

1. 回顾和导入（5 分钟）

活动材料：两可图。

活动内容：回顾之前课程所谈及的同伴关系、家庭关系的解决方法等等。同时引入在处理这些问题时，难免会存在抑郁、孤独、焦虑等情绪，那么该怎么缓解自己的情绪问题？随后，引入本节课的主题。通过观看有趣的“两可图”，让小组组员明白换个角度看问题，自有另一番天地。

2. 信念构建（10 分钟）

活动材料：《秀才进京赶考》视频。

活动内容：通过看《秀才进京赶考》的小视频引发组员的思考讨论，引出情绪 ABC 理论，感受情绪 ABC 理论的价值。

3. 情绪调节策略（15 分钟）

活动材料：纸张。

活动内容：简单介绍情绪 ABC 理论。随后，运用生活实例讲出老年人可能存在的不合理信念，包括绝对化要求、过分概括化、糟糕至极三个方面。

4. 主题活动“情绪大作战”（30 分钟）

活动材料：纸张。

活动内容：

（1）每人举例说出引起负面情绪的事件，并用 0—10 来建立该事件的等级（可提前收集）。

（2）进行信念挑战训练，用来改变适应不良的思维和信念。小组导师提出一些有助于信念挑战的问题，如“是否有另一种方式来看待问题”“可能发生的最坏的事情是什么，将会有多糟”“假如最坏的事情发生了将会怎样，会有多糟，你能应对吗”等。

（3）让组员重新评估该事件的负面情绪等级。如果同一事件重新评估后，负面情绪等级下降了，说明作战成功，信念挑战训练是有帮助的。

（4）小组导师可引导组员慢慢学会对待负面情绪的新的认知方式。

5. 总结（5 分钟）

活动内容：分享本节课的感受、收获；预告下节活动。

6. 作业

作业内容：要求组员回想自己近期感到最成功或最有成就感的时刻，分析自己为什么能成功并写出来。

（七）第七次活动：做自己的主人

1. 回顾和热身活动（5 分钟）

活动内容：回顾作业；开展热身活动“老年人手指操”。

2. 导入（10 分钟）

活动材料：视频《树的一生》。

活动内容：

（1）首先让组员观看视频《树的一生》，从种子、发芽、长大、结果到凋亡。

（2）随后小组导师总结，将大树的一生与人的一生（从婴儿、成年，再到今天）做对比，让组员分享观看视频的感受，以及大树在成长过程中，每个阶段的重要性。

3. 生命鱼骨线（30 分钟）

活动材料：笔和纸张。

活动内容：

（1）请组员在生命的圆点上写上出生日期和 0 岁。再根据自己的健康状况来预测自己和世界说再见的时间，并标注在箭头的终点上。

（2）请组员找出当前年龄的位置，用一个自己喜欢的标记标示在生命线上，并写上干预当天的日期和年龄。

（3）请组员进一步仔细回忆过去，以生命线上的时间点为初始点，标出生命历程中对被试具有影响的重要事情，用鱼刺表示，积极影响的事件朝上，消极影响的事件朝下，并以鱼刺的长短表示事件对被试影响的大小。

（4）要求组员思考以下三个问题：

生命历程中发生的重要事情对自己有什么影响，被试对这些事情的看法怎样？

回忆生命历程中，这些积极事件中的成功经历，被试当时是因为什么而取得成功的？

生命历程中，这些消极事件，被试又是如何应对的？

通过思考这些问题，组员可以认识到老年期也是具有重要作用的，从而增强自我接纳程度。

4. 人生五样（15 分钟）

活动材料：笔和纸张。

活动内容：

（1）小组导师对上面活动总结，并引出下面活动内容，具体指导语如下：

“通过刚才的生命历程回顾，我们对自己的过去有了更深层次的认识。接下来，让我们放松身心，让大脑处于宁静，在面前的白纸上，一笔一画地写上‘×××的人生五样’。”

（2）要求组员在白纸上以最快的速度写下自己生命中最重要的五样东西，不必考虑顺序，排名不分先后。同时，告知组员所列举的五样东西，可以是实在的物体（如食物、水或钱）、人和动物（如父母、妻子、儿女、丈夫或狗）、精神的追求（如宗教或理想）、爱好和习惯（如旅游、音乐或吃素）、抽象的事物（如祖国或哲学）和具体的物品（如一个瓷瓶或一组邮票）。总之，组员可以天马行空地想象，只要把自己内心珍贵的五样东西写出来即可。

（3）全部写完后，要求组员凝视手中的纸。指导语如下：

“此刻，在你面前，已经不再是一张白纸了，纸上有了你亲手留下的字迹。请你目不转睛地看着它们，屏住气，看上一分钟。记住那些笔画的每一笔顿挫和它们在你心中激起的涟漪。这支集结而起的小小队伍，就是你生命中的挚爱。它们藏在你心底，是你最大的秘密。也许在今天之前，你还没有认真地思考和珍惜过它们，但从这一刻开始，你知道了什么是你维系生命的理由，什么是你的幸福所在。”

（4）要求组员逐一删掉自己认为重要的东西。指导语如下：

“如果说，前面这一半还有温暖的回忆和惊喜的发现，那么，请原谅，后半部分就有严峻和凄冷，请你做好足够准备。假如，你的生活中出了一点意外。到底是什么呢？然后，你必须一样一样地将你认为重要的五样删掉。也许有人会问，究竟剩下哪一样东西才是正确的呢？排列顺序有没有最终的正确答案？从某种意义上说，心灵游戏都是没有答案的游戏。你按照你的思维逻辑和价值观的选择，做出了你的排列组合，只要不妨害他人，就没有对错之分，只有真实与虚伪、清晰与混乱、和谐与纷杂的区别。”

（5）小组导师对活动进行总结，引导组员通过人生回顾，增强生命意义感，同时通过对积极事件和消极事件的思考，增强其自我效能感。随后，小组导师邀请组员谈谈在整个过程中的感受。

5. 生命鱼骨线（10 分钟）

活动材料：笔和纸张。

活动内容：通过上个活动，组员真正明白自己生命中重要的东西，增强自我探索。在此基础上，小组导师引导组员展望未来，并继续完成剩下的生命鱼骨线任务，即要求组员在鱼骨线上标出现在的位置和尾端，写出对未来的畅想（比如未来的目标）。目标要尽量具体和可操作。

6. 结束阶段（5 分钟）

活动内容：总结回顾，展望未来；邀请组员分享自己的收获和感受。

7. 作业：

作业内容：明确自己的人生目标，思考自己如何才能达到目标，在下次活动前写在作业本上。

（八）第八次活动：回顾好时光，开启新篇章

1. 回顾（5 分钟）

活动内容：回顾上次作业。

2. 梳理整个团体活动的重要内容（25 分钟）

活动材料：活动手册。

活动内容：带领小组组员回顾所经历的活动；将之前课程中关于人际交往、情绪调节的方法，以及手机使用的方法等内容做成一个手册，发给小组组员。

3. 结束活动（15 分钟）

小组导师为此次活动作总结发言；合影留念。

第三节　干预结果

一　研究方法

（一）被试

本研究在西安某小区招募最近三年内从农村地区迁移至西安市区的进城老年人为被试。从 2021 年 12 月开始，直到 2022 年 5 月为止，总共招募了 32 名进城老年人，其中，干预组被试 16 名，包括 2 名男性和 14 名女性，平均年龄为 58.50 岁（$SD=3.12$）；控制组被试 16 名，包括 3 名男性和 13 名女性，平均年龄为 61.69 岁（$SD=3.46$）。

（二）测量工具

1. 文化适应量表

根据前面的研究，文化适应量表及其分量表具有良好的信度和效度，

可以有效反映进城老年人原文化保留和城市文化适应的水平。该量表的详细介绍见第五章第二节。

2. 文化适应的结果

除了文化适应直接的指标外，我们还关注了与文化适应相关的其他指标在干预前后的变化情况，为干预是否促进了进城老年人的文化适应提供一些间接证据。具体地说，我们主要关注了主观健康状况、老年刻板印象、自我完整性、幸福感（包括正性和负性情感以及正性和负性经验）和焦虑等对文化适应水平较为敏感的结构或变量。

（1）主观健康状况。使用“总体上，你觉得自己的健康状况如何”1个项目来测量被试的主观健康状况，被试在5点量表上对该项目进行评价（1 = “非常不健康”，5 = “非常健康”），分数越高，被试的主观健康知觉越积极。

（2）老年刻板印象。该量表的详细介绍见第六章第二节。在本研究中，该量表两次测验的Cronbach's α系数分别为0.78和0.77。

（3）自我完整性。使用自我完整性量表测量老年人的自我完整性。该量表的详细介绍见第八章第三节。在本研究中，该量表前后测的Cronbach's α系数分别为0.79和0.82。

（4）幸福感。采用纽芬兰纪念大学幸福度量表（简称MUNSH）测量被试的主观幸福感（Kozma and Stones，1988）。该量表的详细介绍见第八章第二节。在本研究中，前测正性情感、负性情感、正性体验、负性体验的Cronbach's α系数分别为0.75、0.88、0.73、0.95；后测正性情感、负性情感、正性体验、负性体验的Cronbach's α系数分别为0.70、0.88、0.68、0.92。

（5）焦虑。从焦虑自评量表（SAS）[①]中选择最具代表性（因子载荷）最高的五个项目[②]来测量被试的焦虑水平。详细介绍见第八章第二节。该量表前后测的Cronbach's α系数分别为0.67和0.60。

---

① Zung, W. W., "A Rating Instrument for Anxiety Disorders", *Psychosomatics: Journal of Consultation and Liaison Psychiatry*, Vol. 12, No. 6, 1971, pp. 371 – 379.

② Olatunji, B. O., Deacon, B. J., Abramowitz, J. S., et al., "Dimensionality of Somatic Complaints: Factor Structure and Psychometric Properties of the Self-Rating Anxiety Scale", *Journal of Anxiety Disorders*, Vol. 20, No. 5, 2006, pp. 543 – 561.

（三）干预的程序

随机将被试分为控制组和干预组。在干预开始前，对干预组和控制组被试进行前测，之后对干预组老年人实施每周两次，为期四周的干预。每次干预活动中，被试首先收到电话或短信邀请，在早晨来到小区的社区会议室，参加我们的团体心理辅导。然后在三个小时的活动里，被试需要全身心地投入到我们设计的任务、开展的游戏以及相关主题的干预视频中。在每次干预完成后，研究者都要给被试布置家庭作业，要求被试在每天晚上完成作业，并在下次团体心理辅导前交给我们。干预结束后，干预组被试填写后测问卷。每次干预结束后和完成作业后，都给予被试一个小礼物或一定数额的金钱作为奖励。控制组被试则在干预期间不参与任何活动。

（四）数据分析方法

采用 SPSS 23.0 进行数据处理和分析。

二　研究结果

（一）原文化保留

前后测中干预组与控制组原文化保留的平均数见表 12－1。将干预组前测的原文化保留的三个维度（语言、行为、认同）及其总分与控制组前测各对应分数进行比较，结果发现两者之间不存在显著差异。将干预组后测各维度得分及总分与控制组后测各对应分数进行比较，结果表明，干预组原语言保留的得分低于控制组（边缘显著）。其余后测指标在两组之间不存在显著差异。也就是说，通过干预，干预组原语言保留水平有所下降。

此外，在干预组和控制组各组内的文化适应水平的比较中，对于控制组而言，原文化保留的语言、行为、文化认同三个维度的得分及其总分在前测与后测之间不存在显著差异。同样，对于干预组而言，原文化保留的语言、行为、文化认同的得分及其总分在前测与后测之间不存在显著差异。

表12－1　　各组原文化保留情况的比较（*M*±*SD*）

		控制组（$n=16$）	干预组（$n=16$）	t
语言	前测	3.86（0.83）	3.53（0.53）	1.33
	后测	3.73（0.76）	3.31（0.42）	1.95⊞
	t	0.45	1.29	
行为	前测	3.91（0.50）	3.70（0.59）	1.08
	后测	3.76（0.58）	3.47（0.44）	1.65
	t	0.78	1.25	
文化认同	前测	3.60（0.53）	3.46（0.48）	0.84
	后测	3.37（0.48）	3.33（0.35）	0.24
	t	1.33	0.83	
原文化保留	前测	3.75（0.48）	3.54（0.47）	1.26
	后测	3.56（0.41）	3.37（0.33）	1.54
	t	1.24	1.23	

注：⊞$p<0.10$，$*p<0.05$，$**p<0.01$，$***p<0.001$；括号内为标准差。

（二）城市文化适应

前后测中干预组与控制组城市文化适应的平均数见表12－2。从整体来看，随着时间的发展，两组进城老年人文化适应的各种指标都有下降的趋势。但是相对来说，干预组进城老年人各项指标下降的幅度略低于控制组进城老年人。

将干预组前测的城市文化适应的三个维度（语言、行为、认同）及其总分与控制组前测各对应分数进行比较，结果发现两者之间不存在显著差异。将干预组后测各维度得分及总分与控制组后测各对应分数进行比较，结果表明，干预组城市语言适应的得分显著高于控制组。剩余后测指标在两组之间不存在显著差异。这些结果表明干预训练可以有效地促进进城老年人的城市语言适应水平。

此外，在干预组和控制组各组内的文化适应水平的比较中，对于控制组而言，在城市文化适应的各维度得分及总分的前后测比较中，除城市文化认同不存在显著差异外，语言适应、行为适应、城市文化适应总分在前后测间均存在显著差异。具体而言，后测的城市语言适应、城市行为适应、城市文化适应得分均低于前测，表明随着时间的流逝，控制组的进城老年人城市文化适应情况变差。

表 12－2　　各组城市文化适应的比较情况（$M \pm SD$）

		控制组（$n=16$）	干预组（$n=16$）	t
城市语言	前测	3.31（0.89）	3.73（0.65）	－1.53
	后测	2.56（1.13）	3.28（0.52）	－2.30*
	t	2.08*	2.16*	
城市行为	前测	3.76（0.54）	3.47（0.49）	1.4
	后测	3.24（0.42）	3.31（0.37）	－0.51
	t	2.49*	0.66	
城市认同	前测	3.75（0.35）	3.69（0.42）	0.41
	后测	3.57（0.43）	3.47（0.41）	0.65
	t	1.31	1.51	
城市文化适应	前测	3.63（0.51）	3.60（0.48）	0.19
	后测	3.25（0.49）	3.38（0.39）	－0.91
	t	2.53*	1.55	

注：⊞$p<0.10$，*$p<0.05$，**$p<0.01$，***$p<0.001$；括号内为标准差。

对于干预组而言，在城市文化适应的各维度得分及总分的前后测比较中，除城市语言适应存在显著差异外，行为适应、文化认同和城市文化适应总分在前测与后测之间均不存在显著差异。

最后，我们将干预组老年人与控制组老年人的前后测城市语言适应水平进行比较，结果发现，尽管干预组老人在干预后，城市语言适应水平也下降了，但下降幅度明显小于没有接受干预的控制组老年人，说明干预很好地减缓了老年人的城市语言适应困难。

综上所述，相对于控制组老年人而言，干预组中的进城老年人在接受了干预训练后除了城市认同之外的所有指标均有所改善。这表明，相对于控制组而言，干预训练可以有效地促进进城老年人城市文化适应。

（三）文化适应结果变量的比较

文化适应结果相关变量的结果见表 12－3。

表 12-3　　　　文化适应的结果比较（$M \pm SD$）

		控制组（$n=16$）	干预组（$n=16$）	t
自评健康状况	前测	3.25（0.87）	2.88（1.03）	-1.12
	后测	2.81（0.98）	3.44（0.82）	1.96⊞
	t	-1.70	3.09**	
老年刻板印象	前测	2.81（0.38）	2.57（0.42）	-1.69
	后测	2.78（0.40）	2.48（0.32）	-2.24*
	t	0.05	0.77	
自我完整性	前测	5.33（0.65）	5.37（1.03）	0.15
	后测	5.20（0.70）	4.95（0.69）	-1.03
	t	0.71	1.68	
正性情感	前测	8.25（2.72）	7.42（2.99）	-0.83
	后测	7.81（2.56）	6.50（3.46）	-1.22
	t	0.65	1.06	
负性情感	前测	3.25（2.77）	1.84（2.28）	-1.57
	后测	2.81（2.40）	2.06（3.15）	-0.78
	t	0.66	-0.44	
正性体验	前测	9.44（3.41）	9.96（3.80）	0.41
	后测	10.50（3.69）	10.06（4.50）	-0.30
	t	-1.51	-0.09	
负性体验	前测	3.13（3.36）	3.19（4.53）	0.26
	后测	2.63（2.96）	2.56（3.48）	0.80
	t	0.88	0.63	
焦虑	前测	1.74（0.43）	1.59（0.46）	-0.83
	后测	1.61（0.50）	1.59（0.43）	-0.15
	t	1.30	0.00	
	t	0.88	0.63	

注：⊞$p<0.10$，*$p<0.05$，**$p<0.01$，***$p<0.001$；括号里面为标准差。

首先，将控制组各变量的前测得分与干预组的相应变量的前测得分进行比较，结果表明，控制组和干预组的各个变量在前测的得分不存在显著差异。将控制组各变量的后测得分与干预组的相应变量的后测得分进行比较，结果表明，相比于控制组，干预组的自评健康状况更好，老年刻板印象更低。这说明，干预可能提升了干预组老年人的自评健康水平，同时在一定程度上降低了个体的老年刻板印象。

其次，在控制组和干预组的前后测水平比较中，本研究结果表明，所有变量在控制组的前测与后测之间不存在显著差异；然而，在干预组中，自评健康状况在干预的前后测之间存在差异，其余变量前后测的差异也均不显著。具体而言，相比于前测，干预组老年人在接受干预训练后，自评健康水平有所改善。

三 小结与讨论

近年来，伴随着中国经济的快速发展，大量老年人都从农村转移到城市生活。在这一过程中，能否适应居住地的文化环境，对进城老年人的身心健康状况及幸福感水平都有着重要的意义。基于这一背景，本节研究围绕进城老年人在城市生活中的就医、饮食、居住、出行可能存在的问题展开了系列的培训，帮助进城老年人更好地适应本地文化并快速融入城市生活，从而提高进城老年人的幸福感与归属感。

首先，本研究发现，随着时间的推移，进城老年人文化适应的各种指标都有向消极方向转变的趋势。不论是在原文化保留还是在城市文化适应的所有指标上，进城老年人都表现出了一定程度的下降。这种现象的出现很可能是进城老年人生活空间的转移，熟悉的环境发生了变化，导致他们的身体主动性减弱、自我价值感降低、认同感缺乏。同时，缺乏经济、情感以及服务性支持进一步降低了他们控制与应对情景压力的能力，① 从而导致进城老年人文化适应的各项指标出现下降。

其次，干预训练显著地促进了进城老年人语言的适应进程。这主要表现在两个方面：一方面，在原语言保留上，干预组老年人对于原文化中语言的保留水平显著低于控制组老年人；另一方面，干预组老年人城市语言适应水平显著高于控制组。以往研究表明，语言适应问题一直是流动人口所面临的一个关键问题。由于语言是在居住地生存和融入的基

---

① 唐咏：《“候鸟型”老人社会支持、心理健康与社会工作介入的研究》，《经济与社会发展》2007 年第 6 期。

本工具，良好的语言适应有利于流动人群的心理健康。① 因此，对于进城老年人而言，语言适应也是非常重要的文化适应工具。基于此，我们也将进城老年人语言适应作为一个重要的干预对象。结果表明，经过干预训练后，进城老年人的原语言保留水平显著低于控制组。这表明，经过干预，进城老年人可能对保留的原农村语言持有了更加积极和开放的态度，更容易接受新居住地语言，进而表现出了对城市语言的适应。

再次，干预训练对进城老年人总体的城市文化适应具有正向影响。对于从农村来到城市生活的老年人来说，由于居住环境较之前变化很大，且城乡居民之间存在着语言习惯、文化水平、价值观念、生活方式等诸多方面的不同，这让大多数进城老人来到城市生活后出现了明显的不适应感，表现出了一定程度的融入困难。干预组老年人在城市文化适应中，行为适应、文化认同和城市文化适应总分在前测与后测之间均不存在显著差异。而控制组老年人后测的城市语言适应、城市行为适应、城市文化适应得分均低于前测。这一结果表明，随着时间的流逝，在不进行任何干预的情况下，进城老年人城市文化适应情况会变差。而相对来说，参与干预训练的进城老年人的文化适应没有表现出明显的下降。这说明，尽管干预训练没有导致进城老年人文化适应绝对水平的显著提高，但是抑制了进城老年人文化适应水平的下降。相对于未参加干预训练的进城老年人来说，干预训练在减缓进城老年人文化适应水平变差的趋势上起到了积极的作用。因此，针对性的干预训练可以减缓老年人城市文化适应的下降速度，对于提高进城老年人的城市文化适应水平可以起到一定的效果。

最后，除了文化适应的直接指标外，研究结果也表明干预训练在一定程度上可以改善进城老年人与文化适应相关的心理结构的水平。具体来说，干预训练提高了进城老年人主观感知到的健康状况。同时，与控制组老年人相比，干预训练显著减少了进城老年人消极老化认知态度。这一结果表明，针对文化适应的干预训练不但可以显著改善进城老年人文化适应各个指标的水平，也可以改善或提高进城老年人与文化适应相

---

① Yoon, E., Chang, C. T., Kim, S., et al., "A Meta-analysis of Acculturation/Enculturation and Mental Health", *Journal of Counseling Psychology*, Vol. 60, No. 1, 2013, pp. 15 – 30.

关的心理结构的状况。

总之，本研究所开发的文化适应的干预训练方案可以显著改善进城老年人的文化适应水平，也可以提高进城老年人的主观健康水平和改善老化态度。然而，干预方案还存在不足之处，需要在未来研究中加以完善。一方面，我们的干预研究仅仅针对促进进城老年人的城市文化适应做了尝试，忽视了对进城老年人原文化保留的干预。根据 Berry（1990）的文化适应双维度模型理论，最理想的文化适应模式是个体在保持自己原文化特征的同时能够与新文化积极有效互动，在两种文化间达到一种平衡、和谐的状态。因此，文化适应的干预不仅要促进个体对新文化的适应，也需要帮助个体维持原文化群体的特征以及与原文化的情感联系，这样有助于个体汲取新文化和母文化中的精华并进行整合，获得一种生活上的稳定性和连贯感。未来研究应在文化适应双维度理论的指导下，针对进城老年人的文化适应设计一套双向干预方案，将促进城市文化适应与保留原文化特征相结合，帮助进城老年人形成健康的文化适应模式。

另一方面，干预研究仅以进城老年人本身为主体，忽视了对其他潜在的干预对象的探索。应对文化适应的挑战，除了需要进城老年人自身的努力，还需要有来自家庭成员和社区的帮助，以及社会政策的支持，方能形成良性循环，达到长期发展的效果。因此，回答“应对进城老年人文化适应的挑战”这个问题，仅靠一项只针对进城老年人自身的心理干预策略是不足够的，还需要从社会政策层面、社区管理方面以及家庭成员视角，多方位思考可能的应对策略和改进方案，为进城老年人的文化适应构建良好的环境基础和有力的外在支持。基于此，本书在结语部分针对研究的这项局限提出了促进进城老年人文化适应的社会政策和管理建议。

第四节　本章小结

本章研究围绕进城老年人的文化适应问题的干预展开了系统的探讨，指出了针对文化适应问题进行干预研究的必要性，并在此基础上，结合团体心理辅导和埃利斯的合理情绪理论设计了详细的干预方案。干预方案涉及老年人的医、食、住、行、家庭关系、社会交往、认知以及情绪多个方面，紧密地围绕文化适应的语言、行为以及文化认同三个重要组成部分，对提升进城老年人文化适应水平，促进进城老年人融入城市生活，提高进城老年人的幸福感和归属感产生了重要的影响。同时，本章研究所开发的干预方案丰富了进城老年人文化适应的干预研究，为改善进城老年人文化适应水平，提高进城老年人心理健康，促进积极老龄化提供了指导。

结　　语

一　研究意义

随着我国城镇化进程的快速发展，大量农村老年人由于各种原因（如照顾晚辈、养老、就业等）随子女迁入城市生活，形成了“进城老年人”这一特殊流动群体。虽然目前没有官方数据明确报告最新的进城老年人在流动人口中的比例，但可以肯定的是，加入随迁行列的农村老年人已经成为城市流动老年人群的重要组成部分。由于其所经历的多元生活背景的特殊性，进城老年人除了可能处于社会网络断裂和社会保障缺乏的窘境外，还需要面对新的城市环境中语言、饮食、风俗习惯、价值观念等城市文化特征适应困难的挑战。这些在新环境中需要面对的问题是影响进城老年人身心健康水平的重要风险因素。本书围绕进城老年人文化适应的挑战，采用横断设计、纵向追踪设计和群组序列设计等研究设计，以及访谈法、心理测量、潜类别增长模型、响应面分析、网络分析和准实验干预等研究方法和统计方法，系统地检验了进城老年人文化适应的心理结构、现状与特征、动态发展轨迹、影响因素，以及文化适应对进城老年人身心健康和生活质量的效应，并在此基础上进一步探讨了促进进城老年人文化适应的心理干预策略。研究的重要意义在于回答了关于进城老年人文化适应的几个关键问题，即进城老年人文化适应的心理结构是什么，进城老年人的文化适应的主要挑战有哪些，哪些因素会影响进城老年人文化适应水平，文化适应水平与进城老年人生活质量之间的关系及其机制是怎样的，进城老年人文化适应水平对生活质量和情绪健康会有怎样的影响，以及在现实生活中我们该如何促进进城老年人的文化适应水平等。这些问题的解决对于提高进城老年人的生活质量，改善政府社会治理水平，以及促进社会的和谐稳定都具有重要的理论意义和实践价值。

（一）进城老年人文化适应的心理结构

参考移民文化适应心理研究的理论，本研究系统地探讨了进城老年人文化适应的心理结构。我们的研究发现，进城老年人文化适应的心理结构是一个“三维度双线性模型”。具体而言，进城老年人文化适应的心理结构由原文化保留和城市文化适应两个大维度构成，每个大维度又包括语言、行为和认同三个子维度。原文化保留和城市文化适应是相互作用又相互独立的两个心理结构，两者的相互作用共同决定了进城老年人文化适应的水平。因此，为了全面描述进城老年人的文化适应特征，需要从语言、行为和文化认同三个方面同时测量原文化保留水平和城市文化适应水平，在此基础上确定或判断个体或群体文化适应的基本状况。

（二）进城老年人文化适应的挑战

通过横向和纵向两种不同的研究视角对进城老年人的文化适应现状、发展轨迹和效应开展系列调查，本研究系统揭示了进城老年人在文化适应过程中所面临的困境。

首先，通过与城市间迁移老年人进行横向对比，我们发现，进城老年人对与自己生活差异较大的城市文化的适应情况较差，主要表现在对城市文化的价值观念认同度较低。尽管环境的改变可能迫使进城老年人在语言、行为上做出调整，但是进城老年人面临巨大的环境变化，难免会给他们带来潜在的认知冲突和适应困难。

其次，不管是语言、风俗和行为习惯方面，还是价值观念方面，进城老年人依然在很大程度上保留着家乡文化的特征，这说明他们对自己的原文化内容有着很强的根基性情感联系。在陌生的环境中这种联系还可能会被强化，更加不利于进城老年人对城市文化的适应。纵向追踪研究的结果也表明，进城老年人文化适应的发展情况不容乐观。大部分进城老年人的文化适应水平保持稳定，只有少部分人的文化适应情况好转，甚至还有一部分老年人的适应状况变得更糟糕。

重要的是，不理想的城市文化适应状况会给进城老年人的日常生活、心理和身体健康都造成一定程度的困扰。进城老年人在不适应的环境中生活，其自我完整性和自主性水平会降低，他们的主观幸福感、对生活的希望感也会下降，孤独感变强，从而更容易出现负面情绪等心理健康问题。无论与城市本地老年人、城市间流动老年人相比，还是与自己进城前的生活状态相比，进城老年人的城市生活质量和心理健康状况均处于较差的状态。如何在陌生的、格格不入的城市环境中克服文化差异造成的种种生活和社交障碍，提高生活质量和幸福感水平，是进城老年人面临的最重要挑战。

最后，进城时间不同，文化适应的能力有别，文化适应发展的轨迹也会略有差异。为了探讨不同进城时间对农村老年人文化适应的影响，我们采取了群组序列设计数据分析方法，关注了不同初始进城时间老年人文化适应的差异及其发展变化的特征。结果发现，在城市生活时间越长，进城老年人在文化适应各个维度的适应状况越好。具体来说，初始进城时间较长的老年人文化适应的水平要高，在随后的一年时间里，也有更积极的文化适应表现。同时，在该研究中，我们发现，当老年人在城市生活超过三年时间后，城市文化适应就会达到一个较为稳定水平，在后续的时间里很难再有提高和变化。这提示我们，三年可能是进城老年人完全适应城市文化的一个较为充分的时间长度。也就是说，在没有任何外在干预的情况下，进城老年人一般都需要三年左右的时间才能较好地适应所居住城市的文化特征。更为有价值的是，我们还发现初始进城时间为一年到两年的农村老年人对城市文化各个维度适应的水平最低。这很可能是由于农村老年人在城市生活一年到两年后会经历明显的新旧文化的冲突：原文化内容尚未解构或消失的同时新的文化价值观没有得到确认，造成了此阶段进城老年人文化适应状况较差。基于此，未来对进城老年人的心理抚慰可重点关注此类人群，在有效提高心理干预效率的同时，显著地节省社会资源和工作成本。

（三）影响进城老年人文化适应的因素

进城老年人文化适应的挑战主要源自难以逾越的城市文化与农村文化长久以来积淀的鸿沟。也就是说，农村文化和城市文化在多个领域都存在着差异和冲突，进城老年人往往会经历强烈的文化冲击，需要直面诸如语言不通、生活习惯迥异、社会支持网络断裂、风俗观念冲突等问题。这就造成进城老年人文化适应的难度和压力比其他流动群体都要大，更容易出现适应不良。同时，进城老年人文化适应不良所产生的消极影响会更严重。

除了城乡文化差异带来的挑战之外，我们的一系列研究也发现一些个体内部因素和外在因素均会对进城老年人城市文化适应水平和发展变化造成一定程度的阻碍。在个体因素上，心理资源不足是进城老年人陷入文化适应困境的重要诱因。具体而言，自尊水平较低、心理一致感较差，以及自我刻板印象较高的进城老年人城市文化适应较差，同时，具有这些特征的进城老年人文化适应的发展趋势不容乐观。缺乏积极心理资源的老年人自我调节能力和压力应对能力较差，因此无法有效应对文化冲击和文化适应压力，从而不利于其文化适应过程。

在外在环境因素上，缺乏家人支持和社会支持也为进城老年适应城市文化增加了难度。进城老年人的子女常常忙于生计，无暇关心老年人的适应状况，同时进城老年人往往不能享有城市居民的养老、卫生、医疗等公共福利，在城市社会环境中处于弱势地位。没有家人的合理引导和实际帮助，缺乏来自社会的关爱和支持，进城老年人会感受到迷茫、无助与孤独，在新环境中的安全感、自主性和自信心越来越低，很难顺利融入城市文化之中。总而言之，进城老年人文化适应挑战的成因是复杂多样的，客观的文化差异问题、自身心理素质不足、缺乏外在环境的支持这三个方面的压力共同造就了进城老年人文化适应的困境。

（四）文化适应的心理行为效应

以往关于移民的大量文献发现，文化适应状况与个体广泛的心理结构有着显著的关系。基于此，我们也关注了文化适应与进城老年人情绪健康、生活质量的关系。与以往研究不同，我们同时探讨了老年人对新的城市文化适应水平和对原文化保留状况的效应。我们的结果发现，进城老年人对城市文化适应的效应受到其对原文化保留水平的制约。城市文化适应与原文化保留两者相互作用，决定了进城老年人情绪健康的水平和生活质量的状况。进城老年人原文化保留水平越高，城市文化适应的效果越差，其幸福感、孤独感和希望水平越不理想。只有对两种文化都持有开放态度的进城老年人，城市文化适应的表现才比较理想，生活质量也较高，情绪也越健康。响应面分析结果显示，两种文化适应的影响不是独立的，二者的一致性会对老年人情绪困扰和积极心理品质产生影响。这一结果提示我们，在开展相关领域干预时，要充分考虑原文化对进城老年人适应的桎梏，充分协调好城市文化适应与原文化保留之间的关系，更好地促进进城老年人的文化适应。

（五）如何应对进城老年人文化适应挑战

根据我们的研究结果，进城老年人面临一定程度的文化适应困难，身心健康和生活质量也受到了消极的影响。为了帮助进城老年人快速适应城市生活环境，有效应对新文化中所遇到的各种压力，需要对他们的城市文化适应进行心理干预。针对研究所揭示的进城老年人城市文化适应的困境、影响因素和结果变量，干预方案的设计思路主要体现在两个方面。首先，干预研究旨在直接促进进城老年人在城市文化适应的各个维度上的表现水平。除了对进城老年人的文化适应现状进行初步探索，我们的研究也对文化适应指标进行了网络分析，深入揭示了进城老年人文化适应的核心指标，帮助我们甄别了老年人的文化适应到底“难”在哪儿，为精准干预研究提供重要参考价值的靶点性指标。根据网络分析的结果，语言方面的适应在城市文化适应的表现指标中处于核心地位。掌握迁入地语言可以帮助进城老年人解决因交流不畅导致的生活难题，并且有利于他们建立良好的人际关系，为城市文化适应奠定良好的基础。因此，文化适应干预的其中一个重点就是要帮助进城老年人适应迁入城市的语言，同时从城市日常生活的其他方面（衣、食、住、行）进行协同干预，全面提升进城老年人对城市文化的融入。其次，在对进城老年人的城市文化适应指标进行直接干预的同时，改善进城老年人文化适应相关的心理结构必不可少。我们对文化适应影响因素和心理效应机制的研究结果表明，适应新文化是一个复杂的过程，不仅涉及外部环境的改变，还涉及个体内部的认知和情感因素（如感知家庭支持、自我完整性、情绪调节能力等）。因此，同时干预文化适应相关的心理结构有助于提高进城老年人在新文化环境中的情绪健康和幸福感，可以更全面地支持进城老年人的生活过渡和文化适应过程，提高他们的生活质量。

根据以上思路，我们在以往针对流动人口文化适应干预策略的基础上开发了一套针对进城老年人城市文化适应的心理干预方案。该套干预方案致力于增加进城老年人对所在城市文化特征的熟悉水平、提高进城老年人的人际交往技能、社会技能以及促进进城老年人生活适应能力和社会适应能力。具体而言，干预方案采用团体心理辅导的形式，以语言适应为核心的生活适应（医、食、住、行）训练为起点，以社交技能、认知能力和情绪调节能力的培养为重心，辅以家庭关系、自我完整性和生活意义感改善技能的学习，对进城老年人的文化适应水平进行了系统的干预。干预研究的结果表明，与未参加干预的控制组的进城老年人相比，接受了干预训练后的进城老年人在城市文化适应总体水平和相关领域的表现都有一定程度的维持和改善，与文化适应相关的积极心理功能的水平也得到了提高。这表明，本项目开发的心理干预方案可以有效地维持进城老年人城市文化适应水平，帮助进城老年人应对文化适应挑战，提高心理健康水平，这对国内不同地区进城老年人文化适应干预的研究都具有借鉴意义。

二　促进进城老年人文化适应的政策建议

（一）对公共政策制定的建议

作为流动人口中最容易经历文化适应困难的群体，进城老年人的身心健康和生活质量不仅需要得到研究者的关注，还需要在社会政策层面和基层管理工作方面给予足够的重视。加强对进城老年人群体的深入了解，关注该群体的生活质量及适应难点，切实解决他们面临的困境，需要公共政策和社区服务项目的协调合作。

从现行公共政策来说，对进城老年人等流动老年人存在较多限制，很多社会保障和公共服务对进城老年人不兼容，使得该群体在社会融入方面存在较大困难。政府应完善针对进城老年人群体的社会保障政策及制度，打破户籍限制，为进城老年人提供便捷的公共服务，保证他们能够享受到流入地社会福利待遇，感受到良好的接纳态度，帮助其适应新环境。具体而言，政府及相关部门应在以下三个方面开展更多创新性工作。

第一，健全进城老年人等流动老年人群体的社会保障制度。针对流动老人无法享受迁入地的老年人社会福利政策（如免费公交卡、景区免费门票）的户籍限制问题，政府应积极承担起社会保障方面的相应责任，制定社会福利和养老政策的跨区域应对方案，逐步放开社会福利政策的户籍限制，保护进城老年人和其他流动老年人应享有的社会权益。

第二，健全进城老年人的医疗保障制度。进城老年人在异地生活，面临的最大难题是异地医疗不便利。政府应加快连通异地就医医疗保障体系，尽快出台相关政策，运用“互联网 +”等技术，简化异地就医以及医疗报销的程序，改进进城老年人医药费报销办法，切实解决进城老年人看病就医问题。

第三，完善进城老年人管理政策，将进城老年人纳入社区服务和管理范围。进城老年人作为外来人口，不属于本地基层与社区管理和服务的对象，他们遇到问题常常不知道向谁求助和如何求助。因此，应明确流动老年人管理的责任主体，将管理和服务流动老年人划入本地社区的工作职责内，促进基层部门切实解决进城老年人生活中遇到的现实难题。

（二）对基层社区工作人员的建议

基层社区及相关服务部门应加强对进城老年人这一群体的关注与沟通联系，组织更加有针对性及丰富多样的日常活动，多方面促进进城老年人融入新环境。具体而言，针对进城老年人的社区管理和服务工作可以从以下五个方面来完善。

第一，促进社会工作介入，为进城老年人提供经济支持、服务支持以及情感支持。例如，开办知识技能讲座，提高老年人的工作能力，提供工作机会；设置进城老年人或流动老年人服务中心，为进城老年人解决生活中面临的难题；组织开展小型娱乐活动如广场舞比赛、棋牌竞赛或常见生活问题的科普讲座等，增加进城老年人与本地老年人交流的机会，促进进城老年人的社会融入感，减少进城老年人的孤独感。

第二，帮助进城老年人提高人际关系和社会资源的建构能力。组织进城老年人作为志愿者或服务对象参与志愿服务活动，加强进城老年人群体内部以及其与本地人的交流，在心理层面排解进城老年人的孤独、焦虑和价值感缺失等负面情绪，增强其社会适应能力。

第三，充分发挥社区老年活动中心的作用。逐步扩大、普及老年活动中心，在增进不同老年群体相互交流的同时，有助于老年人通过锻炼增强体魄，从而促进进城老年人身心健康发展。

第四，社区工作人员应充分利用直接接触进城老年人的优势，关注存在城市适应不良的“老漂族”个体，了解其所面临的实际问题和挑战，通过个别化干预，帮助其正确认识和坦然面对生理机能衰退、生活环境改变等问题，学习环境适应的方法和技巧，激发其内在潜能。

第五，加强与进城老年人家属的沟通。家属的支持和帮助是促进进城老年人文化适应的重要因素。社区工作人员应和进城老年人的家属互通信息，交流老年人的适应情况，作为引导者和协调者，向家属传授相关的专业知识和经验，帮助进城老年人融洽家庭关系，通过家人的支持和帮助来减轻他们在陌生环境中的迷茫感与无助感，尽快适应新环境。

（三）对促进脆弱阶段进城老年人文化适应的建议

需要强调的是，在进城老年人中，进城一年到两年的老年人群的文化适应需要得到特别的关注和支持。这部分新进城的老年人面临最严重的文化适应挑战：他们经历着社交网络的瓦解、价值观念的冲击以及城市生活习惯的挑战等问题，处于适应新文化最敏感的时期。因此，对这部分老年人进行个性化的支持和干预计划是非常重要的。具体来说，个性化的干预有助于帮助该类进城老年人打好城市文化适应的基础，使其城市生活适应的进程发展得更加顺利。为了促进进城老年人的文化适应，以下是社区可以采取的举措：

第一，帮助这类进城老年人建立文化适应的积极态度。社区可以组织这类进城的老年人开展专门的教育培训活动，帮助他们及时了解城市文化的价值观、习惯和社会规范等，鼓励他们积极看待文化适应过程和消除畏难情绪，帮助他们树立乐观的文化适应态度和自信心。

第二，为这类进城老年人提供语言支持和培训。语言是文化适应的重要基础，社区可以通过开展方言课堂和方言练习等培训活动，为这些进城老年人提供语言支持，帮助他们更好地理解和使用城市语言，更快地融入城市生活。

第三，为该类进城老年人提供生活指导。社区可通过开展讲座、制作宣传指导手册等形式，为这些进城老年人提供有关城市居住、交通、医疗、购物和社会公共服务的详细信息和注意事项，帮助他们消除日常生活中可能会遇到的文化障碍，确保他们能够适应城市的生活方式。

第四，为该类进城老年人提供心理健康支持。新进城的老年人的心理压力较大，更容易出现情绪障碍等其他心理健康问题。社区可以为这部分老年人提供心理健康服务，包括心理治疗、心理咨询等。

（四）关于应对原文化危机的建议

学习并适应新文化很重要，但同时帮助进城老年人正确利用原有的社会文化背景优势，也可以促进进城老年人有效应对文化适应困难，融合城市文化和原文化，从而形成最健康的文化适应模式。社区可从以下两个方面开展工作，促进进城老年人的原文化背景对城市文化适应的积极作用。

第一，尊重进城老年人的原文化，帮助他们建立原文化自信。社区在日常的管理中应注意尊重进城老年人的农村文化和传统，鼓励他们与其他社区成员分享自己的原文化和经验。还可以开展文化交流和展示活动，让进城老年人有机会展示自己家乡的文化传统、故事和经验，从而更加积极地看待自己的原文化背景，让家乡文化成为他们适应新文化的重要力量，而不是城市文化适应的绊脚石。

第二，帮助进城老年人建立原文化团体，获得原文化的社会网络支持。社区可以组织老乡群、老乡会等活动，让进城老年人有机会与拥有相似文化背景的人互动交流，减轻文化孤立感。在这些活动中，已经融入新环境的老年人也可以给初来新环境的老年人提供很多有效的建议，帮助他们少走弯路、尽快适应新环境。此外。在对进城老年人进行社会服务的过程中，尽量将社工的文化背景与进城老年人的文化背景相匹配，这样同样可以帮助老年人在原有生活经验的基础上更快地融入新的环境。

参考文献

一 中文著作

陈序经：《文化学概观》，岳麓书社 2010 年版。

马春文、张东辉主编：《发展经济学》，高等教育出版社 2005 年版。

徐光兴：《跨文化适应的留学生活——中国留学生的心理健康与援助》，上海辞书出版社 2000 年版。

周险峰等：《农村教师研究 30 年：回顾与反思》，华中科技大学出版社 2011 年版。

二 中文论文

池上新：《文化适应对随迁老人身心健康的影响》，《中国人口科学》2021 年第 3 期。

蔡玉清、董书阳、袁帅等：《变量间的网络分析模型及其应用》，《心理科学进展》2020 年第 1 期。

段良霞、景晓芬：《西安市随迁老人社会融入的影响因素》，《中国老年学杂志》2018 年第 6 期。

冯富荣、朱呈呈、侯玉波：《控制感与老年人生命意义感：自我认同和政策支持的作用》，《心理科学》2020 年第 5 期。

范舒茗、王逸欣、焦璨：《"老漂族"领悟社会支持对认知功能的影响：有调节的中介模型》，《中国临床心理学杂志》2021 年第 1 期。

高振峰、魏婉怡、朱邱晗：《体育参与与农村随迁老人的城市融入——一项基于 B 市 L 社区的探索性研究》，《体育与科学》2019 年第 6 期。

刘成斌、巩娜鑫：《老漂族的城市居留意愿和代际观念》，《中国人口科学》2020 年第 1 期。
李荣彬、张丽艳:《流动人口身份认同的现状及影响因素研究——基于我国 106 个城市的调查数据》,《人口与经济》2012 年第 4 期。
景晓芬:《老年流动人口空间分布及长期居留意愿研究——基于 2015 年全国流动人口动态监测数据》,《人口与发展》2019 年第 4 期。
史凯旋、张敏:《社区环境对“老漂族”休闲活动模式的影响机制——基于南京市典型社区的实证研究》,《城市问题》2021 年第 10 期。
吴捷:《老年人社会支持、孤独感与主观幸福感的关系》,《心理科学杂志》2008 年第 4 期。
吴要武:《独生子女政策与老年人迁移》,《社会学研究》2013 年第 4 期。
徐冉、张宝山、林瑶:《家人情感卷入对老年自我刻板印象的影响:基于潜变量增长模型的分析》,《心理学报》2021 年第 11 期。
徐静、徐永德:《生命历程理论视域下的老年贫困》,《社会学研究》2009 年第 6 期。
叶宝娟、方小婷:《文化智力对少数民族预科生主观幸福感的影响:双文化认同整合和文化适应压力的链式中介作用》,《心理科学》2017 年第 4 期。
张何雅婷、张宝山、金豆等:《领悟社会支持在老年人的居住地情感认同和控制感之间的中介作用:一个纵向模型》,《心理与行为研究》2020 年第 6 期。

三 外文著作

Berry, J. W., *Acculturation as Varieties of Adaptation*, in A. M. Padilla, ed. *Acculturation: Theory, Models and Some New Findings*, Boulder, CO: Westview, 1980.
Berry, J. W., *Stress Perspectives on Acculturation*, in D. L. Sam and J. W. Berry, eds. *The Cambridge Handbook of Acculturation Psychology*, New York: Cambridge University Press, 2006.
Berry, J. W. and Kostovcik, N., *Psychological Adaptation of Malaysian Students in Canada*, in A. Othman, ed. *Psychology and Socioeconomic Development*, Bangi: Penerbit Universiti Kebangsaan Malaysia, 1990.

Sherman, D. K. and Cohen, G. L., *The Psychology of Self-defense*: *Self-affirmation Theory*, in M. P. Zanna, ed. *Advances in Experimental Social Psychology*, San Diego, CA: Academic Press, 2006.

Berry, J. W., Poortinga, Y. H., Segall, M. H., et al., *Cross-cultural Psychology*: *Research and Applications* (2nd ed.), New York: Cambridge University Press, 2002.

Gordon, M. M., *Assimilation in American Life*: *The Role of Race*, *Religion*, *and National Origins*, New York: Oxford University Press, 1964.

Kim, B. S. K. and Abreu, J. M., *Acculturation Measurement*: *Theory*, *Current Instruments*, *and Future Directions*, in J. G. Ponterotto, J. M. Casas, L. A. Suzuki, C. M. Alexander, eds. *Handbook of Multicultural Counseling*, Thousand Oaks, CA: SAGE, 2001.

Kim, Y. Y., *Cross-cultural Adaptation*: *An Integrative Theory*, in R. L. Wiseman, ed. *Intercultural Communication Theory*, Thousand Oaks, CA: SAGE, 1995.

Lewis, T. J. and Jungman, R. E., *On Being Foreign*, Yarmouth, ME: Intercultural Press, 1986.

Myers, R. H., Montgomery, D. C., Anderson-Cook, C. M., *Response Surface Methodology*: *Process and Product Optimization Using Designed Experiments*, John Wiley & Son, 2016.

Sam, D. L. and Berry, J. W., eds., *The Cambridge Handbook of Acculturation Psychology*, Cambridge, United Kingdom: Cambridge University Press, 2006.

Thomas, W. I., Park, R. E. and Miller, H. A., *Old World Traits Transplanted*, Montclair, NJ: Patterson Smith, 1921.

四 外文论文

Berry, J. W., "Acculturation and Adaptation: A General Framework", *Mental Health of Immigrants and Refugees*, 1990.

Berry, J. W., "Psychological Aspects of Cultural Pluralism: Unity and Identity Reconsidered", *Topics in Culture Learning*, Vol. 2, 1974.

Berry, J. W., "Understanding and Managing Multiculturalism: Some Possible Implications of Research in Canada", *Psychology and Developing Societies*, Vol. 3, No. 1, 1991.

Berry, J. W., "Acculturation and Adaptation in a New Society", *International Migration*, Vol. 30, 1992.

Berry, J. W., "Immigration, Acculturation, and Adaptation", *Applied Psychology*, Vol. 46, No. 1, 1997.

Berry, J. W., "Acculturation: Living Successfully in Two Cultures", *International Journal of Intercultural Relations*, Vol. 29, No. 6, 2005.

Berry, J. W. and Sabatier, C., "Variations in the Assessment of Acculturation Attitudes: Their Relationships with Psychological Wellbeing", *International Journal of Intercultural Relations*, Vol. 35, No. 5, 2011.

Berry, J. W., Kim, U., Minde, T., et al., "Comparative Studies of Acculturative Stress", *International Migration Review*, Vol. 21, 1987.

Berry, J. W., Kim, U., Power, S., et al., "Acculturation Attitudes in Plural Societies", *Applied Psychology*, Vol. 38, No. 2, 1989.

Bethel, J. W. and Schenker, M. B., "Acculturation and Smoking Patterns Among Hispanics: A Review", *American Journal of Preventive Medicine*, Vol. 29, No. 2, 2005.

Birman, D. and Trickett, E. J., "Cultural Transitions in First-generation Immigrants: Acculturation of Soviet Jewish Refugee Adolescents and Parents", *Journal of Cross-cultural Psychology*, Vol. 32, No. 4, 2001.

Borsboom, D., "Psychometric Perspectives on Diagnostic Systems", *Journal of Clinical Psychology*, Vol. 64, No. 9, 2008.

Brothers, A., Kornadt, A. E., Nehrkorn-Bailey, A., et al., "The Effects of Age Stereotypes on Physical and Mental Health are Mediated by Self-perceptions of Aging", *The Journals of Gerontology: Series B*, Vol. 76, No. 5, 2021.

Chen, S. X., Benet-Martínez, V., Wu, W. C. H., et al., "The Role of Dialectical Self and Bicultural Identity Integration in Psychological Adjustment", *Journal of Personality*, Vol. 81, No. 1, 2013.

Cohen, G. L., Garcia, J., Apfel, N., et al., "Reducing the Racial Achievement Gap: A Social-psychological Intervention", *Science*, Vol. 313, No. 5791, 2006.

Cohen, G. L. and Sherman, D. K., "The Psychology of Change: Self-affirmation and Social Psychological Intervention", *Annual Review of Psychology*, Vol. 65, 2014.

Collins, H., "Social Construction of Reality", *Human Studies*, Vol. 39, No. 1, 2016.

Cramer, A. O., Van der Sluis, S., Noordhof, A., et al., "Dimensions of Normal Personality as Networks in Search of Equilibrium: You Can't Like Parties if You Don't Like People", *European Journal of Personality*, Vol. 26, No. 4, 2012.

Dang, Q., Bai, R., Zhang, B., et al., "Family Functioning and Negative Emotions in Older Adults: the Mediating Role of Self-integrity and the Moderating Role of Self-stereotyping", *Aging & Mental Health*, Vol. 25, No. 11, 2021.

Fraboni, M., Saltstone, R. and Hughes, S., "The Fraboni Scale of Ageism (FSA): An Attempt at a More Precise Measure of Ageism", *Canadian Journal on Aging*, Vol. 9, No. 1, 1990.

Gim Chung, R. H., Kim, B. S. and Abreu, J. M., "Asian American Multidimensional Acculturation Scale: Development, Factor Analysis, Reliability, and Validity", *Cultural Diversity and Ethnic Minority Psychology*, Vol. 10, No. 1, 2004.

Graves, T. D., "Psychological Acculturation in a Tri-ethnic Community", *Southwestern Journal of Anthropology*, Vol. 23, No. 4, 1967.

Gullahorn, J. T. and Gullahorn, J. E., "A Computer Model of Elementary Social Behavior", *Behavioral Science*, Vol. 8, No. 4, 1963.

Harker, K., "Immigrant Generation, Assimilation, and Adolescent Psychological Well-being", *Social Forces*, Vol. 79, No. 3, 2001.

Hepper, E. G., Ritchie, T. D., Sedikides, C., et al., "Odyssey's End: Lay Conceptions of Nostalgia Reflect Its Original Homeric Meaning",

Emotion, Vol. 12, No. 1, 2012.

Hunt, L. M., Schneider, S. and Comer, B., "Should 'Acculturation' be a Variable in Health Research? A Critical Review of Research on US Hispanics", *Social Science & Medicine*, Vol. 59, No. 5, 2004.

Hwang, W. C., Chun, C. A., Takeuchi, D. T., et al., "Age of First Onset Major Depression in Chinese Americans", *Cultural Diversity and Ethnic Minority Psychology*, Vol. 11, No. 1, 2005.

Hwang, W. C. and Myers, H. F., "Major Depression in Chinese Americans: The Roles of Stress, Vulnerability, and Acculturation", *Social Psychiatry and Psychiatric Epidemiology*, Vol. 42, No. 3, 2007.

Jang, Y. and Chiriboga, D. A., "Living in a Different World: Acculturative Stress Among Korean American Elders", *Journals of Gerontology Series B: Psychological Sciences and Social Sciences*, Vol. 65, No. 1, 2010.

Jia, F., Gottardo, A., Chen, X., et al., "English Proficiency and Acculturation Among Chinese Immigrant Youth in Canada: A Reciprocal Relationship", *Journal of Multilingual and Multicultural Development*, Vol. 37, No. 8, 2016.

Kang, S. M., "Measurement of Acculturation, Scale Formats, and Language Competence: Their Implications for Adjustment", *Journal of Cross-Cultural Psychology*, Vol. 37, No. 6, 2006.

Koehn, S., Ferrer, I. and Brotman, S., "Between Loneliness and Belonging: Narratives of Social Isolation Among Immigrant Older Adults in Canada", *Ageing and Society*, Vol. 42, No. 5, 2022.

Kornadt, A. E. and Klaus, R., "Contexts of Aging: Assessing Evaluative Age Stereotypes in Different Life Domains", *Journals of Gerontology*, Vol. 66, No. 5, 2011.

Kozma, A. and Stones, M. J., "The Measurement of Happiness: Development of the Memorial University of Newfoundland Scale of Happiness (MUNSH)", *Journal of Gerontology*, Vol. 35, No. 6, 1980.

Kozma, A. and Stones, M. J., "Social Desirability in Measures of Subjective Well-being: Age Comparisons", *Social Indicators Research*, Vol. 20,

No. 1, 1988.

Landry, R. and Bourhis, R. Y., "Linguistic Landscape and Ethnolinguistic Vitality: An Empirical Study", *Journal of Language and Social Psychology*, Vol. 16, No. 1, 1997.

Langer, E. J. and Rodin, J., "The Effects of Choice and Enhanced Personal Responsibility for the Aged: A Field Experiment in an Institutional Setting", *Journal of Personality and Social Psychology*, Vol. 34, No. 2, 1976.

Levy, B. R., Hausdorff, J. M., Hencke, R., et al., "Reducing Cardiovascular Stress With Positive Self-stereotypes of Aging", *The Journals of Gerontology Series B: Psychological Sciences and Social Sciences*, Vol. 55, No. 4, 2000.

Louis, M. R., "Surprise and Sense Making: What Newcomers Experience in Entering Unfamiliar Organizational Settings", *Administrative Science Quarterly*, Vol. 25, No. 2, 1980.

Mao, W., Li, J., Xu, L., et al., "Acculturation and Health Behaviors Among Older Chinese Immigrants in the United States: A Qualitative Descriptive Study", *Nursing & Health Sciences*, Vol. 22, No. 3, 2020.

Marin, G., Sabogal, F., Marin, B. V., et al., "Development of a Short Acculturation Scale for Hispanics", *Hispanic Journal of Behavioral Sciences*, Vol. 9, No. 2, 1987.

Mendenhall, M. and Oddou, G., "The Dimensions of Expatriate Acculturation: A Review", *Academy of Management Review*, Vol. 10, No. 1, 1985.

Nesdale, D. and Brown, K., "Children's Attitudes Towards an Atypical Member of an Ethnic in-group", *International Journal of Behavioral Development*, Vol. 28, No. 4, 2004.

Nguyen, H. H. and Von Eye, A., "The Acculturation Scale for Vietnamese Adolescents (ASVA): A Bidimensional Perspective", *International Journal of Behavioral Development*, Vol. 26, No. 3, 2002.

Nwadiora, E. and McAdoo, H., "Acculturative Stress Among Amerasian Refugees: Gender and Racial Differences", *Adolescence*, Vol. 31, No. 122, 1996.

Oberg, K., "Culture Shock: Adjustment to New Cultural Environments", *Practical Anthropology*, Vol. 7, No. 4, 1960.

Page-Reeves, J., Murray-Krezan, C., Regino, L., et al., "A Randomized Control Trial to Test a Peer Support Group Approach for Reducing Social Isolation and Depression Among Female Mexican Immigrants", *BMC Public Health*, Vol. 21, No. 1, 2021.

Powell, P., Hobson, L., Simpson, J., et al., "Do Self-affirmation Manipulations Reduce Self-directed Negative Emotion?", *Psychology and Health*, Vol. 28, No. Suppl, 2013.

Pressman, S. D., Jenkins, B. N. and Moskowitz, J. T., "Positive Affect and Health: What Do We Know and Where Next Should We Go?", *Annual Review of Psychology*, Vol. 70, 2019.

Rasool, A., Zhang, B., Dang, Q., et al., "Effects of Self-stereotype on Older Adults' Self-integrity Through the Intervening Effects of Sense of Coherence and Empathy", *Ageing & Society*, 2022.

Redfield, R., Linton, R. and Herskovits, M. J., "Memorandum for the Study of Acculturation", *American Anthropologist*, Vol. 38, No. 1, 1936.

Robinson, S. A. and Lachman, M. E., "Perceived Control and Aging: A Mini-Review and Directions for Future Research", *Gerontology*, Vol. 63, No. 5, 2017.

Rogler, L. H., Cortes, D. E. and Malgady, R. G., "Acculturation and Mental Health Status Among Hispanics: Convergence and New Directions for Research", *American Psychologist*, Vol. 46, No. 6, 1991.

Sam, D. L. and Berry, J. W., "Acculturation: When Individuals and Groups of Different Cultural Backgrounds Meet", *Perspectives on Psychological Science*, Vol. 5, No. 4, 2010.

Schwartz, S. J., Kim, S. Y., Whitbourne, S. K., et al., "Converging Identities: Dimensions of Acculturation and Personal Identity Status Among Immigrant College Students", *Cultural Diversity and Ethnic Minority Psychology*, Vol. 19, No. 2, 2013.

Schwartz, S. J., Unger, J. B., Zamboanga, B. L., et al., "Rethinking the

Concept of Acculturation: Implications for Theory and Research", *American Psychologist*, Vol. 65, No. 4, 2010.

Searle, W. and Ward, C., "The Prediction of Psychological and Sociocultural Adjustment During Cross-cultural Transitions", *International Journal of Intercultural Relations*, Vol. 14, No. 4, 1990.

Sherman, D. K., Cohen, G. L., Nelson, L. D., et al., "Affirmed Yet Unaware: Exploring the Role of Awareness in the Process of Self-affirmation", *Journal of Personality and Social Psychology*, Vol. 97, No. 5, 2009.

Stephenson, M., "Development and Validation of the Stephenson Multigroup Acculturation Scale (SMAS)", *Psychological Assessment*, Vol. 12, No. 1, 2000.

Suinn, R. M., Richard-Figueroa, K., Lew, S., et al., "The Suinn-Lew Asian Self-Identity Acculturation Scale: An Initial Report", *Educational and Psychological Measurement*, Vol. 47, 1987.

Szapocznik, J., Kurtines, W. M. and Fernandez, T., "Bicultural Involvement and Adjustment in Hispanic-American Youths", *International Journal of Intercultural Relations*, Vol. 4, No. 3, 1980.

Szapocznik, J., Scopetta, M. A., Kurtines, W., et al., "Theory and Measurement of Acculturation", *Interamerican Journal of Psychology*, Vol. 12, No. 2, 1978.

Tamí-Maury, I., Aigner, C. J., Rush, S., et al., "The Association of Smoking with English and Spanish Language Use as a Proxy of Acculturation Among Mexican-Americans", *Journal of Immigrant and Minority Health*, Vol. 19, No. 5, 2017.

Ward, C. and Chang, W. C., "Cultural Fit: A New Perspective on Personality and Sojourner Adjustment", *International Journal of Intercultural Relations*, Vol. 21, No. 6, 1997.

Ward, C., and Kennedy, A., "Psychological and Sociocultural Adjustment During Cross-cultural Transitions: A Comparison of Secondary Students at Home and Abroad", *International Journal of Psychology*, Vol. 28, 1993.

Ward, C. and Kennedy, A., "The Measurement of Sociocultural Adaptation",

International Journal of Intercultural Relations, Vol. 23, No. 4, 1999.

Ward, C. and Rana-Deuba, A., "Acculturation and Adaptation Revisited", *Journal of Cross-cultural Psychology*, Vol. 30, No. 4, 1999.

Ward, C. and Searle, W., "The Impact of Value Discrepancies and Cultural Identity on Psychological and Sociocultural Adjustment of Sojourners", *International Journal of Intercultural Relations*, Vol. 15, No. 2, 1991.

Wilmoth, J. M. and Chen, P. C., "Immigrant Status, Living Arrangements, and Depressive Symptoms Among Middle-aged and Older adults", *The Journals of Gerontology Series B: Psychological Sciences and Social Sciences*, Vol. 58, No. 5, 2003.

Yoon, E., Cabirou, L., Galvin, S., et al., "A Meta-analysis of Acculturation and Enculturation: Bilinear, Multidimensional, and Context-dependent Processes", *The Counseling Psychologist*, Vol. 48, No. 3, 2020.

Zea, M. C., Asner-Self, K. K., Birman, D., et al., "The Abbreviated Multidimentional Acculturation Scale: Empirical Validation with Two Latino/Latina Samples", *Cultural Diversity and Ethnic Minority Psychology*, Vol. 9, No. 2, 2003.

后　记

2016年7月下旬，我随学校团队到日本横滨参加了第31届国际心理学大会。其间，我有幸聆听了一场文化适应的专题论坛。来自全世界十余个国家的学者针对移民文化适应的问题报告了自己的研究成果，与会的研究者也针对各位报告人的学术研究展开了激烈的讨论。在对这些研究报告和讨论深入思考的基础上，我突然想到了一个问题：既然人们在移民到其他国家时会遭遇文化适应危机，那么，在同一个国家有着显著差异的不同的亚文化中流动的群体是否也会出现文化适应不良的问题？

当时正是我国人口流动规模最大的一个时期，大量农村人口流动到城市生活。青壮年劳动力为了追求比农村更好的生活往往会选择到城市发展。与此同时，为了减轻子女在城市生活的压力，相当数量的农村老年人也会随着子女进入城市生活。这就形成了城市人口中的一个特殊的群体——进城老年人。对于进城老年人而言，其自身的“农村人”和“老年人”这两个被主流文化消极刻板化的身份特征决定了他们成为城市文化适应障碍的易感人群。这主要是因为：首先，农村人更难适应城市文化。我国城乡二元结构导致的农村和城市文化的巨大差异，会让城乡间流动的农村个体比城市间流动的城市个体付出更多的努力以适应城市文化和城市生活。其次，老年人更难适应城市文化。一般而言，老年人往往学习能力差、思想僵化和保守刻板。与年轻人相比，老年人更容易在新的文化中体验到适应困难。很明显，进城老年人和国际移民的群体一样，都是文化适应问题的易感人群。结合研究者对移民群体文化适应的研究成果，我也很自然地将我国的进城老年人与国际移民群体联系到了一起，思考起了研究进城老年人文化适应的可能性。

在回到学校后，我和研究生就马上着手“进城老年人文化适应”研究的论证工作。通过检索相关领域的文献，我们发现进城老年人果然存在着明显的适应困难以及相关联的心理行为问题。然而，对于进城老年人文化适应的研究相对较少，系统性、规范性和深度都远远不足，研究成果的推广范围和应用价值十分有限。基于此，我们确定了研究框架及内容，即以进城老年人为研究对象，从进城老年人文化适应的心理结构及测量方法开始，系统地探讨了进城老年人文化适应的现状与特征、影响因素和心理效应、动态发展轨迹和心理干预策略等内容。我们期望通过系统的研究，能够为完善进城老年人研究领域的理论体系作出一点贡献，也希望能够对干预进城老年人文化适应问题的实践提供理论借鉴。我们也更愿意看到进城老年人文化适应的研究成果能够对社区管理思路的创新有所启发。

从项目的论证（2016 年）到书稿的完成（2024 年）历经了九年时间，其间的辛酸、苦闷与彷徨是很难用短短几段文字能够描述清楚的。尤其是在项目执行过程中，为了收集数据、获取第一手资料，研究团队的足迹遍布了西安和北京的几十个社区，访谈、调查和追踪了三千余人次。不管是风雨肆虐，还是烈日当空，抑或是雪花漫天，团队的研究生总是能按照约定的时间出现在约定的地点。反复沟通后被放鸽子是家常便饭，遭遇家属拒绝冷言相对是小菜一碟，坐完地铁转公交更是每次出行之必备攻略……此外，还要帮助视力不好或不识字的老年人逐字阅读研究材料，搀扶老年人上下台阶，为心情郁闷的老年人开展义务的心理抚慰，点点滴滴，如此种种，其艰辛困苦，难于言表。很难想象，那些在家中稚气、天真而又依赖的“大宝宝”，在社区调研的场合中能够表现得如此成熟稳重，而又责任心十足。爆棚的控场感和能力感足以颠覆家长对孩子长期以来的认知。

特别要提出的是，博士研究生党清秀、林瑶、麻雨婷和张桥，硕士研究生白瑞北、黄潇潇、项周蕾、康茜、张何雅婷、金豆、杜亚雯、徐冉、陈彦羽、马梦佳、胡一搏、杨卓、徐娜维、贾榕、叱泽浩、石梦婧、王梦泽和吕乐等在项目论证、实施和材料整理等过程中做了大量的工作，硕士研究生赵皓琪、张萌、李红菊和高秀云在书稿的格式编辑和文字校对工作中做出了重要贡献，对于以上学生的辛苦付出，在此一并深表感谢。

最后，本书是国家社会科学基金项目“进城老年人文化适应现状、影响因素、心理效应及促进研究（17BSH153）”的结项成果，项目研究的实施和书稿的出版都得到了该项目的支持。

张宝山

2024 年 7 月